U0289605

区域生态安全格局构建与优化

彭建 姜虹 徐冬梅 等 编著

科学出版社

北京

内 容 简 介

气候变化和城市化导致生境破碎、生物多样性丧失及生态系统退化，威胁区域可持续发展，制约人类福祉提升。在生态文明建设重大战略背景下，生态安全格局构建成为协调区域生态保护与社会经济发展的重要途径之一。随着从国家到地方多尺度生态安全格局构建与优化案例研究的不断涌现，生态安全格局研究正向范式凝练深入，缺少系统的理论与方法梳理。针对这一问题，本书在梳理生态安全格局概念内涵、理论支撑的基础上，提出生态安全格局的研究范式，系统归纳生态安全格局构建与优化的基本环节及其技术方法，展望未来生态安全格局研究方向，为深入推进生态文明建设、筑牢国家生态安全屏障提供决策支撑。

本书可供地理学、生态学、土地科学和国土空间规划等学科领域的专业技术人员、政府管理人员及高等院校师生阅读参考。

审图号：GS 京 （2023） 2268 号

图书在版编目(CIP)数据

区域生态安全格局构建与优化／彭建等编著 . —北京：科学出版社，2023.11

ISBN 978-7-03-077011-0

Ⅰ. ①区⋯ Ⅱ. ①彭⋯ Ⅲ. ①区域生态环境–生态安全 Ⅳ. ①X21

中国国家版本馆 CIP 数据核字（2023）第 220691 号

责任编辑：林　剑／责任校对：郝甜甜
责任印制：徐晓晨／封面设计：无极书装

科 学 出 版 社 出版
北京东黄城根北街 16 号
邮政编码：100717
http://www.sciencep.com
北京建宏印刷有限公司 印刷
科学出版社发行　各地新华书店经销

*

2023 年 11 月第 一 版　开本：787×1092　1/16
2023 年 11 月第一次印刷　印张：14 3/4
字数：310 000

定价：188.00 元
（如有印装质量问题，我社负责调换）

本书编写组成员

组　长：彭　建

副组长：姜　虹　徐冬梅

组　员：唐　辉　刘梦琳　董建权

序　言

　　生态安全是国家安全的重要组成部分，生态安全格局既是系统认知国土资源的重要理论，也是可持续管理国土资源的重要方法。近年来，我国提出了主体功能区、生态保护红线和以国家公园为主体的自然保护地体系建设、国土空间生态修复等优化空间格局、保障生态安全的一系列重要战略举措。尤其是党的十八大以来，"生态安全格局构建"被明确为生态文明建设的重要内容，在党的二十大报告中更进一步指出"以新安全格局保障新发展格局"。在人与自然和谐共生的现代化建设目标下，国土空间治理亟需紧密耦合社会过程与生态过程，维护和提升生态系统的完整性、稳定性和可持续性。

　　区域生态安全格局是在干扰排除的基础上，能够保护生物多样性、维持和恢复生态系统结构与过程的完整性，实现对区域特定生态环境问题有效控制和持续改善的区域性空间格局。与相对静态的自然保护区、生态保护红线划定相比，区域生态安全格局在理论上更加强调区域生态空间的格局稳定性和网络化、功能连通性和系统化，在方法上以源地斑块提取、空间廊道链接、系统情景优化为主要途径，为大尺度国土生态空间规划和管理提供科学引导。然而，尽管近年来区域生态安全格局构建案例逐渐增多，但整体仍缺乏系统的理论思考与方法梳理，生态安全格局途径仍未在国家和区域的国土空间治理实践中定量应用。由彭建教授牵头编著的《区域生态安全格局构建与优化》，基于其团队多年来围绕区域生态安全格局开展的相关研究，系统总结了生态安全格局的概念内涵、理论支撑和研究范式，重点梳理了生态源地识别、生态阻力面构建、生态廊道提取及多目标多情景优化的技术方法，并对未来研究重点进行了展望，推进了生态安全格局领域的集成创新，为国家和区域生态安全格局构建提供了原理与方法，具有重要的理论意义和应用前景。

　　生态安全格局概念的提出对于地理学、生态学，尤其是景观生态学学科理论延展与实践应用具有极其重要的作用，推动了人地系统格局与过程互馈学科范式的深化，也为生态安全保障贡献了我国学者原创的中国特色方案。希望以本书的出版为契机，未来有更多学者加入到生态安全格局的研究中来，共同推进中国综合自然地理学、景观生态学等相关领域的创新发展，切实筑牢我国生态安全屏障，为国家和区域可持续发展筑牢生态安全底线。

傅伯杰

2023 年 8 月

前　言

全球气候变化和城市化导致生境破碎化，造成生物多样性丧失和生态系统退化，威胁区域可持续发展，制约人类福祉的提升。1987 年，世界环境与发展委员会出版《我们共同的未来》报告，将可持续发展定义为"既能满足当代人的需要，又不对后代人满足其需要的能力构成危害的发展"。2002 年，联合国可持续发展问题世界首脑会议上通过的《约翰内斯堡可持续发展声明》指出，可持续发展需兼顾生态、经济与社会三个维度。然而，由于可持续发展目标的多样性以及复杂的权衡和协同作用，平衡生态保护、经济发展与社会公平的可持续发展实现路径仍处于探索之中。

空间是认知自然过程和社会活动的重要视角。空间规划是促进可持续发展的重要途径，是一种综合性和系统性的方法，具有对社会—生态系统的约束作用。景观作为由不同类型生态系统所组成的，具有重复性格局的异质性地理单元，是空间规划的有效单元，也是评估区域可持续发展的关键空间单元。为应对可持续发展的重大挑战，景观可持续性的概念被提出，并逐渐发展为景观可持续性科学。景观可持续性指景观在不断变化的环境、经济和社会条件下保持其基本结构与提供生态系统服务的能力，聚焦"景观格局—生态系统过程—生态系统服务—人类福祉"的研究框架。可持续景观格局是景观可持续性的理论应用，为面向区域可持续发展的空间规划提供了重要的理论支撑和技术途径。

自 20 世纪 90 年代以来，生态安全格局从 McHarg 的基于生态适宜性的千层饼叠加模型、Forman 的景观格局整体性优化理论、Odum 的以系统论思想为基础的区域生态系统发展战略等景观生态规划中起源，并逐渐发展。在当前生态文明建设这一国家重大战略背景下，生态安全格局构建已经成为协调区域生态保护和经济发展的重要途径之一。生态安全格局作为可持续景观格局的重要议题之一，是根据景观生态学"斑块—廊道—基质"的分析范式，依据景观格局与生态过程的互馈作用，基于特定生态安全阈值对维持生态过程的重要点、线、面景观要素的空间优化配置，共同构成的多层次的完整网络格局，以维持区域生态系统结构和过程的完整性。通过对有限生态资源的合理空间配置，生态安全格局以最小生态投入获取最大生态效益，有助于景观连通性和生态系统服务提升、生物多样性保护、自然保护地网络完善、气候变化适应、人类福祉提升等，保障区域生态安全，实现可持续发展。

本书主要关注生态安全格局的起源、理论基础和研究范式，以及区域生态安全格局构建的不同环节，共5章。

第1章生态安全格局及其研究范式，首先梳理生态安全格局的提出背景，包括城市化进程导致的生境破碎化、生态系统服务供需失衡和生物多样性丧失、自然保护地内的人类活动增强等生态问题，全球气候变化对物种再分布的影响，可持续发展对生态安全的需求，以及生态文明建设的重要途径，并提出生态安全格局的定义和构建意义。从格局与过程互馈的层面，明晰生态系统服务、景观连通性等相关概念，梳理景观规划、景观可持续性、可持续景观格局等相关理论支撑，总结生态安全格局与景观生态学的关系，辨析生态安全格局的相关概念。最后，归纳生态安全格局的研究范式，包括生态源地识别、生态廊道提取、生态安全格局优化、生态安全格局有效性评估等基本环节。

第2章生态源地识别与安全格局构建。本章主要论述生态源地的概念和主要识别方法，以及对应的生态安全格局构建案例。依次介绍了整合重要性、敏感性与连通性，综合生态功能重要性与退化风险，耦合生态系统服务供给与需求，考虑生态系统服务供给与供需比，面向生态系统服务供需均衡的生态源地识别方法和相应的生态安全格局构建结果。

第3章生态廊道提取与安全格局构建。首先，介绍生态廊道的概念和主要识别方法，主要包括生态阻力面构建、生态廊道提取、战略点识别。其次，介绍基于土地利用类型的生态阻力面赋值和基于夜间灯光强度、不透水面面积比例等指标的修正，以及面向综合物种或特定物种的生态阻力面构建。再次，从生态廊道提取视角介绍了基于地表湿润指数和地质灾害敏感性的阻力面修正与生态安全格局构建。最后，分别介绍了基于电路模型、蚁群算法和空间连续小波变换的生态廊道提取和战略点识别方法。

第4章生态安全格局优化。首先，阐述区域协同生态安全格局的构建，研究幅度变化对可持续景观格局的影响。随后，面向多重生态保护目标构建生态安全格局。基于障碍点修复和城市开发建设的情景，进行生态安全格局的情景模拟。基于生态安全格局构建，识别生态修复优先区。基于生态安全格局各要素特征，进行生态系统保护与修复分区。

第5章生态安全格局研究展望。首先，梳理国内外生态安全格局的研究进展，包括中外生态安全格局相关的论文发表数量、引用频次、关键词等。随后，展望了未来生态安全格局的研究前沿，包括生态安全格局构建的规模与结构阈值设定、生态安全格局的情景模拟与时空校验、多尺度多层级生态安全格局关联互馈、耦合社会—生态要素与过程的生态安全格局构建，以及提升生态安全格局的动态适应性。

本书各章撰写分工如下：第1章的撰写者为彭建、徐冬梅、唐辉、刘梦琳、董建权和赵会娟；第2章的撰写者为唐辉、姜虹、刘梦琳、陈昕、潘雅静、张理卿、汪安和彭建；第3章的撰写者为董建权、徐冬梅、姜虹、贾靖雷、郭小楠、杨旸、赵士权和彭建；第4章的撰写者为姜虹、董建权、刘梦琳、杨旸、苏冲和彭建；第5章的撰写者为彭建、姜虹、徐冬梅、刘梦琳和赵会娟。彭建、姜虹、徐冬梅、唐辉、刘梦琳、董建权对全书进行了统稿和最后审定。

　　本书是在国家自然科学基金面上项目"基于最小生态用地需求的城市景观生态安全格局研究——以深圳市为例"（编号：41271195）支持下完成的，部分内容已经发表在相关期刊上，并做适当修改完善，还有部分成果没有公开发表。我们希望通过系统地梳理生态安全格局领域相关成果，让大家对这一主题有着更为全面的了解，更多聚焦学科前沿，一起推动该领域更快更好地发展。当然，考虑到区域生态安全格局构建与优化的研究内容十分丰富，而作者水平有限，书中不足之处敬请读者批评指正。

彭　建

2023 年 7 月

目　　录

区
域
生
态

安
全
格
局
构
建
与
优
化

生态安全格局及其研究范式

生态安全格局是为了解决城市化进程所导致的经济发展与生态保护之间的冲突，以及人类活动引发的一系列生态问题，为维护区域和国家生态安全而提出的，基于对生态过程及生态系统功能的解析，通过识别对于维持区域生态系统存续与发展具有关键意义的点、线、面空间要素，确定一系列指标阈值和安全层次，进而对区域生态系统的数量结构与空间格局进行优化，提出维护生态过程、提升生态功能的空间格局。生态安全格局作为一种可持续景观格局，在"生态源地—生态廊道—战略点"的构建范式下，关注景观要素的组成与配置模式，通过使特定区域的生态过程能够持续地提供稳定的生态系统服务，促进区域人类福祉的提升。

1.1 生态安全格局概念内涵

全球气候变化和人类活动导致了严重的生态环境问题，威胁区域生态安全和可持续发展，损害了人类福祉。20 世纪 90 年代以来，随着社会对生态环境问题的广泛关注，生态安全已成为国内外学者和组织共同关注的热点（傅伯杰，2010），同时也成为许多国家的重要战略。生态安全格局通过识别对于区域生态安全具有重要意义的生态源地和生态廊道来提升景观连通性，促进生态过程，已成为国土空间生态保护与修复的重要手段。生态安全格局构建与优化对于识别生态底线、合理规划有限的土地资源、保障区域生态安全具有重要意义。

1.1.1 生态安全格局提出背景

随着城市化进程的不断推进，经济发展与生态保护之间的冲突日益加剧。建设用地扩张、资源开采、过度放牧、坡地开荒、旅游开发、河道固化等一系列人类活动，以及全球气候变化导致生态环境面临不断增加的外部干扰，引发了生境破碎化、生态系统退化、生物多样性丧失、湿地萎缩、水土流失等生态问题，制约了区域可持续发展，威胁着区域和国家生态安全。随着人们对良好生态环境需求的不断提升，在生态文明建设这一国家重大战略背景下，生态安全格局已经成为协调区域生态保护和经济发展，实现可持续发展的重要战略之一（Peng et al., 2017）。

1.1.1.1 城市化进程使得生态问题日益突出

(1) 生境破碎化现象加剧

生境破碎化是人类活动或自然因素导致原本连续成片的生境被分割、破碎，形成分散、孤立的岛状生境，使得景观结构与功能联系断裂或减弱的现象。生境破碎化已成为景观生态学、保护生态学和保护生物学等领域中备受关注的热点问题之一。大型基础设施建设、农业生产、道路修建等人类活动和地质灾害、干旱等因素是生境破碎化的主要原因。由于景观结构和生态过程具有互馈关系，生境破碎化可能会产生如下负面影响：①斑块数量增多但面积缩减，压缩物种生存空间，造成生物多样性丧失（武晶和刘志民，2014）；②斑块形状发生变化，边缘效应增加，生境内部环境受暴露程度增加，加剧生态系统退化和外来物种入侵；③种群间基因交流受到阻碍，引起近交衰退，从而影响物种繁殖；④生态系统物质循环、能量流动、信息传递等生态流动过程被阻碍，形成生态孤岛，迁徙廊道断裂，增大物种迁徙难度；⑤系统稳定性降低，景观抗干扰能力和恢复能力受到影响（关文彬等，2003）。因此，生境破碎化的相关研究对于解决生物多样性丧失和生态系统退化等问题至关重要（梁加乐等，2022）。

(2) 生态系统服务供需失衡

根据千年生态系统评估（Millennium Ecosystem Assessment，MA）报告显示，24项生态系统服务中的15项（约60%）呈现退化趋势或处于不可持续利用的状态，包括水资源供给、渔业捕捞、空气质量调节、区域性气候调节、水质净化、自然灾害防护、病虫害控制、精神满足和美学享受等（MA，2005）。同时，人口增长和生活水平的提高增加了对食物、风景等的需求，导致生态系统服务无法满足人类需求而产生供需失衡问题。生态系统服务供需失衡发生在越来越多的地区，可能造成资源枯竭、生态系统功能退化、物种灭绝和生计威胁等问题。大量研究探讨了人类活动对生态系统服务的影响（Vitousek et al.，1997）。例如，Li和Zhou（2016）的研究表明除人口和住宅用地与农业生产成正相关外，人类活动大多与生态系统服务成负相关、Li等（2016）发现在城市发展过程中，不同城市化类别地区（发达城市、欠发达城市和农村）的生态系统服务变化存在差异；Peng等（2017）发现生态系统服务对人口城市化和经济城市化的响应存在阈值，超过该阈值以后，生态系统服务随着城市化水平的提升而迅速下降，土地城市化与生态系统服务之间则成负线性关系，说明土地城市化对生态系统服务的影响比人口和经济城市化更直接。因此，需要采取措施平衡生态系统服务的供需关系，确保持续地满足人类需求并维持生态系统稳定性。

(3) 生物多样性丧失

城市发展对生物多样性具有直接和间接的影响。直接影响包括土地利用类型由生态用地转为非生态用地导致的生境丧失和破碎化，间接影响包括城市内资源（如能源和食物）

的消耗和固、液、气态废弃物的排放，对生物多样性造成严重威胁（McDonald et al., 2020）。生物多样性在空间分布方式上由农村向城市呈明显的递减趋势（Mckinney, 2002），城市（尤其是城市中心）的生物多样性明显偏低。此外，大多数研究表明物种丰富度随着城市化的进程而下降。与城市化率低的地区相比，高度城市化地区的生物多样性丧失问题更为突出，而中等城市化水平的影响在不同物种间存在显著差异（McKinney, 2008）。也有研究发现，城市化加速了物种灭绝（Dri et al., 2021）。在所有已知的爬行动物物种中，约有 20% 面临着灭绝的风险（Cox et al., 2022）。人类对景观的改造（特别是城市扩张），是生物多样性丧失最主要的驱动因素之一（Knapp et al., 2021；MA, 2005）。迄今为止，生境破碎化已被确定为全球生物多样性丧失的最主要原因，生境破碎程度越高，陆生哺乳动物物种面临的灭绝风险也越高（Crooks et al., 2017；Haddad et al., 2015）。生境破碎化造成了 13%~75% 的生物多样性丧失，降低了生物量，改变了原有的营养循环，进而损害了重要生态系统功能（Haddad et al., 2015）。较少受到干扰的地区易受破碎化影响的物种比例往往更高，而频繁受干扰地区的剩余物种恢复力则更强。从纬度差异来看，高纬度地区经历了更多的干扰，拥有更多的适应性物种，而无法适应的物种可能已经灭绝。因此，尚未受到大规模景观破碎化影响的热带地区尤其需要采取保护措施限制景观破碎化（Betts et al., 2019）。

（4）自然保护地内的人类活动增强

截至 2023 年 8 月，全球已经建立了超过 28 万个自然保护地，约占地球陆地面积的 16.02% 和海洋面积的 8.17%（UNEP-WCMC and IUCN, 2023）。自然保护地通过管理措施维持了其内部的自然条件，防止和缓解了人类活动对生物和环境造成的干扰（Green et al., 2019），对于植被、生物多样性、生态系统完整性等的保护具有重要价值（Cazalis et al., 2020；Gonçalves-Souza et al., 2021）。然而，自然保护地仍遭受着人类活动的影响。据统计，全球范围内有超过 600 万 km² 的自然保护地暴露在剧烈的人类压力之下，超过 50% 的自然保护地正面临不断增加的人类压力（Jones et al., 2018）。城市化发展使得人工照明的范围和强度持续增加，使自然保护地遭受不同程度的光污染。一方面，夜间光照导致光明和黑暗的自然循环受到影响，使光敏物种的丰度和分布发生改变，加速该类物种灭绝；另一方面，夜间光照是人类活动增强的标志，对生态平衡构成直接威胁（Xiang and Tan, 2017）。在非洲，过去二十多年中，只有 0.87% 的自然保护地光污染得到了缓解，然而 18.06% 的自然保护地的光污染没有发生变化，81.07% 的自然保护地的光污染压力持续增加（Zheng et al., 2021）。同时，全球自然保护地内农田面积占比约 6%，农田影响约占自然保护地所受人类活动影响的 18%，因此需要关注生态保护与粮食生产的权衡问题（Vijay and Armsworth, 2021）。此外，资源开采、可再生能源开发等活动和自然保护地也存在一定的土地利用冲突，威胁着自然保护地的可持续性（Rehbein et al., 2020）。

1.1.1.2 气候变化影响物种再分布

联合国政府间气候变化专门委员会（Intergovernmental Panel on Climate Change，IPCC）第六次评估报告指出，一个多世纪以来，化石燃料燃烧和土地利用等人类活动导致了全球变暖，使得当前的全球平均温度比工业化前高出1.1℃，极端天气事件也因此变得更加频繁和强烈（IPCC，2023）。气温升高、降水模式改变等气候变化现象显著影响了生态系统的结构与功能，导致许多物种面临原有栖息地不再适宜生存的情况（Opdam and Wascher，2004），对生物多样性产生威胁，尤其是濒危物种、气候适应范围狭窄的高山物种、已适应青藏高原高寒气候条件的物种和迁徙能力弱的物种，加速了物种灭绝（IPCC，2018）。世界自然保护联盟（International Union for Conservation of Nature，IUCN）认为，19%的物种受威胁或接近受威胁状况是气候变化所致（Maxwell et al.，2016）。如果气候变化速度持续不减，每六个物种中就有一个会灭绝（Urban，2015）；同时，发现物种处于热暴露风险的地理范围将突然扩大，平均而言，暴露量将在10年内增加50%以上（Pigot et al.，2023）。

物种为适应气候变化，通过表型可塑性改变生理过程或者通过迁徙到更适合生存的地区改变其栖息地（Parmesan，2006）。因此，气候变化是物种迁徙的驱动力之一，影响物种再分布（Su et al.，2021）。适宜性迁徙是物种适应气候变化的一种重要策略，可以帮助物种在气候变化下寻找到温度、湿度和降水等条件更适合的地区，以保持种群的生存和繁衍。在高山地区，气温升高可能导致一些物种向更高海拔迁徙，以寻找更凉爽的环境，而原本居住在较高海拔的物种可能面临生存挑战。此外，适应气候变暖的物种北移现象在全球范围内发生。尽管如此，气候变化的速度依然超出部分物种的适应速度，亟需开展减缓气候变化的行动以实现稳定气候目标和生物多样性保护目标（Loarie et al.，2009；Radchuk et al.，2019）。

1.1.1.3 可持续发展需要生态安全

2015年，联合国可持续发展峰会发布的《改变我们的世界：2030年可持续发展议程》提出了17项可持续发展目标和169项具体指标，从社会、经济和环境三个维度指引全球可持续发展方向（United Nations，2015）。可持续发展目标之间存在着复杂的相互作用，通常可以归类为协同和权衡（Nilsson et al.，2016；Wu et al.，2022；Zhang et al.，2022a）。对不同目标开展同步优化可以最大程度实现可持续发展目标的共同利益，助力实现尽可能多的可持续发展目标。景观可持续性是特定景观提供长期稳定的景观服务以维持和增进人类福祉的综合能力（Wu，2013；Wu，2014）。而生态保护与管理是修复退化生境、实现景观可持续性和区域可持续发展的关键（Liu and Chang，2015）。

可持续发展需要生态安全的支持和保障。生态安全指在一定的时空范围内，生态系统能够保持其结构与功能不变或不受威胁的健康、完整和持续状态，并能为社会经济的可持续发展提供服务，从而维持自然—社会—经济复合系统可持续发展的能力（肖笃宁等，2002；陈星和周成虎，2005；李晶等，2013）。20世纪90年代以来，随着社会对生态环境问题的广泛关注，生态安全问题已成为国内外学者和组织共同关注的热点。然而，实现生态安全不能无限制地增加生态空间，不仅要节约集约利用有限的土地资源，而且要科学合理地进行土地利用配置，从而以最小生态空间实现最大生态安全保障（Dong et al.，2022；Peng et al.，2018a）。生态安全从资源供给、生态平衡、环境保护、气候变化应对、社会稳定等方面助力可持续发展目标的实现。

1.1.1.4 生态文明建设以生态安全格局构建为重要途径

随着我国综合实力和居民生活水平的显著提升，人们对于居住环境和生态本底提出了新的要求。改善生态环境不仅是环境问题，而且是关乎社会和谐稳定与国家安全的政治问题。生态环境在人类生活幸福指数中的地位不断凸显，是关系民生的重大社会问题。新时代发展理念要求强化生态文明建设，优化生态治理路径，增进人类福祉。党的十六大以来，生态文明建设思想正式形成。党的十八大将生态文明建设置于突出地位，融入经济建设、政治建设、文化建设、社会建设等各方面和全过程，提出大力推进生态文明建设，优化国土空间开发格局，构建科学合理的城市化格局、农业发展格局、生态安全格局的方针。党的十九大将生态文明建设上升为"千年大计"，做出"优化生态安全屏障体系，构建生态廊道和生物多样性保护网络，提升生态系统质量和稳定性"的战略部署。党的二十大报告中指出"提升生态系统多样性、稳定性、持续性，加快实施重要生态系统保护和修复重大工程"和"以新安全格局保障新发展格局"的理念。

在新时代国土空间规划体系中，《中共中央 国务院关于建立国土空间规划体系并监督实施的若干意见》《全国重要生态系统保护和修复重大工程总体规划（2021—2035年）》《山水林田湖草生态保护修复工程指南（试行）》等多项政策文件都明确提出要坚持山水林田湖草生命共同体理念，构建生态廊道和生态网络，增强生态连通性，推进生态系统保护和修复，将构建生态安全格局纳入重大工程，保障落地实施。生态安全格局将生态系统的保护与修复纳入整体规划，通过科学划定重要生态空间，合理引导和布局人类活动，最大限度地保障生态系统完整性、多样性、稳定性和持续性。生态安全格局构建有利于综合保护生态系统、促进资源合理利用和增强生态系统抵抗力。因此，生态安全格局是生态文明建设的有力抓手，有助于实现人与自然的和谐共生。

1.1.2 生态安全格局概念界定

20世纪90年代以来，生态安全格局这一理念逐渐兴起并得到普遍关注，国内外学者在定义、理论方法、构建指标和实现途径等方面开展了大量探讨（俞孔坚等，2009a；叶鑫等，2018；欧定华等，2015）。总体来看，生态安全格局研究起源于 McHarg 的基于生态适宜性的千层饼叠加模型、Forman 的景观格局整体性优化理论、Odum 的以系统论思想为基础的区域生态系统发展战略等景观生态规划概念（康相武和刘雪华，2009）。区域生态安全格局构建的实质是依循格局与功能的互馈，通过特定空间斑块、廊道的景观结构保护与优化布局，实现特定或综合生态功能与生态过程的可持续保育。目前较为主流的生态安全格局定义及关注点如表 1-1 所示。

表 1-1　生态安全格局定义

定义	关注点	代表人物
景观的战略部位和位置组成的潜在空间格局，在保护和控制某些生态过程（如物种移动）中具有重要意义，称为安全格局。源地、缓冲区、连接源地的廊道、辐射路线和战略点构成了生态环境不同级别的安全格局。安全格局可能因目标物种而异，可以将不同目标或群体的安全格局结合起来得到整体生态安全格局	目标物种；源地间联系	Yu（1996）
针对区域生态环境问题，在排除干扰的基础上，能够保护和恢复生物多样性、维持生态系统结构和过程的完整性、实现对区域生态环境问题有效控制和持续改善的区域性空间格局	生物多样性；生态系统结构和过程的完整性	马克明等（2004）
生态安全格局构建本质上是为了保障人类社会的生存需求，目标如下：一是保护和恢复区域生物多样性；二是维持生态系统结构和过程的完整性；三是要实现对区域生态环境问题的有效控制和持续改善。生态安全格局构建的根本目的是控制区域环境灾害的发生，减缓其对人类社会的影响	环境灾害；生态风险	陈利顶等（2018）
生态安全格局构建可以被视为对已存在的或者潜在的对于维护、控制特定地段某种生态过程有着重要意义的关键生态要素，如节点、斑块、廊道乃至整体网络的空间识别及其生境恢复与重建；通过区域生态安全格局的构建，可以达到对特定生态过程的有效调控，从而保障生态系统功能及服务的充分发挥	生态过程；生态系统功能与服务	彭建等（2017a）

　　整合这些定义与关注点，生态安全格局可定义为：基于特定生态安全阈值对维持生态过程的重要点、线、面景观要素进行空间优化配置，共同构成的多层次的完整网络格局，以缓解区域生态问题、维持区域生态系统结构和过程的完整性、提升生态系统服务和保护生物多样性。生态安全格局构建与优化通过战略性规划景观中关键生态用地这一底线式的途径，维护区域生态过程和提升人类福祉最关键、最有效、最不可替代的区域，利用生态源地与生态廊道恢复破碎化生境斑块间的连接，形成整体稳定的连通网络，实现区域自然资源和绿色基础设施的合理有效配置，从而降低生态风险，保障物种栖息、繁衍、迁徙、扩散等生态过程，提升景观多功能性，达到以少量的生态用地保障区域基本生态安全的目的。

1.1.3 生态安全格局构建意义

生态安全格局作为沟通生态系统和社会系统的桥梁，目前被视为区域生态安全保障和人类福祉提升的关键环节是通过对有限的生态资源进行合理的空间配置，以最小的生态投入获取最大的生态效益（彭建等，2017a）。区域生态安全格局的有效构建与维护不仅有助于提高景观连通性、保护生物多样性、提升生态系统服务、完善自然保护地网络、帮助物种适应气候变化，还将明确生态修复区域、服务国土空间规划、提升人类福祉，实现可持续发展，从而保障区域生态安全（叶鑫等，2018）。

（1）保障区域生物多样性

生态安全格局通过对保障区域生态安全具有重要意义的关键区域实施重点保护，对有限的生态空间进行合理配置，最大化生态安全保障，提升生态保护效率。景观连通性是维持或提高景观在应对环境变化时的生态恢复力的基础。生态源地、生态廊道、踏脚石可以保护物种栖息地，促进物种迁徙、扩大物种生存空间、促进物质流动和信息传递，通过保证破碎的自然生境间的结构与功能连通性、恢复生态过程、维持生态系统结构与功能的完整性，有效维持或提升生物多样性（Hofman et al.，2018）。目前的全球自然保护地网络保护生物多样性和缓解生态系统服务损失的效果仍有待进一步提升。自然保护地位置存在偏差，导致部分区域过度保护或保护不足的问题。研究发现，部分自然保护地并没有覆盖濒危脊椎动物物种密度高的区域，而是建立在能够尽量减少与农业适宜土地冲突的地方（Venter et al.，2018）。自然保护地在规模、生态代表性和治理等方面受到限制，且大部分受到人类影响，因此自然保护地及其所包含的动物种群可能会变得孤立，从而中断维持种群、生态系统和适应能力的重要生态和进化过程的流动（Haddad et al.，2015；Pacifici et al.，2020）。当前，生态学家普遍认为，建立生态廊道以辅助物种迁徙是生物多样性保护的重要策略（Butt et al.，2021）。研究发现，建立生态廊道可以提升全球自然保护地的功能连通性，以及减少现存自然保护地内部的人类足迹，可能比增加新的自然保护地对连通性的提升效果更为显著，尽管两种策略共同实现了效益最大化（Brennan et al.，2022）。

（2）提升生态系统服务

基于景观多功能性评估构建生态安全格局可以提供基于自然的解决方案，从而实现多项可持续发展目标。例如，以整合水资源安全、土壤保持、生境维持、固碳、防风固沙等功能为目标的生态安全格局可以同时保证多项生态系统服务维持或提升的需求（Dong et al.，2022）。生态安全格局构建对生态系统服务的提升主要体现在以下五个方面：①保护关键生态系统。生态安全格局对关键生态系统，如湿地、森林、草原等进行重点保护和修复。这些生态系统能够提供多种生态系统服务，包括水质净化、气候调节、生境维持等。②恢复退化土地。生态安全格局可以通过识别退化土地，结合植被恢复、土壤保持和水资源管理等策略防止进一步退化，并提升退化土地的生态系统服务（彭建等，2017a）。③保护水源地和水体。水源地、湖泊和河流等水体是生态安全格局的重要组成部分，这些区域提供重要的水资源，有助于实现水资源的供应和水质的改善，同时提供水质净化等生态系统服务（彭建等，2016）。④建立生态廊道以提高连通性。在生态安全格局的规划中，建立生态廊道以提高景观连通性可以促进各系统之间的交流和互动，促进生态系统服务的流动。⑤增加城市绿地和自然景观。在城市规划中，应加强绿地和自然景观的建设，如公园、绿化带、城市森林等，城市绿地不仅美化城市环境，还具有休闲空间和空气净化等生态系统服务。

（3）适应气候变化

易位是物种适应气候变化的重要途径，通过向高纬度和高海拔地区转移实现（Butt et al.，2021；Thomas，2011）。然而，许多物种因迁移缓慢或无法跨越自然和人类障碍而受到气候变化的威胁。构建生态安全格局可以通过为迁徙能力较弱的物种提供生态廊道或踏脚石来提升物种到达适宜栖息地的成功率（Su et al.，2021）。研究表明，建设生态廊道可将美国本土的气候连通性从41%提高到65%，对物种适应气候变化具有重要意义（McGuire et al.，2016）。生态安全格局通过建设低阻力的迁徙廊道恢复区域破碎斑块的联系，是应对生境破碎化和生境孤岛问题、减轻气候变化对生物多样性影响的有效路径。另一方面，生态安全格局的构建可以增加森林、湿地等重要碳汇的面积，并提升其质量，吸收和储存更多的二氧化碳，有助于减缓未来的气候变化。此外，气候变化可能引发的极端气候事件如暴雨、洪涝、干旱等的频率和强度都有所增加。基于生态安全格局开展湿地、河流、森林等生态系统的保护和修复，有助于缓解自然灾害对人与环境的冲击，提升生态系统应对气候变化的能力。

（4）助力国土空间生态修复

空间规划是优化自然和社会要素空间格局的过程，是更加全面、更加系统地管理自然资源，保护生态系统和缓解区域发展的不平衡，规范社会—生态系统的重要途径（Gustafsson et al.，2019）。空间规划可以改善基础设施布局、有效利用自然资源、减少环境污染、建设可持续发展的城市和社区，加强对气候变化的适应，促进可持续发展目标的实现和城市韧性的提升（Meerow and Newell，2017；Tammi et al.，2017）。生态安全格局是服务于空间规划的景观途径（Dong et al.，2022），是我国国土空间开发战略格局的重要组成部分，有助于完善生态保护红线、降低"三生"空间冲突、助力国土空间生态修复，旨在推动生态文明建设这一重要国家战略。为了应对日益严峻的生态环境问题，国家先后部署实施了一系列国土空间生态修复工程，并取得了一定的成效（高世昌，2018）。以工程为导向的生态修复常以单一生态要素为对象，忽略生态系统整体性和系统性，存在局部单要素治理最优而整体全要素修复收益偏低甚至下降的问题（苏冲等，2019）。因此，国土空间生态修复应构建连通的生态安全格局，以"山水林田湖草沙"生命共同体理念为指导，坚持"整体保护、系统修复、综合治理"的要求，开展关键区域的生态保护、修复和重建。

1.2　生态安全格局理论支撑

1.2.1　景观生态学

景观生态学集生态学、地理学、系统科学之长，是一门研究景观单元的类型组成、空间格局及其与生态学过程相互作用的综合性学科（肖笃宁和李秀珍，1997；邬建国，2000）。景观生态学研究重点关注格局与过程互馈，研究内容涉及景观变化、景观规划、景观管理、景观保护和景观修复等多方面（Naveh and Lieberman，1994）。景观生态学为生态安全保护与生态系统有效管理提供了重要的空间途径，是生态安全格局的核心理论支撑。同时，生态安全格局适应生态安全研究对生态过程合理调控的理论诉求，成为景观生态学空间格局—生态过程耦合理论的有效实践（彭建等，2017a）。

1.2.1.1　生态系统服务

生态系统服务指生态系统与生态过程所形成的、维持人类生存的自然环境条件及其效用（Daily，1997），是生态系统提供的产品与服务，代表人类直接或间接从生态系统中获得的惠益（Costanza et al.，1997）。1948年，Vogt首次提出自然资本的概念，接着先后出现过环境服务、自然服务等与生态系统服务相关的概念。Ehrlich和Ehrlich（1981）对环境服务、自然服务等相关概念进行了梳理和统一，并首次提出了生态系统服务的概念。此后，生态系统服务这一术语开始被广泛应用并为学界所熟知。

作为人类赖以生存和发展的资源与环境基础，生态系统服务无时无处不在惠及人类社会（傅伯杰，2010）。生态系统服务不仅直接为人类生产生活提供必要的物质与能源，更是起着支撑地球生命系统和维持生物地球化学循环与水文循环的重要作用（傅伯杰等，2009）。Costanza等（1997）将生态系统服务分为气候调节、水供应、食物生产、休闲游憩等17种。联合国千年生态系统评估则在此基础上将生态系统服务分为供给、调节、文化和支持四类。其中，供给服务是人类从生态系统获得的产品，包括水、食物、燃料和纤维等；调节服务是人类从生态系统过程的调节作用中获得的收益，包括气候调节、空气质量调节和疾病控制等；文化服务是人类从生态系统中获得的非物质效用与收益，包括消遣娱乐、美学体验等；支持服务是保障其他生态系统服务所需的生态系统基础功能，包括土壤形成、养分循环、水循环等。

联合国千年生态系统评估指出，人类对各类生态系统服务的使用均在迅速增长，全球约有60%的生态系统服务处于退化之中或正在被不可持续地利用（MA，2005）。作为连接自然过程与人类活动的桥梁与纽带，生态系统服务对于自然资源的合理配置与利用，以及可持续发展目标的实现具有重要的理论与现实意义（彭建等，2017b）。因此，对生态系统服务进行有效的科学评估，将为生态系统健康、人类福祉提升与可持续发展提供定量化的数据支撑。目前，生态系统服务评估已经从静态层面的服务供给货币价值衡量，发展到面向多种利益相关者的综合评估（彭建等，2017b）。得益于相关研究的蓬勃发展及其作为自然与人类福祉桥梁的属性，生态系统服务逐渐成为生态安全评价的关键指标，也因此成为生态安全格局构建的研究前提与基础。在生态安全格局构建过程中，生态源地的提取往往依赖于生态系统服务的空间制图结果。

1.2.1.2 景观连通性

景观连通性指景观对物种及生态流在斑块间运动的促进或阻碍程度（Taylor et al.，1993）。由于物种在景观中的移动对于种群生存至关重要，Taylor 等（1993）将景观连通性定义为除景观地貌特征与景观组成外的第三个景观结构的重要衡量指标。此外，With 等（1997）将景观连通性定义为：由生境斑块的空间蔓延与有机体对景观结构的运动行为反馈所决定的生境斑块间的功能联系。而 Forman（1995）根据拓扑学中的相关概念，将景观连通性定义为：对景观中廊道、网络或基质空间连续性的度量。Baguette 等（2013）认为，景观连通性实际上是景观的一个动态属性，由景观中干扰的动态变化和扩散的时空变化导致。实质上，景观连通性表征着景观中要素的空间连续性，具有结构与功能的双重属性，既是对景观结构的测度指标，也是对景观中生态过程衡量的指标。因此，景观连通性衡量着同类斑块或异类斑块之间在结构、功能和生态过程上的有机联系水平。这种联系既是生物群体之间的物种交流与迁徙，也是景观元素间的物质和能量交换（吴昌广等，2010）。当然，也可以将这种联系概括为物质流、基因流与能量流的交换与迁移。

维持良好的景观连通性是保护生物多样性和维持生态系统稳定性与完整性的基础（陈昕等，2017）。因此景观连通性是生态安全格局构建时的重要考虑因素。一方面，可以在生态源地识别时将景观连通性指标纳入综合评估框架中，以提升生态斑块间的连通性；另一方面，受到复合种群理论中连通战略的影响，可以通过建立生态廊道或者设立踏脚石的方式，将独立的生态源地连接成网络，以促进物种与生态流在生态源地间的移动（Sawyer et al.，2011；Baguette et al.，2013）。一般情况下，景观连通性分为结构连通性和功能连通性。其中，结构连通性指生态斑块在景观中的空间组织模式（Baguette et al.，2013），通过对景观结构的分析进行衡量，与生物属性无关，也被称作潜在连通性（Tischendorf and Fahrig，2000）。功能连通性则是对生态流流量的测度及生态过程的衡量（吴昌广等，2010；Goodwin，2003）。

在生态安全格局构建的实践过程中，由 Lucla 和 Saura（2006）提出的可能连通性指数（probability of connectivity，PC）是广受认可的景观连通性指数之一（Peng et al.，2018a）。作为一种基于图论的景观连通性衡量指数，可能连通性指数既可以反映景观的连通性，又可以评估景观中各斑块对景观连通性的贡献程度（吴健生等，2013）。可能连通性指数通过两个生境斑块间直接扩散的可能性来定义连通性，以此作为斑块间物种迁移概率、强度和灵活性的评价依据。可能连通性指数是在景观水平上对景观整体连通性的表征。当景观中的某个斑块被移除时，景观结构将发生改变，连通性水平随之发生变化，变化量被认为是该斑块在景观连通性中重要性的表现。因此，斑块的连通重要性可以通过计算可能连通性指数的变化比例（dPC）来衡量（熊春泥等，2008）。

1.2.2 景观规划

生态安全格局的概念源于景观规划，与生态网络、绿色基础设施、城市增长边界等概念均有相似之处，旨在通过空间规划管制手段实现既定的生态保护目标。从 19 世纪后期的公园体系构建设想与花园城市理念，到 20 世纪的城市增长边界、生态网络和绿色基础设施等概念，无不关注资源节约与生态建设，并追求在精明增长与高效保护的基础上实现区域可持续发展，具有低成本、高效益的优势。

1.2.2.1 网络的应用

宽泛地讲，生态安全格局构建可以被视为对已存在的或潜在的对维护、控制特定区域某种生态过程有着重要意义的关键生态要素，如斑块、廊道乃至整体网络的空间识别及其生境恢复与重建。通过区域生态安全格局的构建，可以达到对特定生态过程的有效调控，从而保障生态系统功能及服务的充分发挥。

作为一项关键的景观规划工具与手段，生态安全格局的研究成果已大量涌现。例如，Zhang 等（2022b）基于生态系统服务供给、需求及敏感性构建了黄河流域生态安全格局；Wang 等（2022）结合矿区土地覆被制图、聚类分析及电路模型构建了山西露天矿区生态安全格局；Jia 等（2023）考虑生态系统服务供需平衡，构建了长江中游城市群生态安全格局。而在实际应用方面，多以主体功能区、生态功能区和相关生态规划等形式在国内出现，其实质是整合生态系统服务的生态空间异质性识别。这些研究成果在我国的空间管制和区域主体功能识别及保护中发挥着重要作用，为国土空间生态管治提供决策支撑。例如，贾良清等（2005）在生态系统类型、生态敏感性和生态系统服务重要性等指标的基础上提出安徽省生态功能区划方案；樊杰（2015）主持编制的全国主体功能区规划，通过对可利用土地、环境容量等 10 项指标的适宜性评价形成我国首个主体功能区划方案。这些研究的方法实质均是基于生态敏感性、生态重要性指标体系对区域生态源地的空间识别和保护规划。此外，也有学者将生态安全格局的构建方法应用于城市增长边界和生态保护红线划定中，如周锐等（2015）将4种单一生态过程的生态安全格局作为城镇增长的阻力因子划定城市增长边界，是生态安全格局构建方法在城市增长边界中的直接应用。

1.2.2.2 其他相关概念

如上文所述，与生态安全格局相似的景观规划概念还有城市增长边界、生态网络、绿色基础设施、生态保护红线等（表1-2）。具体来说，生态安全格局概念起源于我国，指面向特定的生态安全阈值目标，由生态源地、生态廊道、战略点等关键景观要素组成的空间格局（Peng et al.，2018b；Gao et al.，2021）。城市增长边界由美国在1958年首次划定（Ding et al.，1999），规定边界内的土地支持与市民工作生活相关的基本城市服务（Huang et al.，2019），是控制城市无序扩张、保护城市边界外的自然或半自然景观的有效管治工具。生态网络则诞生于20世纪80年代的欧洲，是为了应对生态功能区面积增加但质量提高有限，以及人类活动导致的景观破碎化和生境面积萎缩等全球性问题而被提出。生态网络是由生态节点、生态廊道、缓冲区及自然保护地等构成的网络状景观，旨在实现自然生境的保护与连通，进而促进生物多样性保护（Hofman et al.，2018；An et al.，2021）。绿色基础设施是由水体、湿地、森林、绿道、公园、荒野等自然或半自然要素组成的网络，不仅起着维持生态系统完整性与健康的作用，也为生态网络的稳定性和人类福祉的实现提供物理基础（Tzoulas et al.，2007；吴伟和付喜娥，2009；Wang et al.，2021）。生态保护红线是我国将可持续景观格局纳入空间治理政策的典型实践，是在不削弱生态系统服务的基础上，综合考虑区域的生态背景与决策目标确定的最小空间保护边界（Bai et al.，2016）。

表1-2 生态安全格局及相关概念辨析

名称	概念内涵	起源	关注点
生态安全格局	维持生态系统健康及可持续服务的关键空间点、线、面	20世纪90年代，中国	生态系统健康及生态系统服务的可持续性
城市增长边界	阻止城市无序蔓延，划分城市和乡村的分界线	20世纪50年代，精明增长运动，美国	城市边界及土地扩展与游憩
生态网络	由生态节点、廊道、缓冲区及自然保护地等组成的网络状景观	20世纪80年代，欧洲	生物多样性与自然保护
绿色基础设施	由一系列生态要素组成的自然生命保障系统	1999年，美国保护基金会和农业部林务局	自然保育与生态系统服务支撑
生态保护红线	在生态空间范围内具有特殊重要生态功能、必须强制性严格保护的区域	2011年，中国	生态系统完整性与生态过程可持续性

对比来看，生态安全格局构建理念在国外多以绿色基础设施和生态网络等形式出现，

而城市增长边界近年来在我国则随着国土空间规划的兴起而逐渐成为研究热点。基于生态保护视角，可以狭义地认为城市增长边界是生态安全格局的线状边界，同时城市增长边界、绿色基础设施和生态网络的概念、设计与实施也丰富了生态安全格局的理论和实践内涵。但上述概念之间仍存在一定差异。产生这种分异的原因，既与提出者的学科背景、关注点和拟解决问题的差异有关，也与不同国家和地区面临生态环境问题的特征及严峻性有着直接联系。在我国复杂而脆弱的生态环境本底条件下，规模巨大的、短时期内快速的城乡建设活动使脆弱的城市生态环境面临巨大的生态灾害风险，而突发的灾害一旦发生，恢复的可能性极小或代价极大。同时，随着新型城镇化和生态文明建设这一国家战略的稳步推进，人们对于自然生态和文化休闲的需求日益增加，生态安全格局构建成为一种被动适应的、底线式的宏观生态系统管理。另一方面，在欧美国家，尽管生境破碎化、生态多样性丧失被视为社会–生态系统可持续发展面临的核心瓶颈，但其生态安全问题所处的阶段与我国不同。漫长的、渐进式城市化过程亦有助于生态环境问题的缓解与消纳，产生的生态后果仍在可控或可恢复范围内，因此重在城市发展过程中的生态修复及可持续性的提升，以满足人类生态需求，保障社会福祉。这些国家的生态系统管理理念强调人的主观调控和事前规避。

1.2.3 景观可持续性科学

1982 年 10 月联合国大会通过的《世界自然宪章》明确指出，在制定经济发展长期计划时，应当考虑生态系统的可持续供给能力，以避免对生态系统造成不可逆的伤害。1992年推出的《21 世纪议程》则确立了行动计划以支持可持续发展的全球伙伴关系，以保护环境和改善人类福祉。2015 年，联合国提出了 17 个可持续发展目标和 303 个定量化评估指标，并每年公布这些目标的实现进展。平衡生态保护、经济发展与社会公平的可持续发展路径仍处于探索之中（Gao and Bryan，2017；Fuso et al.，2018）。

空间是认知自然过程和社会活动的重要视角，也是促进可持续发展的重要途径（Peng et al.，2020）。自然生态本底、社会发展及其相互作用的巨大区域差异导致了社会—生态问题的空间异质性，尤其是生态系统服务供需的不平衡（Maron et al.，2017）。因此，迫切需要提出有效的空间治理措施，以促进和实现区域可持续发展。空间规划，作为优化自然和社会要素空间格局的过程，是管理自然资源，保护生态系统和解决区域发展不平衡问题的重要手段（Gustafsson et al.，2019）。空间规划是一种更具综合性和系统性的方法，具有对社会—生态系统的约束作用。尽管区域空间规划体系的命名和类型在世界各地存在差异，各国对空间规划的核心认知都逐渐从约束静态的土地利用格局转变为分析生态系统和社会系统之间的动态互馈关系（Todes et al.，2010）。基于历史或经验数据，传统的线性或非线性预测只关注不同土地利用类型的格局变化（如城市扩张或农用地变化），而较少关注自然过程和社会活动的关系（如强化孤立生境间的空间连接或者确保生态系统服务的供需匹配）。目前的空间规划旨在实现多种可持续发展目标，涉及限制城市扩张、改善基础设施、有效利用自然资源、减少环境污染、提升气候适应性等（Meerow and Newell，2017；Tammi et al.，2017）。因此，亟需更多基于可持续性科学的关键理论与技术，以支持空间规划和助力区域可持续发展目标的实现。

早在 2002 年，Wu 和 Hobbs 便指出，景观可持续性的全面定义应当由景观的物理、生态、社会经济、文化和政治组成，并明确表达其时间与空间规模。Selman（2007）认为，景观可持续性由生态完整性和文化易读性所决定。Wu（2012）则将景观可持续性定义为景观在不断变化的环境、经济和社会条件下保持其基本结构和提供生态系统服务的能力。此外，Cumming 等（2013）从景观格局与过程持久性的角度提出，景观可持续性可以被视为景观格局与生态过程在未来无限期维持下去的程度。综合而言，景观可持续性是指自然生态与社会文化环境发生变化时景观仍然能够持续提供长期的、富有景观特异性的生态系统服务，以维持和改善区域范围内的人类福祉（Wu，2013）。一般认为，景观可持续性研究具有多维度性，除了遵循可持续性科学的生态、经济与社会三个维度外，Selman（2008）认为其还具有政治与美学维度。此外，Musacchio（2009）提出景观可持续性具有六个维度，包括环境、经济、公平、美学、经验和伦理。通常，景观可持续性研究包括三类（Zhou et al.，2019）：①人与自然的关系和生态系统服务；②景观可持续性的理论框架与方法；③其他具体研究领域。随着研究的深入，景观可持续性科学逐渐发展成型，并被定义为一门以空间为基础的、应用导向的探究和改善生态系统服务与人类福祉间动态关系的科学，聚焦于"景观格局—生态系统过程—生态系统服务—人类福祉"的关系（Wu，2013）。

1.2.3.1　可持续景观

可持续景观与景观可持续性的研究对象相似，但仍存在不同。在研究主题上，两者均包括生态系统服务、景观生态学、景观规划、农业景观等内容，而景观可持续性则涉及气候变化、社会—生态系统和城市景观等新主题（Zhou et al.，2019）。从学科起源及理论基础来看，尽管两者均受景观生态学影响，可持续景观的研究观点更多源于生态经济学家，而景观可持续性更多依托于可持续性科学的发展（Zhou et al.，2019）。一般而言，景观可持续性研究对景观与可持续性的理论关系进行深入研究，而可持续景观研究更多地侧重于景观规划与设计，更偏重实际应用。

可持续发展是当今时代的重要主题，也是人类面临的重大需求（邬建国等，2014）。"可持续性"一词被解释为"维持在一定水平的能力"。目前，"可持续发展"被定义为"既满足当代人发展的需求，又不损害子孙后代满足其自身需求的能力"，可持续发展要求实现人类需求与生态完整性的平衡。2002 年，联合国可持续发展问题世界首脑会议上通过的《约翰内斯堡可持续发展声明》指出，可持续发展需兼顾生态、经济与社会三个维度。这三个维度也被称作"三重底线"，即可持续发展要同时满足生态环境保护、经济发展与社会公平三条基本底线（Wu，2013）。

人类需求与生态环境条件始终处于变化之中。因此，研究可持续性问题离不开时间与空间的尺度问题。时间尺度是探究在多长的时间维度上维持可持续性。显然，在越长的时间维度上维持生态保护、经济发展与社会公平，则可持续性越好。空间维度在研究中研究同样重要。全球或大洲尺度由于空间范围过大，涉及问题复杂，难以将可持续性政策落于实处。而过于微观、单一的种群、群落、生态系统尺度则难以实现生态环境与人类社会的统筹考虑，无法满足可持续发展的三重底线。景观尺度既完整涵盖生态、经济与社会三大要素，同时，景观生态学能够为可持续性的定量化研究提供整套的方法与指标（傅伯杰等，2008）。因此，具有枢纽作用的景观尺度是研究可持续过程与机理最具可操作性的尺度（赵文武和房学宁，2014；Wu，2013）。

可持续景观是指满足可持续性实现条件的景观。学术界对于其科学定义有许多的解释。Forman（1995）认为，可持续景观应在代际间同时实现保持生态完整性与满足基本人类需求两个目标，可持续性是实现或维持这两个目标的必要条件。Haines-Young 和 Potschin（2000）提出，可持续景观中人类从景观所获得的收益（商品与服务）总和能够得到维持，而人类的负债不会增加。Odum 和 Barrett（2005）的观点与 Haines-Young 和 Potschin（2000）较为相似，认为可持续景观是保持自然资本和资源能够提供养分与必需品，防止低于特定景观水平的健康或活力阈值的景观。此外，也有研究认为，可持续景观应为一个封闭系统，即无需过多的外界直接能源输入，而较大程度地实现材料与资源的内部循环。需要指出的是，可持续景观的具体定义在很大程度上取决于可持续的定义。因此，可以将可持续景观定义为在满足当代人类需求与生态保护要求的同时，不损害后代利益，且尽可能实现自给自足与内部资源循环的景观。

1.2.3.2 可持续景观格局*

景观作为空间规划的有效地理单元（Chen and Wu，2009），也是评估区域可持续发展水平的关键空间单元。随着景观生态学与可持续性科学跨学科研究的日渐深入，景观可持续性科学开始聚焦于景观提供长期稳定的生态系统服务及提升人类福祉的能力（Wu，2013）。可持续景观要素的空间配置与管理是可持续景观格局的研究主题。可持续景观格局是"景观格局—生态系统过程—生态系统服务—人类福祉"这一范式在景观生态学和景观可持续性科学中的理论应用（Wu，2012），同时也遵循景观生态学中"斑块—廊道—基

第1章 生态安全格局及其研究范式

---

* 本节内容主要基于：Dong J Q，Jiang H，Gu T W，et al. 2022. Sustainable landscape pattern：A landscape approach to serving spatial planning. Landscape Ecology，37：31-42. 本节中的插图和表格是根据上述文献中对应的图表修改、重绘而成。

质"的分析范式。

然而，景观可持续性的实现涉及复杂社会—生态系统中不同要素的结构、功能和动态过程（Zhou et al.，2019），导致可持续景观格局的研究范围广泛，内涵不明确。先前的研究已提出过与可持续景观格局核心目标相一致的概念，如服务于生物多样性保护的生态网络（Isaac et al.，2018；Beaujean et al.，2021），控制城市无序扩张的城市增长边界（Chakraborti et al.，2018），保护自然景观的绿色基础设施（Meerow and Newell，2017）和维持生态系统完整性与保障生态安全的生态安全格局（Peng et al.，2018a；Dong et al.，2021）。这些基于景观生态学的概念符合当前空间规划中平衡保护与发展间矛盾的关键需求（Opdam et al.，2002；Hersperger et al.，2021）。同时，可持续景观格局的理论框架可为面向区域可持续发展的空间规划提供重要的理论支撑和技术途径。

基于对景观可持续性与可持续景观的辨析，可持续景观格局可以定义为：某种使特定区域的生态过程能够可持续地提供稳定的生态系统服务，进而促进该区域人类福祉提升的景观要素的组成与配置模式（图1-1）。可持续景观格局不仅关注特定景观，还强调景观要素的聚集及其空间关系。"组成"与"配置"代表着景观空间格局的两个重要维度；"可持续"与"稳定"反映了景观可持续性的时间动态特征。可持续性是一个长期的过程，在受到干扰时可以由具有恢复力的社会—生态系统稳定地维持。"生态系统服务"是联系生态系统与社会系统的关键纽带，即生态系统过程和功能为人类提供惠益，生态系统服务的获取则与人类需求有关。在景观可持续性科学中，"景观格局—生态系统过程—生态系统服务—人类福祉"的框架是景观生态学研究范式从基于生态过程的空间格局向自然贡献与人类惠益相关的拓展延伸。基于这一拓展范式，保障生态系统过程的正常进行是可持续景观格局的前提（即生态可持续性），而提升人类福祉则反映了可持续景观格局的最终目标（即社会经济可持续性）。此外，跨区域的可持续性可以在平衡当地保护与发展的前提下，基于生态系统服务的溢出与全程耦合进行实现。因此，理想的可持续景观格局是一种在生态、社会和经济上实现可持续发展目标的有效空间途径。

可持续景观格局包括前文介绍的生态安全格局、城市增长边界、生态网络、绿色基础设施、生态保护红线，以及生物多样性热点区、保护优先区、多功能景观（Waldhardt et al.，2010；Terrado et al.，2016）等概念。各类可持续景观格局是根据不同国家的自然和社会经济背景所提出的不同的概念和实践（Jiang et al.，2021）。发达国家人口密度低、城市化水平高，生态用地退化程度较轻，为了保持景观的可持续性可以充分保护自然景观或构建稳定的网络结构，以增强景观格局对干扰和压力的适应能力。在这一背景与要求下所确定的城市增长边界、生态网络、绿色基础设施等均具有较强的适应性，属于适应性可持续景观格局。相反，包括中国在内的大多数发展中国家正在经历着快速的城市化进程，城市扩张和人口集聚程度高。在生态用地遭到严重破坏的同时，人们对生态系统服务的需求也在急剧增加，平衡生态投入与生态效益至关重要。生态安全格局与生态保护红线便是在

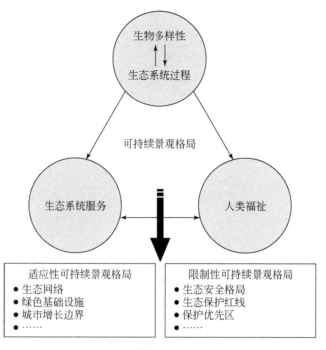

图 1-1 可持续景观格局的理论基础

剧烈矛盾的社会—生态背景下，基于底线思维所提出的最大化维持景观可持续性的最小生态空间边界（Peng et al., 2018a）。此外，生物多样性热点地区、保护优先区等也是基于生态系统管理最优投入产出关系所确定的有限生态空间。诸如生态安全格局、生态保护红线、生物多样性热点地区、保护优先区等类似的可持续景观格局属于限制性可持续景观格局。

需要指出的是，尽管这两类可持续景观格局的提出背景不同，但可能在同一区域同时存在。在高度城市化的发达国家，同样也存在严峻的生态问题，需要借助限制性可持续景观格局来确保区域的可持续发展。例如，当区域生物多样性受到严重威胁时，除了构建生态网络外，还应对生物多样性热点地区进行严格管理，以更有效地实现生物多样性保护的目标。而在快速城市化的发展中国家，虽然限制性可持续景观格局是现阶段保持可持续发展的有效空间实现途径，但随着城市化进程趋于平稳，生态系统与社会系统之间的相互作用会趋于动态稳定，此时则需要构建适应性可持续景观格局以更好地实现区域可持续发展。

1.3 生态安全格局研究范式

生态安全格局理论自 20 世纪 90 年代被提出起，就受到了广泛关注，大量研究对生态安全格局与构建进行了探讨，在不断的发展中形成了"生态安全评价—生态安全格局构建

—生态安全格局优化—生态安全格局有效性评估"的研究范式（图1-2）。

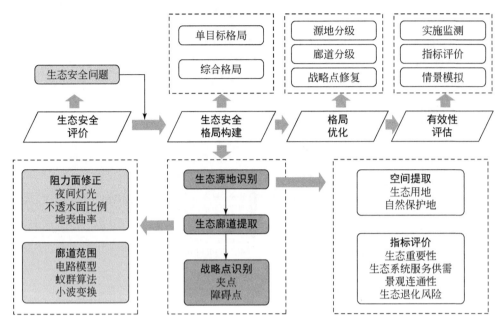

图1-2　生态安全格局的研究范式

生态安全评价是生态安全格局研究开展的基础。生态安全指资源、环境和生态系统服务的安全、健康和可持续，能可持续地供给人类资源、生态系统服务（Dabelko et al.，1995；Liu and Chang，2015）。我国幅员辽阔，自然环境复杂，生态系统类型丰富，但也面临大规模城市化和经济发展对生态系统的严重威胁，造成生态系统功能损失和生态系统退化。受损和退化生态系统的修复难度大、成本高，需要尽快开展基于"底线"思维的生态保护。在生态文明建设的背景下，以生态安全格局构建为基础，解决人地矛盾和发展与保护的冲突问题已经成为重要的国家战略（Peng et al.，2018a）。

生态安全格局构建是研究范式的核心环节。随着研究的深入，生态安全格局构建范式从"生态源地""生态源地—生态阻力面—生态廊道"逐步发展到"生态源地—生态廊道—战略点"。生态源地指对促进生态安全具有重要意义或担负向外辐射重要生态功能作用的关键生态用地，作为区域生态安全格局的重要基础，最先受到重视。生态源地的识别方法包括直接选取保护区和风景名胜区等自然保护地（李晖等，2011），以及基于生态适宜性、生态系统服务、景观连通性等评价指标进行识别等（蒙吉军等，2014；吴健生等，2013）。

随着生态安全格局的理论发展和实践应用，生态廊道作为生态安全格局的重要组成部分受到了更多的关注。生态廊道是促进生态源地之间联系的线状景观，具有明确的空间走向和范围。以生态源地和生态阻力面为基础，采用最小累积阻力（minimum cumulative resistance，MCR）模型、基于最优路径迁徙或扩散的算法、电路模型、蚁群算法、空间连续小波变换等方法识别生态流的最适宜路径作为生态廊道。例如，基于空间主成分分析和最小累积阻力模型的内陆河景观生态安全评价与格局优化（潘竟虎和刘晓，2015）；利用蚁群算法的特大城市生态廊道提取（Peng et al.，2019）。

随着生态修复工程的不断开展，战略点在生态安全格局构建中的重要性开始凸显（潘竟虎和刘晓，2015；徐德琳，2015）。战略点是生态廊道连通作用提升的关键节点，对于生态源地的相互联系具有重要意义，且容易受到外界干扰。由此产生了"识别生态源地—提取生态廊道—确定战略点"的新的研究范式。例如，识别生态源地、缓冲区、生态廊道、辐射通道、生态战略点以构建江西省生态安全格局（杨姗姗等，2016）；从生态系统完整性和结构连通性视角构建生态安全格局以识别吉林省松原市生态修复关键区（曹秀凤等，2022）。

随着构建范式的基本成熟，生态安全格局的研究开始重视生态安全格局优化与监测验证，确保生态安全格局的稳定有效，持续保障区域生态安全。生态安全格局优化以景观要素为基础，综合考虑研究区自然生态本底与社会经济条件，从生态保护目标和实践需要的视角出发，通过生态源地分级、生态廊道分级和战略点保护与修复等方法，明确生态保护与修复的优先次序，实现生态安全格局的有序建设，提高有限生态投入的社会—生态效益。生态安全格局监测验证是生态安全格局研究的关键环节，通过动态监测、指标评价、情景模拟等方法，对生态安全格局的动态变化、保护成效进行监测和验证，优化保护方案，面向生态安全优化国土空间配置。

综上所述，生态安全格局的研究对理论基础和实践应用都展开了深入的探讨，并已经形成了相对成熟的构建和研究范式。当前研究的重点已经从生态安全格局的构建转向优化与验证。

1.3.1 生态源地识别

生态源地通常指现存的本土生态系统，如乡土物种栖息地等，是生态过程的起点。生态源地的保护旨在利用有限的生态用地来保障区域生态安全，保障生态系统结构、过程和功能的完整性，实现对区域生态环境问题的有效控制。

生态源地的识别方法可以分为两类。一类是直接选取特定的生态系统或受保护区域。例如，自然保护区和风景名胜区等受政策保护的重要自然保护地常被作为生态源地（李晖等，2011）。这类方法操作简单，但忽视了生态系统的保护价值，以及自然保护地内部因管理不善而退化的生境斑块。自然保护区或风景名胜区的设立本身带有强烈的行政管制因素，且其内部的空间差异随时间的推移而逐渐增加。随着自然保护地周边的旅游业发展和基础设施建设，部分受保护的生态系统也出现了明显的景观破碎化、生态系统退化和生态功能下降等现象。此外，也有学者选择土地利用类型长期稳定不变的大面积斑块，如林地、耕地等作为生态源地（李宗尧等，2007；许文雯等，2012；李晶等，2013），但这一做法忽略了同一地类内部的保护价值差异。

另一类方法是构建综合指标体系评价生态系统功能、敏感性等特征，作为决策指标识别生态源地。指标体系的有效性是区域生态源地识别的核心问题之一。由于各研究中对生态安全的内涵理解不同，且不同研究区所面临的生态安全问题和生态保护关注的核心问题存在差异，不同研究中所选取的指标不尽相同。总体而言，常被用于评价的指标包括生态重要性（张慧，2016）、生态敏感性（徐文彬等，2017）、生态退化风险、生态系统服务供需、景观连通性五类。

（1）生态重要性评估

该方法通常根据研究的生态问题和保护目标筛选包括调节服务、供给服务、文化服务、支持服务在内的多种生态系统服务进行综合评估，反映生态功能的重要程度（陈昕等，2017；吴健生等，2017；许幼霞等，2017）。例如，彭建等（2018a）综合评估了粮食生产、产水、土壤保持、生境维持、近水游憩五种生态系统服务，量化生态重要性，识别了雄安新区的生态源地；程鹏等（2017）建立了包括生态系统服务、生物多样性、生态敏感性的综合评价体系识别了深圳市生态安全格局。

（2）生态敏感性评估

该方法主要衡量生态系统对区域内自然与人为干扰的敏感程度，从而针对生态问题识别重点保护斑块。生态敏感性反映了区域生态系统在遇到干扰时，产生生态问题的可能性，被用于表征外界干扰可能造成的后果。例如，程鹏等（2017）通过评估水土流失敏感性、地质灾害敏感性和生境敏感性识别生态源地；张慧等（2021）从自然环境与人类活动干扰两方面设计生态敏感性指标体系构建农业主产区生态安全格局。

（3）生态退化风险评估

生态退化风险反映了小尺度生态系统的健康状况和潜在风险，可以被用于生态源地识别。例如，徐羽等（2016）通过识别鄱阳湖流域土地利用变化下的生态风险，提取不同风险水平的空间斑块，用于确定生态安全格局；Peng等（2018a）通过评估生态用地面临的转化风险和功能损失风险识别生态源地，构建深圳市生态安全格局。

（4）生态系统服务供需评估

生态系统服务作为人类所获得的惠益，是生态系统功能的重要表征，常被用于生态源地识别。生态系统服务的供给与需求分别从生态系统和社会系统层面表征了人与自然的复杂关系，结合供需评估构建的生态安全格局能够体现对人类福祉的保障（景永才等，2018）。最初，人类需求独立于生态系统服务供给，被单独纳入评价体系用于识别生态源地，如使用人口密度与可达性评估人类生态需求重要性，与生态系统服务供给整合识别生态源地，构建京津冀城市群生态安全格局（Zhang et al.，2017）。目前，生态系统服务供需的定量关系已被用于识别稳定有效的生态源地，如考虑生态系统服务供给与供需比，整合生态本底与生态需求识别粤港澳大湾区生态源地（Jiang et al., 2021）。

（5）景观连通性评估

景观连通性反映景观结构的空间关联程度，是衡量斑块对景观中生态流的促进作用的重要指标（Kong et al., 2010；陈昕等，2017）。维持良好的景观连通性是保护生物多样性和维持生态系统稳定性与整体性的关键保障（Taylor et al., 1993）。陈昕等（2017）基于"生态重要性—生态敏感性—景观连通性"框架识别生态源地，构建了云浮市生态安全格局。

随着理论研究与社会实践的不断深入，生态系统服务权衡在生态源地识别中受到关注。大部分研究在对多种生态系统服务重要性进行整合时，往往假定不同生态过程间互不干扰，生态系统服务间不存在权衡关系，对多种生态系统服务进行等权重叠加。由此构建的生态安全格局可能会因多个生态系统服务的权衡问题而无法实现原定的保护目标。生态系统服务权衡分析有助于协调多元目标，最大化人类福祉，优化生态源地布局。例如，潘竟虎和李磊（2021）利用有序加权平均（ordered weighted averaging, OWA）方法识别出生态系统服务权衡度最高的优先保护区作为生态源地；陈田田等（2021）通过评估生态系统服务的权衡/协同关系，设置不同风险情景构建面向未来区域发展的生态安全格局。

作为景观生态学的核心议题之一，尺度的作用多体现于生态格局、生态过程、生态干扰的相互关系与影响。选取合适的研究尺度是构建有效的生态安全格局的前提。不同的分析尺度下景观格局与生态过程间的相互作用存在差异，会导致研究结果的不同。目前，生态源地的识别由单一尺度转向多尺度视角。例如，整合区域与跨区域视角识别潍坊市生态源地，不仅满足了潍坊市本地的生态保护需求，也有效加强了更大范围内生态源地间的联系（Dong et al., 2021）。

综上所述，生态源地识别的目的是保障生态安全。基于景观格局与生态过程互馈的原理，生态源地的识别方法向着促进有利生态过程、解决生态问题的方向发展。目前被广泛认可和使用的方法是基于生态重要性和景观格局评价体系，从生态功能与景观格局视角开展生态源地识别（杜悦悦等，2017）。

1.3.2　生态廊道提取

生态廊道是不同于两侧景观，呈现条带状的重要景观结构，是保障生态源地间能量与物质流动的载体，通过附近生态过程的连通实现区域生态系统功能完整性的关键生态用地（李卫锋等，2003）。生态廊道可以为迁徙动物提供迁徙和扩散的庇护所（曾辉等，2017），也可以对水资源和土壤流失起到过滤或阻滞作用。

提取生态廊道基于一个前提假设，即生态过程水平流动过程需要克服相应的景观阻力。因此，以生态阻力值反映生态流在景观内部的受阻程度。生态阻力值是指生态过程

（如物种相对于像元移动）的实现难度，反映了生态过程与生态功能流动时受到的阻碍，与景观异质性高度相关（Beier et al.，2008；Spear et al.，2010）。构建生态阻力面的常用方法是依据专家经验根据土地利用类型进行赋值（苏泳娴等，2013），但该方法忽略了同一土地利用类型下不同景观的内部阻力差异。因此，有研究开始采取不同的方法对基于土地利用类型赋值的生态阻力面进行修正，最终形成多维度的综合生态阻力面以确保研究的科学性和合理性。有研究利用不透水面比例反映建成区生态阻力强度进行阻力面修正（刘珍环等，2011）。也有学者采用夜间灯光强度表征人类活动对生态流的阻碍程度，对同一土地利用类型内部的阻力值进行修正。在西南山地地区等城市建设强度不大且地形特殊、地质灾害频发的区域，夜间灯光强度和不透水面比例无法区分局部差异，且会忽略地质灾害对生态流的影响，因此，可以选择岩土性质、坡度、夏季降水等致灾因子，评估地质灾害敏感性并对阻力值进行修正（杜悦悦等，2017；彭建等，2017c）。在干旱区等特殊生态区，水分等资源对生态过程的制约突出，需要评估相应的特征来修正阻力面（彭建等，2018d）。也有学者考虑物种水平扩散的行为模式，对地类边界处进行更审慎的评估，从物种所占据生态位的角度出发，将特定地类的边界设置为高阻力值区域（王晓玉等，2020）。

生态廊道识别采用最多的方法是最小累积阻力模型，通过计算生态过程从一个生态源地流向另一个生态源地的累积生态阻力，提取累积阻力最小的路径，能够指示生态流的最适宜路径。但最小累积阻力模型存在两个不足：一是只能识别出生态廊道的走向，无法确定生态廊道的宽度或空间范围，不能有效指导生态安全格局的落地和生态规划的实施。二是忽略了物种运动和生态流动的随机性，如蜜蜂在采蜜过程中并不能智慧地规划移动的最短路径，存在随机尝试过程，也存在绕远路到达的路线，即生态源地间不只存在一条最优路径。有部分研究对基于最小累积阻力模型提取的线状生态廊道建立统一宽度的缓冲区进行保护（张慧，2016），但该方法对生态廊道宽度不加以区分，大大地降低了生态保护的效果。基于此，电路模型、蚁群算法和空间连续小波变换等方法开始被应用于生态廊道的提取。

电路模型起源于物理学，并被应用于异质景观中基因流动的研究（McRae and Beier，2007）。在电路模型中，生态流动的过程被比作电路中的电荷流动，景观被看作导电表面。因此可以应用于复杂景观中的运动模式预测，测量生境斑块的隔离度，以及识别重要的景观斑块。目前，电路模型已被广泛应用于生态保护研究，特别是在确定濒危动物保护优先区的研究中，如 Peng 等（2018b）基于电路模型确定了云南省生态廊道的空间范围。

蚁群算法通过模拟蚂蚁觅食过程来寻求生态源地间的最佳路径。该方法通过多次过程迭代，根据蚂蚁信息素分布结果得到生态廊道的宽度和空间范围（Peng et al.，2019）。该方法有效识别了生态廊道的范围，但不能细致刻画生态廊道内部斑块的重要性差异。此外，该方法对编程能力和计算机性能有较高的要求，限制了研究区的选择和数据的空间分辨率，推广难度较大。

空间连续小波变换常与核密度估计相结合提取生态廊道（Dong et al., 2020）。具体来说，小波系数被用于检测空间突变点，核密度估计被用于基于空间采样点生成连续的密度表面，提取生态廊道的范围。空间连续小波变换与核密度估计相结合的方法可以客观地识别生态廊道的宽度阈值，特别是能够考虑局部背景对物种运动的影响。此外，这一方法还确定了可能中断生态廊道连接的关键位置，如旨在服务于区域生态修复的断点相比于关键节点对于生态廊道的修复更有效。

1.3.3　生态安全格局优化

早期的生态安全格局研究侧重要素的识别和格局的构建，而忽略了保护与修复的优先区域识别，使生态安全格局在实践落地过程中的具体方案不够明确，增大了实施难度。近年来，随着国土空间生态修复工程的不断实施，生态保护修复优先区的识别有助于强化生态修复的整体性与系统性。基于此开展的生态安全格局优化逐渐成为研究前沿。同时，景观生态学中的尺度效应，特别是幅度变化对可持续景观格局的影响也得到了更多的关注。此外，当前研究更关注考虑生态效益、经济效益、社会效益的多目标生态安全格局优化方法，关注生态过程与自然、社会、经济、文化等多种因子的相互作用，通过生态系统服务的权衡决策，构建社会—文化—生态耦合的生态安全格局。具体而言，生态安全格局优化的有效途径主要包括生态源地、生态廊道重要性分级，战略点识别，以及多尺度、多目标视角优化。

生态安全格局以生态源地、生态廊道和战略点为核心要素，在维护生态过程方面发挥着关键作用。因此，构建和优化生态安全格局应注重识别、保护和优化重要的"点—线—面"网络结构。有研究基于重力模型对生态源地和潜在生态廊道进行优先性排序。这一方法可以确定相对高质量的生态源地，并确定潜在生态廊道维持或恢复景观连通性的最佳效果，为生态安全格局优化提供方法（Li et al., 2021）。也有研究基于复杂网络理论的边缘加法，利用鲁棒性分析比较不同加边策略的优化效果，提出优化生态安全格局的有效途径（Song et al., 2021）。

战略点作为生态源地间的跳板，是对源地间的联系具有重要意义的节点，也是易受外界干扰的生态脆弱点。对这些节点开展保护和修复能够有效地维护生态过程，对生态系统的演替、干扰、恢复等过程具有关键意义。同时，由于战略点的面积普遍较小、维护成本较低、建设方式灵活，更容易落地实施。战略点最初是生态廊道的交点及生态廊道与最大累积阻力路径的交点（陆禹等，2015）。目前主流的战略点识别方法为基于电路模型识别夹点和障碍点。夹点指生态廊道中的狭窄区域，是影响整体景观连通性的"瓶颈区"，其电流值较高。障碍点是最能显著提升两个生态源地间连通性的区域，是修复优先区，其电流值较低。苏冲等（2019）将生态安全格局理论应用于山水林田湖草系统治理，识别战略点作为生态修复优先区，在现状景观格局的基础上通过模拟生态修复的方法，寻求生态安全保障与优化的空间策略，为华蓥山区的生态保护与修复提供了策略与建议。

格局与过程的时空尺度变化是景观生态学的核心议题之一。生态安全格局多从单一尺度构建，以行政区划为研究边界。然而，主观设置的行政边界破坏了生态系统的完整性，会打断边界处生态源地的连续性，以及边界内外生态系统结构和功能的联系。因此，有研究整合区域和跨区域尺度优化生态安全格局的构建方法，并对比区域、跨区域和一体化方法的构建结果（Dong et al.，2021）。

此外，构建生态安全格局时，面向区域生态问题的复杂性，现有研究特别强调综合视角，但大多通过简单叠加多种生态系统服务来识别生态源地，忽视了生态系统服务的权衡决策，难以直接支撑面向不同生态保护目标的策略制定。因此，姜虹等（2022）面向生物多样性保育、水资源利用、粮食生产、自然灾害防范的多种目标，构建了多重生态安全格局。

1.3.4 生态安全格局有效性评估

当前生态安全格局的研究多依据不同的标准、生态保护目标或者保护强度，构建相应的生态安全格局。在设计生态安全格局管理方案后，需要对方案进行合理性评价，并在方案实施后基于动态监测开展有效性评估，对照初始目标对方案进行反馈调整，是实现生态安全格局长期有效管理的基本途径。因此，有效性评估是区域生态安全格局研究的关键环节，需要广泛重视。

由于动态监测和定量评价面临着代价大、风险高、时间长等困难，已有研究大多将已构建的区域生态安全格局与现有的用地格局及区域发展规划进行对比，定性评估所构建的生态安全格局的有效性。随着研究的不断深入，生态安全格局的有效性评估方法从定性转为定量，包括监测实施、指标评价和情景模拟等方法。在监测实施方面，曹玉红（2018）收集了皖江城市带多期、长时段的土地利用影像解译数据，获取了降水、地形地貌、植被覆盖度等生态数据及社会经济数据，采用理论归纳与推理、实证与比较、定性与定量相结合的方法，基于地理信息系统平台，集成最小累积阻力模型、"驱动力—压力—状态—影响—响应"（Driver-Pressure-State-Impact-Response，DPSIR）模型、空间自相关分析、热点分析以及数理统计方法，开展极化区生态安全格局演化与调控研究。

在指标评价方面，李阳菊等（2010）以景观格局指数作为生态安全格局定量评价的依据。Laliberté 和 St-Laurent（2020）从生物迁徙的目标出发，采用野外监测的车辆碰撞密度、到最近越冬地的距离、自动摄像机和沙坑的检测率作为评价指标。Luo 等（2021）将生态安全格局视作"节点—边"的网络，将生态源地和生态廊道分别视作网络的节点和边，通过模拟不同的破坏情景，分析网络连通鲁棒性指标的变化，评估生态安全格局的稳定有效性。在情景模拟方面，俞孔坚等（2009b）将不同生态安全水平下的土地利用格局作为城市空间发展的预案，对比不同水平的生态安全格局约束下，生态保护、农业生产、城市增长等目标实现的可能性和实现程度。Liu 等（2017）将生态安全格局的实施作为一种约束条件进行土地利用模拟，通过量化生态系统服务、景观格局指数等指标对生态安全格局的保护有效性进行评估。

生态安全格局的有效性评估应以生态监测、评估与预警技术为基础，以提升生态安全格局的决策和管理支撑能力为目标。评估方法主要包括对景观格局变化的预测，模拟驱动因子对生态系统结构与功能的影响，以及生态安全的预测和预警。针对不同区域的生态系统特征，通过情景模拟，开展生态安全水平诊断与预警信号分级是当前研究的重点，也是服务于决策的重要工具。此外，采用成果对比法，将生态安全格局构建结果与生态控制线、绿色基础设施等空间规划方案进行对比，从数量和质量的角度评估不同构建方法与不同保护策略下实施效果的异同，也是生态安全格局有效性评估的途径之一，同时也有助于实现不同生态保护理念和实践途径的有效衔接。

参 考 文 献

曹秀凤，刘兆顺，李淑杰，等．2022．基于生态安全格局的国土空间生态修复关键区域识别——以吉林省松原市为例．中国环境科学，42（6）：2779-2787．

曹玉红．2018．极化区生态安全格局演化与调控研究——以皖江城市带为例．合肥：安徽师范大学博士学位论文．

陈利顶，景永才，孙然好．2018．城市生态安全格局构建——目标、原则和基本框架．生态学报，38（12）：4101-4108．

陈田田，彭立，王强．2021．基于生态系统服务权衡的生态安全多情景决策．中国环境科学，41（8）：3956-3968．

陈昕，彭建，刘焱序，等．2017．基于"重要性—敏感性—连通性"框架的云浮市生态安全格局构建．地理研究，36（3）：471-484．

陈星，周成虎．2005．生态安全：国内外研究综述．地理科学进展，24（6）：8-20．

程鹏，黄晓霞，李红叶，等．2017．基于主客观分析法的城市生态安全格局空间评价．地球信息科学学报，19（7）：924-933．

杜悦悦，胡熠娜，杨旸，等．2017．基于生态重要性和敏感性的西南山地生态安全格局构建——以云南省大理白族自治州为例．生态学报，37（24）：8241-8253．

樊杰．2015．中国主体功能区划方案．地理学报，70（2）：186-201．

傅伯杰．2010．我国生态系统研究的发展趋势与优先领域．地理研究，29（3）：383-396．

傅伯杰，吕一河，陈利顶，等．2008．国际景观生态学研究新进展．生态学报，28（2）：798-804．

傅伯杰，周国逸，白永飞，等．2009．中国主要陆地生态系统服务功能与生态安全．地球科学进展，24（6）：571-576．

高世昌．2018．国土空间生态修复的理论与方法．中国土地，（12）：40-43．

关文彬，谢春华，马克明，等．2003. 景观生态恢复与重建是区域生态安全格局构建的关键途径．生态学报，23（1）：64-73.

贾良清，欧阳志云，赵同谦，等．2005. 安徽省生态功能区划研究．生态学报，25（2）：254-260.

姜虹，张子墨，徐子涵，等．2022. 整合多重生态保护目标的广东省生态安全格局构建．生态学报，42（5）：1981-1992.

景永才，陈利顶，孙然好．2018. 基于生态系统服务供需的城市群生态安全格局构建框架．生态学报，38（12）：4121-4131.

康相武，刘雪华．2009. 北京顺义区域生态安全格局构建．干旱区资源与环境，23（10）：71-78.

李晖，易娜，姚文璟，等．2011. 基于景观安全格局的香格里拉县生态用地规划．生态学报，31（20）：5928-5936.

李晶，蒙吉军，毛熙彦．2013. 基于最小累积阻力模型的农牧交错带土地利用生态安全格局构建——以鄂尔多斯市准格尔旗为例．北京大学学报（自然科学版），49（4）：707-715.

李卫锋，王仰麟，蒋依依，等．2003. 城市地域生态调控的空间途径——以深圳市为例．生态学报，23（9）：1823-1831.

李阳菊，马立辉，赖杨阳，等．2010. 重庆合川区城乡绿地系统景观生态安全格局分析．西南农业大学学报：社会科学版，8（3）：1-4.

李宗尧，杨桂山，董雅文．2007. 经济快速发展地区生态安全格局的构建——以安徽沿江地区为例．自然资源学报，22（1）：106-113.

梁加乐，潘思佩，陈万旭，等．2022. 黄河流域景观破碎化时空特征及其成因探测．生态学报，42（5）：1993-2009.

刘珍环，王仰麟，彭建，等．2011. 基于不透水表面指数的城市地表覆被格局特征——以深圳市为例．地理学报，66（7）：961-971.

陆禹，佘济云，陈彩虹，等．2015. 基于粒度反推法的景观生态安全格局优化——以海口市秀英区为例．生态学报，35（19）：6384-6393.

马克明，傅伯杰，黎晓亚，等．2004. 区域生态安全格局：概念与理论基础．生态学报，24（1）：761-768.

蒙吉军，燕群，向芸芸．2014. 鄂尔多斯土地利用生态安全格局优化及方案评价．中国沙漠，34（2）：590-596.

欧定华，夏建国，张莉，等．2015. 区域生态安全格局规划研究进展及规划技术流程探讨．生态环境学报，24（1）：163-173.

潘竟虎，李磊．2021. 利用 OWA 和电路模型优化黄河流域甘肃段生态安全格局．农业工程学报，37（3）：259-268.

潘竟虎，刘晓．2015. 基于空间主成分和最小累积阻力模型的内陆河景观生态安全评价与格局优化——以张掖市甘州区为例．应用生态学报，26（10）：3126-3136.

彭建，郭小楠，胡熠娜，等．2017c. 基于地质灾害敏感性的山地生态安全格局构建——以云南省玉溪市为例．应用生态学报，28（2）：627-635.

彭建，胡晓旭，赵明月，等．2017b. 生态系统服务权衡研究进展：从认知到决策．地理学报，72（6）：

960-973.

彭建, 李慧蕾, 刘焱序, 等. 2018a. 雄安新区生态安全格局识别与优化策略. 地理学报, 73 (4): 701-710.

彭建, 贾靖雷, 胡熠娜, 等. 2018b. 基于地表湿润指数的农牧交错带地区生态安全格局构建——以内蒙古自治区杭锦旗为例. 应用生态学报, 29 (6): 1990-1998.

彭建, 赵会娟, 刘焱序, 等. 2016. 区域水安全格局构建: 研究进展及概念框架. 生态学报, 36 (11): 3137-3145.

彭建, 赵会娟, 刘焱序, 等. 2017a. 区域生态安全格局构建研究进展与展望. 地理研究, 36 (3): 407-419.

苏冲, 董建权, 马志刚, 等. 2019. 基于生态安全格局的山水林田湖草生态保护修复优先区识别——以四川省华蓥山区为例. 生态学报, 39 (23): 8948-8956.

苏泳娴, 张虹鸥, 陈修治, 等. 2013. 佛山市高明区生态安全格局和建设用地扩展预案. 生态学报, 33 (5): 1524-1534.

王晓玉, 陈甜倩, 冯喆, 等. 2020. 基于地类边界分析的江苏省生态安全格局构建. 生态学报, 40 (10): 3375-3384.

邬建国, 郭晓川, 杨稢, 等. 2014. 什么是可持续性科学? 应用生态学报, 25 (1): 1-11.

邬建国. 2000. 景观生态学——概念与理论. 生态学杂志, 19 (1): 42-52.

吴昌广, 周志翔, 王鹏程, 等. 2010. 景观连接度的概念、度量及其应用. 生态学报, 30 (7): 1903-1910.

吴健生, 岳新欣, 秦维. 2017. 基于生态系统服务价值重构的生态安全格局构建——以重庆两江新区为例. 地理研究, 36 (3): 429-440.

吴健生, 张理卿, 彭建, 等. 2013. 深圳市景观生态安全格局源地综合识别. 生态学报, 33 (13): 4125-4133.

吴伟, 付喜娥. 2009. 绿色基础设施概念及其研究进展综述. 国际城市规划, 24 (5): 67-71.

武晶, 刘志民. 2014. 生境破碎化对生物多样性的影响研究综述. 生态系杂志, 33 (7): 1946-1952.

肖笃宁, 陈文波, 郭福良. 2002. 论生态安全的基本概念和研究内容. 应用生态学报, 13 (3): 354-358.

肖笃宁, 李秀珍. 1997. 当代景观生态学的进展和展望. 地理科学, 17 (4): 356-364.

熊春泥, 魏虹, 兰明娟. 2008. 重庆市都市区绿地景观的连通性. 生态学报, 28 (5): 2237-2244.

徐德琳, 邹长新, 徐梦佳, 等. 2015. 基于生态保护红线的生态安全格局构建. 生物多样性, 23 (6): 740-746.

徐文彬, 尹海伟, 孔繁花. 2017. 基于生态安全格局的南京都市区生态控制边界划定. 生态学报, 37 (12): 4019-4028.

徐羽, 钟业喜, 冯兴华, 等. 2016. 鄱阳湖流域土地利用生态风险格局. 生态学报, 36 (23): 7850-7857.

许文雯, 孙翔, 朱晓东, 等. 2012. 基于生态网络分析的南京主城区重要生态斑块识别. 生态学报, 32 (4): 1264-1272.

许幼霞, 周旭, 赵翠薇, 等. 2017. 基于喀斯特脆弱性评价的印江流域生态安全格局构建. 贵州师范大学学报（自然科学版），35（6）：22-29.

杨姗姗，邹长新，沈渭寿，等．2016. 基于生态红线划分的生态安全格局构建——以江西省为例．生态学杂志，35（1）：250-258.

叶鑫，邹长新，刘国华，等．2018. 生态安全格局研究的主要内容与进展．生态学报，38（10）：3382-3392.

俞孔坚，乔青，李迪华，等．2009b. 基于景观安全格局分析的生态用地研究——以北京市东三乡为例．应用生态学报，20（8）：1932-1939.

俞孔坚，王思思，李迪华，等．2009a. 北京市生态安全格局及城市增长预景．生态学报，29（3）：1189-1204.

曾辉，陈立顶，丁圣彦．2017. 景观生态学．北京：高等教育出版社．

张慧，邱凯玉，王宇瑶，等．2021. 农业主产区土地生态安全格局构建——以克东县为例．水土保持研究，28（6）：274-282.

张慧．2016. 基于生态服务功能的南京市生态安全格局研究．南京：南京师范大学博士学位论文．

赵文武，房学宁．2014. 景观可持续性与景观可持续性科学．生态学报，34（10）：2453-2459.

周锐，王新军，苏海龙，等．2015. 平顶山新区生态用地的识别与安全格局构建．生态学报，35（6）：2003-2012.

An Y, Liu S L, Sun Y X, et al. 2021. Construction and optimization of an ecological network based on morphological spatial pattern analysis and circuit theory. Landscape Ecology, 36（7）：2059-2076.

Baguette M, Blanchet S, Legrand D, et al. 2013. Individual dispersal, landscape connectivity and ecological networks. Biological Reviews. 88（2）：310-326.

Bai Y, Jiang B, Wang M, et al. 2016. New ecological redline policy（ERP）to secure ecosystem services in China. Land Use Policy, 55：348-351.

Beaujean S, Nor A N M, Brewer T, et al. 2021. A multistep approach to improving connectivity and co-use of spatial ecological networks in cities. Landscape Ecology, 36：2077-2093.

Beier P, Majka D R, Spencer W D. 2008. Forks in the road: Choices in procedures for designing wildland linkages. Conservation Biology, 22（4）：836-851.

Betts M G, Wolf C, Pfeifer M, et al., 2019. Extinction filters mediate the global effects of habitat fragmentation on animals. Science, 366（6470）：1236-1239.

Brennan A, Naidoo R, Greenstreet L, et al. 2022. Functional connectivity of the world's protected areas. Science, 376（6597）：1101-1104.

Butt N, Chauvenet, A L M, Adams V M, et al. 2021. Importance of species translocations under rapid climate change. Conservation Biology, 35（3）：775-783.

Cazalis V, Princé K, Mihoub J B, et al. 2020. Effectiveness of protected areas in conserving tropical forest birds. Nature Communications, 11（1）：4461.

Chakraborti S, Das D N, Mondal B, et al. 2018. A neural network and landscape metrics to propose a flexible urban growth boundary: A case study. Ecological Indicators, 93：952-965.

Chen X Q, Wu J Q. 2009. Sustainable landscape architecture: Implications of the Chinese philosophy of "unity of man with nature" and beyond. Landscape Ecology, 24 (8): 1015-1026.

Costanza R, d'Arge R, de Groot R, et al. 1997. The value of the world's ecosystem services and natural capital. Nature, 387: 253-260.

Cox N, Young B E, Bowles P, et al. 2022. A global reptile assessment highlights shared conservation needs of tetrapods. Nature, 605: 285-290.

Crooks K R, Burdett C L, Theobald D M, et al. 2017. Quantification of habitat fragmentation reveals extinction risk in terrestrial mammals. Proceedings of the National Academy of Sciences of the United States of America, 114 (29): 7635-7640.

Cumming G S, Olsson P, Chapin F S, et al. 2013. Resilience, experimentation, and scale mismatches in social-ecological landscapes. Landscape Ecology, 28 (6): 1139-1150.

Dabelko G D, Dabelko D D. 1995. Environmental security: Issues of conflict and redefinition. Environmental Change and Security Project Report, 1 (1): 3-13.

Daily G. 1997. Nature's Services: Societal Dependence on Natural Ecosystems. Washington DC: Island Press.

Ding C R, Knaap G J, Hopkins L D. 1999. Managing urban growth with urban growth boundaries: A theoretical analysis. Journal of Urban Economics, 46 (1): 53-68.

Dong J Q, Jiang H, Gu T W, et al. 2022. Sustainable landscape pattern: A landscape approach to serving spatial planning. Landscape Ecology, 37: 31-42.

Dong J Q, Peng J, Liu Y X. 2020. Integrating spatial continuous wavelet transform and kernel density estimation to identify ecological corridors in megacities. Landscape and Urban Planning, 199: 103815.

Dong J Q, Peng J, Xu Z H, et al. 2021. Integrating regional and interregional approaches to identify ecological security patterns. Landscape Ecology, 36: 2151-2164.

Dri G F, Fontana C S, Dambros C D. 2021. Estimating the impacts of habitat loss induced by urbanization on bird local extinctions. Biological Conservation, 256: 109064.

Ehrlich P R, Ehrlich A H. 1981. Extinction: The Causes and Consequences of the Disappearance of Species. New York: Random House.

Forman R T T. 1995. Land Mosaics: The Ecology of Landscapes and Regions. Cambridge: Cambridge University Press.

Fuso N F, Tomei J, To L S, et al. 2018. Mapping synergies and trade-offs between energy and the sustainable development goals. Nature Energy, 3 (1): 10-15.

Gao J B, Du F J, Zuo L Y, et al. 2021. Integrating ecosystem services and rocky desertification into identification of karst ecological security pattern. Landscape Ecology, 36: 2113-2133.

Gao L, Bryan B A. 2017. Finding pathways to national-scale land-sector sustainability. Nature, 544: 217-222.

Gonçalves-Souza D, Vilela B, Phalan B, et al. 2021. The role of protected areas in maintaining natural vegetation in Brazil. Science Advances, 7: eabh2932.

Goodwin B J. 2003. Is landscape connectivity a dependent or independent variable? Landscape Ecology, 18 (7): 687-699.

Green D S, Zipkin E F, Incorvaia D C, et al. 2019. Long-term ecological changes influence herbivore diversity and abundance inside a protected area in the Mara-Serengeti ecosystem. Global Ecology and Conservation, 20: e00697.

Gustafsson S, Hermelin B, Smas L. 2019. Integrating environmental sustainability into strategic spatial planning: The importance of management. Journal of Environmental Planning and Management, 62 (8): 1321-1338.

Haddad N M, Brudvig L A, Clobert J, et al. 2015. Habitat fragmentation and its lasting impact on Earth's ecosystems. Science Advances, 1: e1500052.

Haines-Young R, Potschin M. 2010. The links between biodiversity, ecosystem services and human well-being// Raffaelli D G, Frid C. Ecosystem Ecology: A New Synthesis. Cambridge: Cambridge University Press.

HerspergerA M, Gradinaru S R, Pierri Daunt A B, et al. 2021. Landscape ecological concepts in planning: Review of recent developments. Landscape Ecology, 36: 2329-2345.

Hofman M P G, Hayward M W, Kelly M J, et al. 2018. Enhancing conservation network design with graph-theoryand a measure of protected area effectiveness: Refining wildlife corridors in Belize, Central America. Landscape and Urban Planning, 178: 51-59.

Huang D Q, Huang J, Liu T. 2019. Delimiting urban growth boundaries using the CLUE-S model with village administrative boundaries. Land Use Policy, 82: 422-435.

IPCC. 2018. Summary for Policymakers. In: Global Warming of 1.5°C. An IPCC Special Report on the impacts of global warming of 1.5°C above pre-industrial levels and related global greenhouse gas emission pathways, in the context of strengthening the global response to the threat of climate change, sustainable development, and efforts to eradicate poverty. Geneva, Switzerland: World Meteorological Organization: 1-32.

IPCC. 2023. Summary for Policymakers. In: Climate Change 2023: Synthesis Report. Contribution of Working Groups I, II and III to the Sixth Assessment Report of the Intergovernmental Panel on Climate Change. Geneva, Switzerland: IPCC: 1-34.

Isaac N J B, Brotherton P N M, Bullock J M, et al. 2018. Defining and delivering resilient ecological networks: Nature conservation in England. Journal of Applied Ecology, 55: 2537-2543.

Jia Q Q, Jiao L M, Lian X H, et al. 2023. Linking supply-demand balance of ecosystem services to identify ecological security patterns in urban agglomerations. Sustainable Cities and Society, 92: 104497.

Jiang H, Peng J, Dong J Q, et al. 2021. Linking ecological background and demand to identify ecological security patterns across the Guangdong-Hong Kong-Macao Greater Bay Area in China. Landscape Ecology, 36: 2135-2150.

Jones K R, Venter O, Fuller R A, et al. 2018. One-third of global protected land is under intense human pressure. Science, 360 (6390): 788-791.

Knapp S, Aronson M F J, Carpenter E, et al. 2021. A research agenda for urban biodiversity in the global extinction crisis. BioScience, 71 (3): 268-279.

Kong F H, Yin H W, Nakagoshi N, et al. 2010. Urban green space network development for biodiversity conservation: Identification based on graph theory and gravity modeling. Landscape and Urban Planning, 95: 16-27.

Laliberté J, St-Laurent M H. 2020. Validation of functional connectivity modeling: The Achilles' heel of landscape connectivity mapping. Landscape and Urban Planning, 202: 103878.

Li B J, Chen D X, Wu S H, et al. 2016. Spatio- temporal assessment of urbanization impacts on ecosystem services: Case study of Nanjing City, China. Ecological Indicators, 71: 416-427.

Li J, Zhou Z X. 2016. Natural and human impacts on ecosystem services in Guanzhong-Tianshui economic region of China. Environmental Science and Pollution Research, 23 (7): 6803-6815.

Li S C, Zhao Y L, Xiao W, et al. 2021. Optimizing ecological security pattern in the coal resource-based city: A case study in Shuozhou City, China. Ecological Indicators, 130: 108026.

Liu D, Chang Q. 2015. Ecological security research progress in China. Acta Ecologica Sinica, 35 (5): 111-121.

Liu X P, Liang X, Li X. 2017. A future land use simulation model (FLUS) for simulating multiple land use scenarios by coupling human and natural effect. Landscape and Urban Planning, 168: 94-116.

Loarie S R, Duffy P B, Hamilton H, et al. 2009. The velocity of climate change. Nature, 462 (7276): 1052-1055.

Lucla P H, Saura S. 2006. Comparison and development of new graph- based landscape connectivity indices: Towards the priorization of habitat patches and corridors for conservation. Landscape Ecology. 21 (7): 959-967.

Luo Y H, Wu J S, Wang X Y, et al. 2020. Can policy maintain habitat connectivity under landscape fragmentation? A case study of Shenzhen, China. Science of the Total Environment, 715: 136829.

Luo Y H, Wu J S, Wang X Y, et al. 2021. Understanding ecological groups under landscape fragmentation based on network theory. Landscape and Urban Planning, 210: 104066.

MA (Millennium Ecosystem Assessment) . 2005. Ecosystems and Human Well- being: Synthesis. Washington, DC: Island Press.

Maron M, Mitchell M G E, Runting R K, et al. 2017. Towards a threat assessment framework for ecosystem services. Trends in Ecology and Evolution, 32 (4): 240-248.

Maxwell S L, Fuller R A, Brooks T M, et al. 2016. Biodiversity: The ravages of guns, nets and bulldozers. Nature, 536: 143-145.

McDonald R I, Mansur A V, Ascensão F, et al. 2020. Research gaps in knowledge of the impact of urban growth on biodiversity. Nature Sustainability, 3: 16-24.

McGuire J L, Lawler J J, McRae B H, et al. 2016. Achieving climate connectivity in a fragmented landscape. Proceedings of the National Academy of Sciences of the United States of America, 113 (26): 7195-7200.

Mckinney M L. 2002. Urbanization, biodiversity, and conservation. BioScience, 52 (10): 883-890.

McKinney M L. 2008. Effects of urbanization on species richness: A review of plants and animals. Urban Ecosystems, 11 (2): 161-176.

McRae B H, Beier P. 2007. Circuit theory predicts gene flow in plant and animal populations. Proceedings of the National Academy of Sciences of the United States of America, 104 (50): 19885-19890.

Meerow S, Newell J P. 2017. Spatial planning for multifunctional green infrastructure: Growing resilience in Detroit. Landscape and Urban Planning, 159: 62-75.

Musacchio L R. 2009. The scientific basis for the design of landscape sustainability: A conceptual framework for translational landscape research and practice of designed landscapes and the six Es of landscape sustainability. Landscape Ecology. 24: 993-1013.

Naveh Z, Lieberman A S. 1994. Landscape Ecology: Theory and Application. New York: Springer-Verlag.

Nilsson M, Griggs D, Visbeck M. 2016. Map the interactions between Sustainable Development Goals. Nature, 534: 320-322.

Odum E P, Barrett G W. 2005. Fundamentals of Ecology. Southbank: Thomson Brooks/Cole.

Opdam P, Foppen R, Vos C. 2002. Bridging the gap between ecology and spatial planning in landscape ecology. Landscape Ecology, 16: 767-779.

Opdam P, Wascher D. 2004. Climate change meets habitat fragmentation: Linking landscape and biogeographical scale levels in research and conservation. Biological Conservation, 117 (3): 285-297.

Pacifici M, Di Marco M, Watson J E M. 2020. Protected areas are now the last strongholds for many imperiled mammal species. Conservation Letters, 13: e12748.

Parmesan C. 2006. Ecological and evolutionary responses to recent climate change. Annual Review of Ecology, E-volution, and Systematics, 37: 637-669.

Peng J, Hu Y N, Dong J Q, et al. 2020. Linking spatial differentiation with sustainability management: Academic contributions and research directions of physical geography in China. Progress in Physical Geography, 44: 14-30.

Peng J, Pan Y J, Liu Y X, et al. 2018a. Linking ecological degradation risk to identify ecological security patterns in a rapidly urbanizing landscape. Habitat International, 71: 110-124.

Peng J, Tian L, Liu Y X, et al. 2017. Ecosystem services response to urbanization in metropolitan areas: Thresholds identification. Science of the Total Environment, 607: 706-714.

Peng J, Yang Y, Liu Y X, et al. 2018b. Linking ecosystem services and circuit theory to identify ecological security patterns. Science of the Total Environment, 644: 781-790.

Peng J, Zhao S Q, Dong J Q, et al. 2019. Applying ant colony algorithm to identify ecological security patterns in megacities. Environmental Modelling & Software, 117: 214-222.

Pigot A L, Merow C, Wilson A, et al. 2023. Abrupt expansion of climate change risks for species globally. Nature Ecology & Evolution, 7: 1060-1071.

Radchuk V, Reed T, Teplitsky C, et al. 2019. Adaptive responses of animals to climate change are most likely insufficient. Nature Communications, 10: 3109.

Rehbein J A, Watson J E M, Lane J L, et al. 2020. Renewable energy development threatens many globally important biodiversity areas. Global Change Biology, 26 (5): 3040-3051.

Sawyer S C, Epps C W, Brashares J S. 2011. Placing linkages among fragmented habitats: Do least-cost models reflect how animals use landscapes? Journal of Applied Ecology, 48: 668-678.

Selman P. 2007. Landscape and sustainability at the national and regional scales. In: Benson JF, Roe M. Landscape and Sustainability. New York: Routledge.

Selman P. 2008. What do we mean by sustainable landscape? . Sustainability: Science, Practice, Policy, 4 (2): 23-28.

Song S, Xu D W, Hu S S, et al. 2021. Ecological network optimization in urban central district based on complex network theory: A case study with the urban central district of harbin. International Journal of Environmental Research and Public Health, 18 (4): 1427.

Spear S F, Balkenhol N, Fortin M J, et al. 2010. Use of resistance surfaces for landscape genetic studies: Considerations for parameterization and analysis. Molecular Ecology, 19: 3576-3591.

Su J, Yin H W, Kong F H. 2021. Ecological networks in response to climate change and the human footprint in the Yangtze River Delta urban agglomeration, China. Landscape Ecology, 36: 2095-2112.

Tammi I, Mustajarvi K, Rasinmaki J. 2017. Integrating spatial valuation of ecosystem services into regional planning and development. Ecosystem Services, 26: 329-344.

Taylor P D, Fahrig L, Henein K, et al. 1993. Connectivity is a vital element of landscape structure. Oikos, 68 (3): 571-573.

Terrado M, Sabater S, Chaplin-Kramer B, et al. 2016. Model development for the assessment of terrestrial and aquatic habitat quality in conservation planning. Science of the Total Environment, 540: 63-70.

Thomas C D. 2011. Translocation of species, climate change, and the end of trying to recreate past ecological communities. Trends in Ecology and Evolution, 26 (5): 216-221.

Tischendorf L, Fahrig L. 2000. How should we measure landscape connectivity. Landscape Ecology, 15: 633-641.

Todes A, Karam A, Klug N, et al. 2010. Beyond master planning? New approaches to spatial planning in Ekurhuleni, South Africa. Habitat International, 34 (4): 414-420.

Tzoulas K, Korpela K, Venn S, et al. 2007. Promoting ecosystem and human health in urban areas using green infrastructure: A literature review. Landscape and Urban Planning, 81 (3): 167-178.

UNEP-WCMC, IUCN. 2023. Protected Planet: The World Database on Protected Areas (WDPA) and World Database on Other Effective Area-based Conservation Measures (WD-OECM). https://www. env. go. jp/nature/ asia-parks/pdf/wg3/APC_WG6-16_NaomiKingston. pdf[2022-10-11].

United Nations. 2015. Transforming our World: The 2030 Agenda for Sustainable Development. New York: United Nations.

Urban M C. 2015. Accelerating extinction risk from climate change. Science, 348 (6234): 571-573.

Venter O, Magrach A, Outram N, et al. 2018. Bias in protected-area location and its effects on long-term aspirations of biodiversity conventions. Conservation Biology, 32 (1): 127-134.

Vijay V, Armsworth P R. 2021. Pervasive cropland in protected areas highlight trade-offs between conservation and food security. Proceedings of the National Academy of Sciences of the United States of America, 118 (4), e2010121118.

Vitousek P M, Mooney H A, Lubchenco J, et al. 1997. Human domination of earth's ecosystems. Science, 277 (5325): 494-499.

Vogt W. 1948. Road to Survival. New York: William Sloan.

Waldhardt R, Bach M, Borresch R, et al. 2010. Evaluating today's landscape multifunctionality and providing an alternative future: A normative scenario approach. Ecology and Society, 15: 30.

Wang Y A, Chang Q, Fan P L. 2021. A framework to integrate multifunctionality analyses into green infrastructure planning. Landscape Ecology, 36: 1951-1969.

Wang Z Y, Luo K Y, Zhao Y H. 2022. Modelling regional ecological security pattern and restoration priorities after long-term intensive open-pit coal mining. Science of the Total Environment, 835: 155491.

With K A, Gardner R H, Turner M G. 1997. Landscape connectivity and population distributions in heterogeneous environments. Oikos, 78: 151-169.

Wu J G, Hobbs R. 2002. Key issues and research priorities in landscape ecology: An idiosyncratic synthesis. Landscape Ecology, 17 (4): 355-365.

Wu J G. 2012. A landscape approach for sustainability science. In: Weinstein M P, Turner R E. Sustainability Science: The Emerging Paradigm and the Urban Environment. New York: Springer.

Wu J G. 2013. Landscape sustainability science: Ecosystem services and human well-being in changing landscapes. Landscape Ecology, 28 (6): 999-1023.

Wu J G. 2014. Urban ecology and sustainability: The state-of-the-science and future directions. Landscape and Urban Planning, 125: 209-221.

Wu X T, Fu B J, Wang S, et al. 2022. Decoupling of SDGs followed by re-coupling as sustainable development progresses. Nature Sustainability, 5 (5): 452-459.

Xiang W L, Tan M H. 2017. Changes in light pollution and the causing factors in China's protected areas, 1992-2012. Remote Sensing, 9 (10): 1026.

Yu K J. 1996. Security patterns and surface model in landscape ecological planning. Landscape and Urban Planning, 36 (1): 1-17.

Zhang J Z, Wang S, Pradhan P, et al. 2022a. Untangling the interactions between the Sustainable Development Goals in China. Science Bulletin, 67 (9): 977-984.

Zhang L Q, Peng J, Liu Y X, et al. 2017. Coupling ecosystem services supply and human ecological demand to identify landscape ecological security pattern: A case study in Beijing-Tianjin-Hebei region, China. Urban Ecosystems, 20: 701-714.

Zhang Y L, Zhao Z Y, Fu B J, et al. 2022b. Identifying ecological security patterns based on the supply, demand and sensitivity of ecosystem service: A case study in the Yellow River Basin, China. Journal of Environmental Management, 315: 115158.

Zheng Z H, Wu Z F, Chen Y B, et al. 2021. Africa's protected areas are brightening at night: A long-term light pollution monitor based on nighttime light imagery. Global Environmental Change, 69: 102318.

Zhou B B, Wu J G, Anderies J M. 2019. Sustainable landscapes and landscape sustainability: A tale of two concepts. Landscape and Urban Planning, 189: 274-284.

生态源地识别与安全格局构建

生态源地是在最小生态用地需求约束下,对区域生态过程与功能起关键作用,能够保障区域生态安全,并持续提供生态系统服务的重要生态斑块。生态源地一方面需要维护生态过程与功能的完整性,另一方面需要为人类福祉的提升提供可持续的生态系统服务,起着沟通自然生态系统与人类福祉的桥梁作用。生态源地识别流程包括最小用地面积判定与空间划定。生态源地是多种生态系统服务评价、综合分析与权衡的最终结果。作为生态安全格局构建的基础与关键环节,生态源地识别决定了生态安全格局的基本空间格局,起着协调生态安全与社会经济发展的重要作用。当前,生态源地的识别方法主要分为两类。其一是基于定性的生态系统类型和保护水平判定进行直接提取,如提取自然保护区、风景名胜区等作为生态源地。其二是基于定量的综合评价结果进行源地识别,评价指标包括生态系统服务重要性、生境重要性、生态敏感性、景观连通性等。随着相关研究的深入推进,综合评价法逐渐成为生态源地识别的主流方法,且具有评价角度由单一到综合、由静态到动态的变化趋势。本章主要介绍如何基于综合评价法开展生态源地识别,进而构建生态安全格局,从整合重要性、敏感性与连通性,综合生态功能重要性与退化风险,耦合生态系统服务供给与需求,考虑生态系统服务供给与供需比,面向生态系统服务供需均衡等多个角度介绍生态源地的识别方法及生态安全格局构建案例。

2.1 整合重要性、敏感性与连通性 *

2.1.1 问题的提出

生态源地识别作为生态安全格局构建的关键环节,通常指提取对维护区域生态安全具有关键意义的生态用地。然而,传统方法下的生态源地识别仅从生态功能重要性或功能退化风险等单一方面展开,在内涵上只考虑了生态系统对人类的贡献,却忽视了生态系统功能与过程对人类活动及自然环境变化的响应与生态系统自身的空间结构,致使生态源地的选取依据略显单薄。生态源地应当保持生态系统服务的可持续性、防止生态系统退化带来

---

* 本节内容主要基于:陈昕,彭建,刘焱序,等 . 2017. 基于"重要性—敏感性—连通性"框架的云浮市生态安全格局构建 . 地理研究,36(3):471-484. 本节中的插图和表格是根据上述文献中对应的图表修改、重绘而成。

的各种生态问题，并维护现有景观的完整性（李月臣，2008；吴健生等，2013）。因此，本节尝试基于生态系统服务重要性、生态敏感性与景观连通性三个方面提取生态源地，对传统的生态源地识别方法进行改进，以充实生态源地识别的依据。

为此，本节以广东省云浮市作为研究区，选取水源涵养、土壤保持、固碳与生境维持四项生态系统服务评价生态系统服务重要性，选取地质灾害、洪涝与水质污染三项生态敏感因子评价生态敏感性，选取可能连通性指数衡量景观连通性，并综合考虑生态系统服务重要性、生态敏感性、景观连通性识别生态源地，基于最小累积阻力模型提取生态廊道，进而构建云浮市生态安全格局，以期为生态源地提取与区域生态安全格局构建提供新的方法论参考。

2.1.2 数据

本节所用数据包括土地利用数据、数字高程模型（digital elevation model，DEM）数据、归一化植被指数（normalized difference vegetation index，NDVI）数据、气象数据与基础地理信息数据等。土地利用数据来源于国家基础地理信息中心，空间分辨率为30m；DEM数据采用美国地质勘查局提供的GTOPO30数据；NDVI数据选用美国地质勘查局提供的MODIS影像MOD13Q1产品；气象数据来源于中国气象数据网，包括温度与降水数据；基础地理信息数据由广东省云浮市环境保护局提供，包括河流水域、交通道路及土壤类型数据。

2.1.3 方法

生态系统服务重要性评价通过生态系统服务评估提取具有重要生态系统服务价值的斑块；生态敏感性评价重点考虑生态过程对于环境变化的响应，并判别出高敏感区域；景观连通性评价则以生态系统自身结构为出发点，识别出对于维持生态系统结构完整性具有重要作用的生态用地。对重要性、敏感性和连通性的评价各有侧重，分别实现生态源地提供生态系统服务、防止生态系统退化及维护现有景观完整性的三项目标。

首先对研究区的生态系统服务重要性、生态敏感性与景观连通性进行评价，并等权重叠加得到生态重要性。基于生态重要性评价结果，依据自然断点法划分为极重要、重要、一般重要、不重要四级，并将极重要与重要斑块识别为生态源地。其次，依据土地利用类型进行阻力赋值以构建基本生态阻力面，并利用DMSP/OLS夜间灯光数据修正基本生态阻力面，从而依据最小累积阻力模型识别生态廊道。最后，综合生态源地与生态廊道的识别结果构建区域生态安全格局。

2.1.3.1 生态系统服务重要性

生态系统服务是人类直接或间接从生态系统得到的所有惠益（Costanza et al.，1997），是人类赖以生存和发展的基础（Daily et al.，2000）。生态系统服务重要性评价主要针对区域的特定生态环境状况，分析生态系统服务的地域分异特征，明确各种生态系统服务的重要区域，筛选出具有重要生态价值的关键斑块加以保护（贾良清等，2005）。其结果可以为生态系统科学管理与生态保护和建设提供直接依据（王治江等，2007）。

考虑到研究区水资源丰富、水土流失严重、森林覆盖率高、野生动植物数量锐减的特点，选取水源涵养、土壤保持、固碳与生境维持四种生态系统服务，结合研究区生态环境现状及城市定位，分别赋予四项生态系统服务0.3、0.3、0.2、0.2的权重，通过图层叠加得到生态系统服务重要性评价结果。四项服务的具体评价方法如下：

1）水源涵养服务通常是指生态系统为人类拦截降水或调节河川径流量的服务。采用水量平衡法进行水源涵养量空间估算，其原理是将生态系统看作一个黑箱，从水量的输入与输出入手，认为生态系统水源涵养量取决于区域的降水量与蒸散量，计算公式如下（肖寒等，2000）：

$$R = P - E \tag{2-1}$$

式中，R 表示生态系统水源涵养量（mm）；P 表示年平均降水量（mm）；E 表示年平均蒸散量（mm）。

2）土壤保持服务指生态系统减少土壤损失，保持土壤肥力的服务。采用修正土壤流失方程（Revised Universal Soil Loss Equation，RUSLE）进行土壤保持服务评价（李晓松等，2011）：

$$A = R \times K \times \mathrm{LS} \times (1 - C \times P) \tag{2-2}$$

式中，A 为土壤保持量（t/hm^2·a）；R 为降雨侵蚀力因子（MJ·mm/hm^2·h·a）；K 为土壤可蚀性因子（t·hm^2·h/MJ·mm·hm^2）；LS 为地形因子（无量纲）；C 为覆被与管理因子（无量纲）；P 为水土保持措施因子（无量纲）。

3）固碳服务指绿色植物在可见光的照射下，利用叶绿素等光合色素，将二氧化碳和水转化为能够储存的有机物，并释放出氧气，维持空气中的碳氧平衡的生化过程。选用 CASA（Carnegie-Ames-Stanford Approach）模型计算植被净初级生产力（Net Primary Productivity，NPP），并以此表征生态系统的固碳能力，计算公式如下（Potter et al.，1993）：

$$\mathrm{NPP} = \mathrm{APAR} \times \xi \tag{2-3}$$

式中，NPP 为植被净初级生产力；APAR 为植被所吸收的光合有效辐射；ξ 为植被的光能转化率。

4）生境维持服务指生态系统为种群定居和迁徙提供栖息地的能力，以生境质量表征。

运用 InVEST（Integrated Valuation of Ecosystem Services and Trade-offs）模型对云浮市生境维持服务进行评价。该方法将土地利用类型分为威胁源和生境，考虑生境对威胁源的敏感程度，计算威胁源对生境的影响，得到生境的退化程度，并结合生境自身适宜度反映不同斑块的生境质量，进而表征生境维持服务的高低。生境质量计算公式如下（孙传谆等，2015）：

$$Q_{xj} = H_j \left[1 - \left(\frac{D_{xj}^z}{D_{xj}^z + k^z} \right) \right] \tag{2-4}$$

式中，H_j 为地类 j 的生境适宜度；D_{xj} 为地类 j 中栅格 x 的生境退化度；k 为半饱和常数，即退化度最大值的一半；z 为模型默认参数。

2.1.3.2 生态敏感性

生态敏感性是生态系统对人类活动干扰和自然环境变化的响应程度，表征生态环境问题发生的可能性（欧阳志云等，2000）。当受到不合理人类活动的影响时，生态敏感性较高的区域更易产生生态环境问题。生态敏感性评价的实质是对现状自然环境背景下的潜在生态问题进行明确辨识，并将其落实到具体空间区域上的过程（潘峰等，2011）。通过生态敏感性评价，可以筛选出生态系统中受到干扰后不易恢复的高敏感性区域，从而基于生态系统内部稳定性提升视角为生态源地的确定提供目标导向，为区域生态环境问题预防和治理决策提供科学依据。

考虑到研究区地质结构复杂、降雨分布不均、水质污染严重的区域特点，选取地质灾害、洪涝与水质污染三项威胁作为生态敏感性因子。由于这三者均为云浮市城市发展过程中面临的主要生态环境问题，因此将三个生态敏感性因子评价结果等权重叠加，进而得到生态敏感性评价结果。各生态敏感性因子评价方法如下：

地质灾害是自然动力与人类社会活动综合作用的结果，包括滑坡、崩塌、地陷、泥石流等多种类型。地质灾害往往受到诸多驱动因子的共同作用，选取降雨、地貌、坡度、植被、到河流距离、到公路距离六项因子综合构建了地质灾害评价模型。模型构建过程中将62 个已发生灾害点的灾害发生概率赋值为 1，并随机采样 62 个未发生灾害点的灾害发生概率赋值为 0。最后，利用 Binary Logistic 回归方程对研究区灾害发生概率进行拟合并进行 Hosmer-Lemeshow 拟合优度检验。当拟合优度检验结果为 $P>0.05$ 时，表明拟合效果较好。最终得到的拟合方程为：

$$P = \frac{1}{1 + e^{-(2.971 \times R + 2.937 \times L + 1.826 \times S - 9.892 \times V - 2.278 \times D_{rv} + 0.793 \times D_{rd} + 5.068)}} \tag{2-5}$$

式中，R 为降雨量（mm）；L 为地貌（无量纲）；S 为坡度（°）；V 为植被覆盖度（无量纲）；D_{rv} 为到河流距离（m）；D_{rd} 为到公路距离（m）。

采用基于网格"雨量体积法"的暴雨洪水淹没情景模拟方法进行洪涝灾害风险的评估，即利用 DEM 数据，识别出不同时间段内的潜在淹没区（赵庆良等，2010）。依据暴雨产生的径流总量与地面汇流区域的积水总量相等的原理来模拟淹没区和每个网格单元的淹没水深。依据《云浮市城市排水防涝综合规划》，研究区 30 年一遇洪涝灾害为 24 小时最大降雨量 236.75mm，因此将降雨情景设定为每小时降雨量为 10mm 的暴雨事件，且连续降雨 24 小时。

水质污染的发生区为河流、湖泊和水库等水体。一般情况下，其污染源主要为工业区或耕地，包括工业废水污染、农业面源污染等。对于水体应当实施分级管制与设施建设，从而有效实现水源保护、水质监测与优化等目标。因此以 100m 为步长，对河流、湖泊与水库分别设置三级缓冲区。

2.1.3.3 景观连通性

景观连通性指景观对生态流的便利或阻碍程度，是衡量景观生态过程的重要指标（熊春泥等，2008）。维持良好的连通性是保护生物多样性和维持生态系统稳定性和完整性的关键因素之一（Taylor et al.，1993）。可能连通性指数（PC）既可以反映景观的连通性，又可以量化各斑块对景观连通性的重要性，目前已被广泛应用于景观规划中（吴健生等，2013）。通过两生境节点间直接扩散的可能性来定义连通性。可能连通性指数的计算公式为（Lucla and Saura，2006）：

$$PC = \frac{\sum_{i=1}^{n}\sum_{j=1}^{n} a_i \times a_j \times p_{ij}}{A_L^2} \tag{2-6}$$

式中，n 是景观中生境节点的总数量；a_i 和 a_j 分别是斑块 i 和斑块 j 的面积；A_L 为研究区的总面积；p_{ij} 为斑块 i 和斑块 j 之间所有路径连通性的最大值。

可能连通性指数是在景观水平上对景观整体连通性的表征。当景观中的某个斑块被移除时，景观结构将发生改变，连通性水平随之发生变化，变化量被认为是该斑块在景观连通性中重要性的表征。因此，斑块连通重要性可以通过计算可能连通性指数变化比例（dPC）来评价各斑块对景观连通性的重要性程度（熊春泥等，2008）。斑块连通重要性的计算公式如下：

$$dPC_i = 100 \times \frac{PC - PC_{i\text{-remove}}}{PC} \tag{2-7}$$

式中，dPC_i 为斑块 i 的连通重要性；PC 为景观中所有斑块存在时景观整体的可能连通性指数；$PC_{i\text{-remove}}$ 为去除斑块 i 后剩余斑块所组成景观的可能连通性指数。dPC 值越高，表示该斑块在景观连通中的重要性越高，也意味着斑块 i 在景观中的核心地位越明显。

使用 ArcGIS 10.2 软件的插件模块 Conefer Inputs for ArcGIS 9.x 和 Conefor Sensinode 2.5.8 计算可能连通性指数，以生态用地作为生境斑块进行连通性分析。

2.1.3.4 生态廊道提取

生态廊道是能提供生物多样性保护、污染物过滤、水土流失防治、洪水调控等多项生态系统服务的景观，是保持生态功能、生态过程、能量在核心斑块间顺利流动的关键载体（朱强等，2005）。本节运用最小累积阻力模型进行生态廊道提取（Knaapen et al.，1992），该模型计算物种从生态源地移动到目的地所需的成本，反映了物种移动的潜在趋势及可能性，还可以通过建立最小累积阻力路径来模拟不同景观表面的不同生态流（Rabinowitz and Zeller，2010；Zeller et al.，2011）。

$$MCR = f \min \sum_{j=n}^{i=m} D_{ij} \times R_i \tag{2-8}$$

式中，MCR 为最小累积阻力值；D_{ij} 为生态源地 j 到目的地 i 的空间距离；R_i 为景观单元 i 对物种移动的阻力系数；f 是最小累积阻力与生态过程间的正相关系数。

通常情况下，生态阻力面依据不同的景观类型进行赋值。然而，均一化的赋值会掩盖同一土地利用类型内人类活动干扰对生态阻力系数的影响差异。夜间灯光数据可以较好地表征城市化水平、经济状况、人口密度、能源消耗等人类活动因子，是人类活动强度的良好表征（吴健生等，2014）。选用夜间灯光强度对基本生态阻力面进行修正，修正公式为：

$$R_i = \frac{NL_i}{NL_a} \times R_a \tag{2-9}$$

式中，R_i 为基于夜间灯光强度修正的栅格 i 的生态阻力系数；NL_i 为栅格 i 的夜间灯光强度；NL_a 为栅格 i 对应的土地利用类型 a 的平均夜间灯光强度；R_a 为土地利用类型 a 的基本阻力系数。

2.1.4　结果

2.1.4.1　单一生态要素空间格局

鉴于单一生态要素的空间格局可以揭示不同生态过程对于区域生态安全的影响与作用，首先分析各生态系统服务重要性与生态敏感性评价指标的空间格局（图2-1）。具体来看，水源涵养服务高值区主要位于云浮市东南部的丘陵平原区，这一区域植被茂盛，受海洋气候影响较强（图2-1a）。云浮市土壤侵蚀现象较为严重，分布广泛的赤红壤土体较薄，加之林木立地条件差也加剧了这一现象。土壤保持服务高值区主要分布于西北部与东南部的丘陵山区（图2-1b）。固碳服务的高值区位于云开山、天露山与大绀山等海拔较高的区域（图2-1c），低值区主要位于罗定市与云城区的建成区。由于人类活动剧烈，这类区域的固碳服务较弱。植被覆盖度高的山区地带是生境维持服务的高值区所在（图2-1d），这些区域人类开发活动影响较小，有利于生物多样性的保护。生境维持服务的低值区主要分布于城市建成区与交通干线的两侧，这些区域人类活动剧烈，对生物生存具有较大的负面影响。

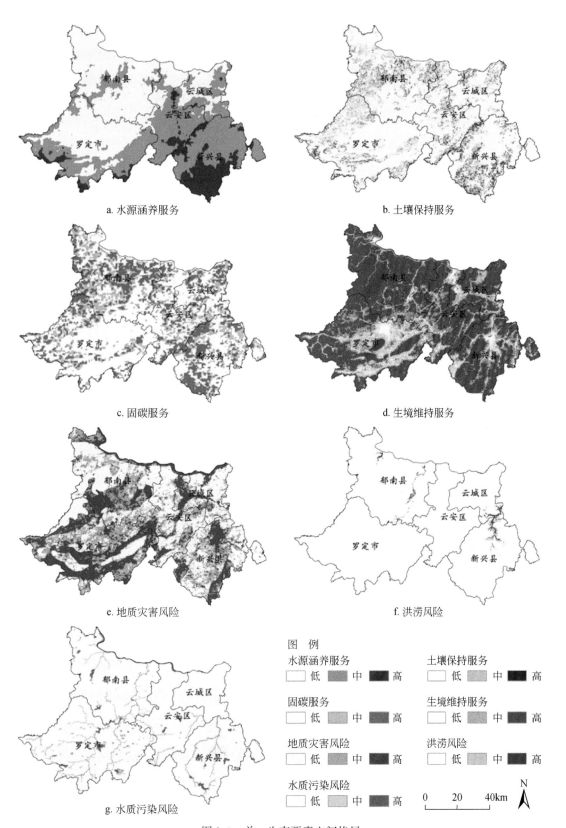

a. 水源涵养服务

b. 土壤保持服务

c. 固碳服务

d. 生境维持服务

e. 地质灾害风险

f. 洪涝风险

图 例

水源涵养服务　　　　　　　土壤保持服务
□ 低　■ 中　■ 高　　　　□ 低　■ 中　■ 高

固碳服务　　　　　　　　　生境维持服务
□ 低　■ 中　■ 高　　　　□ 低　■ 中　■ 高

地质灾害风险　　　　　　　洪涝风险
□ 低　■ 中　■ 高　　　　□ 低　■ 中　■ 高

水质污染风险
□ 低　■ 中　■ 高

0　　20　　40km

N

g. 水质污染风险

图 2-1　单一生态要素空间格局

云浮市地质灾害高风险区呈条带状分布，主要分散于建成区与河流周围，植被覆盖、地质构造及降雨量是其重要成因（图 2-1e）。洪涝灾害高风险区沿市域内的主要河流呈树状向四周延伸，主要分布于罗旁河、罗定江与新兴江两岸，这些区域地势较低，一旦发生持续性的强降雨事件，容易发生洪涝灾害（图 2-1f）。云浮市重要河流、湖泊与水库沿岸是水质污染的高风险区，包括金银河水库、山垌水库、罗光水库等（图 2-1g）。

2.1.4.2　重要生态源地

采用自然断点法将生态系统服务重要性、生态敏感性与景观连通性分别划分为低、中、高三级。其中，生态系统服务重要性高值区主要位于云浮市新兴县的山区地带（图 2-2a）。生态敏感性高值区分散于市域内重要河流周围（图 2-2b）。景观连通性高值区则主要分布在郁南县西南侧及罗定市西北部的植被富集区（图 2-2c）。

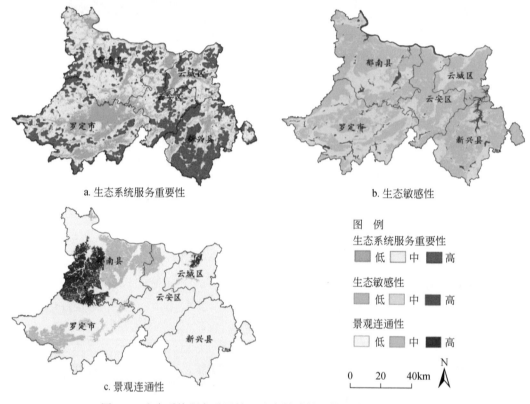

图 2-2　生态系统服务重要性、生态敏感性、景观连通性空间格局

将生态系统服务重要性、生态敏感性与景观连通性等权重叠加，并划分为极重要、重要、一般重要与不重要四个等级（图 2-3）。对各等级斑块所占面积的百分比进行统计发现，极重要斑块面积为 759.58km²，约占云浮全市土地总面积的 9.76%；重要斑块面积为 2079.67km²，占比为 26.71%。从空间上看，极重要斑块主要位于云浮市的西部与东南角，

这些区域地势较高，平均海拔在 500m 以上。重要斑块分布相对比较零散，大部分紧邻极重要斑块。

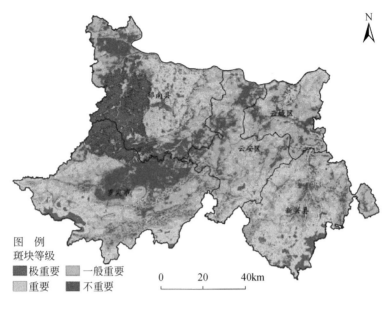

图 2-3　生态重要性空间格局

将极重要斑块与重要斑块作为生态源地，其面积有 2839.25km² ，约占云浮市土地总面积的 36.47% 。极重要斑块以林地为主要土地利用类型，占极重要斑块面积的 89.98% （图 2-4）；耕地次之，但仅占极重要斑块面积的 6.16% 。重要斑块同样以林地为主，耕地次之，两者共占重要斑块面积的 94.42% 。建设用地生态价值较低，大部分为不重要斑块。其他生态用地中，湿地多为重要斑块，园地多为一般重要斑块，水体大部分为重要斑块，草地绝对面积较小，在各等级分布较为平均。

2.1.4.3　生态安全格局

提取主要生态源地的中心点作为生态节点，并以每个生态节点为中心，以剩余的节点为目标点集群，基于最小累积阻力模型，得到最低成本路径。在此基础上，以断开连接的生态节点为源点，寻求次低成本路径廊道，从而提取市域范围内的生态廊道。为了实现区域尺度上生态功能的延续与景观斑块的连通，选择基本覆盖研究区全境、对于廊道整体通达性具有关键意义的生态廊道，将其定义为景观廊道。而将小范围的分枝状生态廊道定义为组团廊道。组团廊道的主要功能在于保障组团内部生态节点间的连通性，与景观廊道呈整体与局部的效用关系。研究区生态廊道总长度为 508.87km，其中景观廊道总长度为 315.58km，组团廊道总长度为 193.29km （图 2-5）。生态廊道主要分布在植被覆盖相对较好的山区地带，总体上避开了人为干扰大的建设用地，能够为生态源地间的物种迁移和能

第 2 章　生态源地识别与安全格局构建

····43

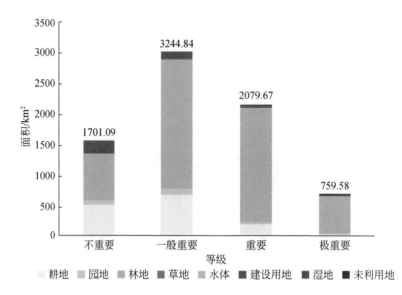

图 2-4 不同生态重要性等级斑块土地利用类型构成

量流通起到桥梁作用。

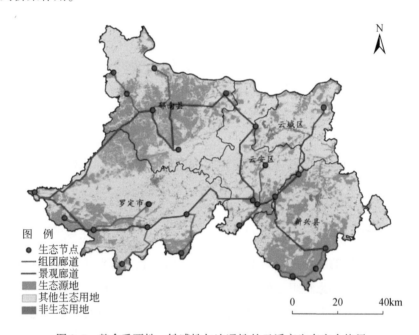

图 2-5 整合重要性、敏感性与连通性的云浮市生态安全格局

生态源地与生态廊道是构建生态安全格局不可或缺的组分。将前述所得到的生态源地与生态廊道综合叠加,构建得到的云浮市生态安全格局,如图 2-5 所示。研究区生态源地主要分布于研究区西部、南部的山林地,包括云开山南北山脉、云雾山脉等区域,这些区域植被覆盖度高,野生动植物数量丰富,生态系统服务价值较高,对维护区域生态安全具

有重要意义。生态廊道主要呈环状辐射分布，整体上连通了云开山、大绀山、云雾山与天露山四大生态片区，同时还连通了罗旁河、罗定江与新兴江等重要水系，无论在南北还是东西方向上，都保证了生态过程的连续性与生态功能的延续性。对由生态源地与生态廊道所构成的区域生态安全格局进行整体性保护，将有利于维持生态系统服务的可持续性、防止生态系统退化并维护现有景观的完整性，进而有力地保障了区域生态安全与生态系统健康。

2.1.5 讨论与结论

2.1.5.1 讨论

目前，我国大多数城市建设面临着从向外无序扩张到向内集约挖潜的转型。构建生态安全格局的目的在于通过对生态用地与建设用地的合理规划与布局，缓解城市发展过程中生态保护与社会经济建设的矛盾，从而实现城市的可持续性发展。因此，生态安全格局的构建可以作为城市规划、土地利用规划及环境保护规划的有力支撑，确保在规划转型期城市健康有序地发展。

为了验证整合重要性、敏感性与连通性的区域生态安全格局应用于研究区城市规划与生态空间管控的可行性，分别将生态源地与生态廊道、一般重要斑块、不重要斑块划定为禁止建设区、限制建设区、适宜建设区。结果表明，云浮市禁止建设区与限制建设区共占全市土地总面积的 78.29%。而根据广东省住房和城乡建设厅下发的《广东省城市生态控制线划定技术指引》相关规定，云浮市生态控制线的划定比例不低于市域面积的 70%。此外，《云浮市城乡统筹发展规划》划定禁止建设区和限制建设区共占全市土地总面积的 68.66%。《云浮市土地利用总体规划（2006—2020 年）》设定到 2020 年，全市禁止建设区和限制建设区面积达 7266.60km²，占市域总面积的 93.34%。《云浮市环境保护规划纲要（2006—2020 年）》划定严格控制区与有限开放区占市域面积的 70.69%（表 2-1）。各专项规划提出涉及生态管制的用地占比为 68.66%~93.34%，本研究基于区域生态安全格局划定的生态管制用地占比为 78.29%，与各项规划基本协调。

表 2-1　广东省云浮市相关规划生态管制用地规模对比

来源	划定区域	规模/km²	比例/%
《云浮市城乡统筹发展规划》	禁止建设区	665.00	8.54
	限制建设区	4680.00	60.12
《云浮市土地利用总体规划（2006—2020 年）》	禁止建设区	999.60	12.84
	限制建设区	6267.00	80.50

续表

来源	划定区域	规模/km²	比例/%
《云浮市环境保护规划纲要（2006—2020年）》	严格控制区	1205.80	15.49
	有限开放区	4297.40	55.20
云浮市生态安全格局	禁止建设区	2967.44	38.12
	限制建设区	3127.14	40.17

将整合重要性、敏感性与连通性的区域生态安全格局与研究区现有的 16 个自然保护区进行空间叠加，如图 2-6 所示，自然保护区基本都落入生态源地范围。由此可见，所构建的生态安全格局结果较为可靠。同时，《云浮市城市总体规划（2012—2020）》要求重点保护作为珠江三角洲重点水源地的西江云浮段，加强对云浮境内郁南—罗定西部、云城区南部及新兴县南部三片区域绿地的保护，并与南部的阳江区域绿地共同构成广东西部的生态屏障。本节构建的生态安全格局将西江云浮段沿线划定为生态源地，同时将郁南县西部、罗定市南部及新兴县南部的大片林地设定为生态源地，与城市总体规划的相关布局相辅相成，为城市总体规划的可靠性提供了理论依据，也从另一方面验证了本节所构建的生态安全格局的合理性。

图 2-6　自然保护区与生态源地空间分布

2.1.5.2　结论

生态安全格局构建并非仅仅是现有生态格局的一种空间表达，而是在此基础上，关注生态环境问题的发生与作用机制，强调综合解决生态系统恢复及景观稳定性问题，最终基于格局与过程互馈的原理，通过关键生态安全格局的识别与保护来寻求区域生态可持续性维系及提升的空间途径。本节以广东省云浮市作为研究区，基于景观生态学格局与过程互馈的原理，整合生态系统服务重要性、生态敏感性与景观连通性三个方面综合识别生态源地，采用夜间灯光数据修正基本生态阻力面，基于最小累积阻力模型提取生态廊道，从而整体构建云浮市生态安全格局。结果表明，研究区生态源地总面积2839.25km²，占研究区总面积的36.47%，主要分布于研究区西部、南部的林地。生态廊道总长度508.87km，其中景观廊道315.58km，组团廊道193.29km，呈环状辐射分布在植被覆盖相对较好的山区地带。基于生态系统服务重要性、生态敏感性与景观连通性的生态源地筛选相较于传统方法具有更强的理论基础与客观性。而研究区16个自然保护区基本都落入生态源地范围内，充分说明了本节中生态安全格局构建方法的适用性与有效性。

2.2 综合生态功能重要性与退化风险[*]

2.2.1 问题的提出

生态源地指对生态系统健康起着关键作用，并对城市生态安全具有重要意义的自然生境。从生态经济学的视角来看，生态保护决策应当同时考虑成本与收益因素（Gaaff and Reinhard，2012）。在同等的生态功能重要性下，生态功能的未来退化将使得生态保护投入更多的退化防范与修复成本。作为一种由一系列外部干扰导致的生态系统不稳定状态，生态退化可能会致使生态系统发生一系列灾害、事故或退化事件。由于退化风险的动态性特征，对具有较高生态退化风险的生态用地进行识别将提高生态重要性评估的有效性（Xie et al.，2015）。因此，基于成本收益与动静态结合的角度，本节将介绍如何将生态退化风险纳入生态源地的识别准则中，以期为生态安全格局的构建提供新的有效实现途径。

为此，本节将综合考虑生态功能重要性与生态功能退化风险识别生态源地，并基于不透水面面积比例修正阻力面，采用最小累积阻力模型提取重要生态廊道，进而实现综合生态功能重要性与退化风险的生态安全格局构建。

---

　　[*] 本节内容主要基于：Peng J，Pan Y J，Liu Y X，et al. 2018. Linking ecological degradation risk to identify ecological security patterns in a rapidly urbanizing landscape. Habitat International，71：110-124. 本节中的插图和表格是根据上述文献中对应的图表修改、重绘而成。

2.2.2　数据

本节所使用的土地利用数据由 2010 年 11 月 30 日和 12 月 23 日的 Landsat TM 影像解译而来，土地利用类型被划分为生态用地（包括园地、林地、草地、水体及湿地）、耕地、建设用地及未利用地（指曾经有植被覆盖但被清除，待开发建设的空地）（Peng et al., 2017a）。经检验，整体分类精度为 0.874，Kappa 系数为 0.830。DEM 数据来自地理空间数据云提供的 GDEM 产品，空间分辨率为 30m。道路数据来源于 2008 年土地利用调查数据，数据格式为矢量。基本生态控制线来源于深圳市规划委员会，由原始图片矢量化得到。

2.2.3　方法

本节采用"生态源地识别—阻力面构建—生态廊道提取"的生态安全格局构建范式，综合考虑生态功能重要性和退化风险进行生态源地识别（图 2-7）。首先，结合生态功能重要性与生态功能退化风险评估生态用地的综合保护价值，并提取综合保护价值高的斑块作为生态源地。其次，根据土地利用类型进行生态阻力面赋值，并基于不透水面面积比例进行修正。最后，采用最小累积阻力模型，将最短与次短最小累积阻力路径识别为生态廊道。叠加生态源地与生态廊道得到区域生态安全格局。

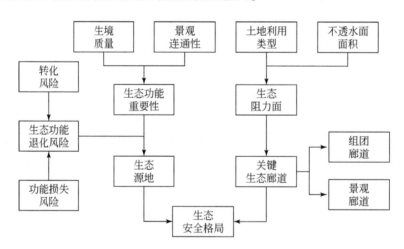

图 2-7　综合生态功能重要性与退化风险构建生态安全格局的技术路线

2.2.3.1　生态源地识别

生态源地不仅应具有较高的生境质量和维持景观连通性的能力，还应具有生态退化风险低的特点，以避免因生态退化风险防范而引起的高生态保护成本。因此，本节基于综合保护价值（comprehensive reserve value，CRV）进行生态源地提取。综合保护价值基于生态功能重要性（ecological functional importance，EFI）及生态功能退化风险（ecological functional degradation risk，FDR）两个方面进行评价。一方面，综合保护价值随着生态功能重要性的增加而提升；另一方面，当生态功能退化风险增加时，综合保护价值将降低。基于这一原理，综合保护价值的计算公式如下：

$$CRV = EFI \times (1-FDR) \tag{2-10}$$

式中，CRV 为生态用地的综合保护价值；EFI 为生态功能重要性；FDR 为生态功能退化风险。

生态功能重要性依据生境质量与景观连通性进行评估。前者反映生态斑块的生境特征，后者衡量生态斑块在维持景观生态过程与功能流动性方面的重要性。两者分别影响生态用地在斑块与景观尺度上的生态功能。生态功能重要性的计算公式如下：

$$EFI = Qua + Con \tag{2-11}$$

式中，EFI 为生态用地的生态功能重要性；Qua 为生境质量；Con 为景观连通性。

生态功能退化风险根据生态用地的转化风险与功能损失风险进行评估。转化风险指生态用地转化为包括建设用地在内的非生态用地的风险，功能损失风险指相邻的生态用地转化导致的剩余生态用地被破坏的风险。生态功能退化风险基于以下公式进行评估：

$$FDR = Tra + Dam \tag{2-12}$$

式中，FDR 为生态用地的生态功能退化风险；Tra 为转化风险；Dam 为功能损失风险。

生态用地的综合保护价值基于两个方面的四个指标进行评估，为了便于比较，生境质量、景观连通性、转化风险与功能损失风险均被标准化到 0 ~ 1 的范围。考虑到四个指标的重要性程度难以量化，认为其权重相等，量化方法如下。

（1）生态功能重要性

生境质量主要取决于人类活动对自然生境的影响程度，受干扰程度越低的生境斑块越可能具有健康的生态系统及强大生态系统功能（Peng et al.，2015a）。本节基于 InVEST 模型评估生境质量。该模型的生境质量（Habitat Quality）模块被认为是一款有效的生境质量评估工具，假设生境质量是一个连续的空间变量（Hall et al.，1997）。生境斑块距离人类主导的土地利用类型越远，受人类干扰程度越小，生境质量越高（Mckinney，2002）。在量化过程中，主要考虑每个威胁因素的相对影响大小、生境斑块对不同威胁源的敏感性及自然生境斑块到威胁源的距离这三个因子。选取高速公路、铁路、主要道路、建设用地、独立工矿用地为威胁源，基于 InVEST 2.1.0 软件进行生境质量评估，参数赋值如表 2-2 所示。

根据拓扑学中的连通性概念，景观连通性被定义为空间中廊道、网络或基质的连续性，表征生态系统间包括复杂性（Schreiber and Kelton，2005）、可达性（Janssens et al.，2006）、相互依赖性（Haber，2008）及聚集度（Wei et al.，2017）在内的各种关系。维持较高水平的连通性是保护生物多样性和维持生态系统稳定性与完整性的关键所在（Taylor et al.，1993）。选取可能连通性指数（PC）评估景观连通性，其值域范围为0~1，值越高说明景观连通性越好（Saura and Torné，2009），评估方法详见2.1.3.3节。

表2-2　InVEST模型输入参数

威胁源	权重	生态用地敏感性	最大干扰距离/km
高速公路	0.5	0.7	0.5
铁路	0.4	0.6	0.5
主要道路	0.6	0.8	0.5
建设用地	0.7	1.0	1.0
独立工矿用地	1.0	0.9	3.0

（2）生态功能退化风险

生态功能退化风险基于转化风险与功能损失风险进行评估。转化风险指生态用地直接转化为建设用地的可能性。在这种情况下，生态用地直接转化为非生态用地，导致生态系统完全失去了提供生态系统服务的能力。根据1990~2010年间研究区土地利用变化及其驱动力研究的结果（Peng et al.，2017a），基于Logistic回归模型计算得到各栅格的转化概率（即转化风险），具体结果如表2-3所示。考虑到基本农田保护红线内的耕地基本不可能进行地类变更，因此其转化风险为0。由于未利用地已经失去植被覆盖，且处于平整待开发建设状态，因此其转化风险赋值为1。

表2-3　不同土地利用类型的转化风险

土地利用类型	平均值	最大值	最小值
林地	0.05	0.283	0
园地	0.048	0.283	0
水体	0.125	0.283	0.0004
湿地	0.12	0.283	0.006
草地	0.09	0.283	0.0023
生态用地	0.055	0.283	0

镶嵌在生态用地间的建设用地会破坏生态过程的连续性，甚至会阻断生态过程。生态用地与建设用地的空间邻接将影响生态用地的功能发挥。功能损失风险主要指周围建设用地数量或密度的增加对剩余生态用地可能造成的影响，即包括维持生态系统稳定性及为人类提供生态系统服务的能力降低的风险。邻接功能损失系数以生态用地与建设用地相邻时生态系统服务损失的百分比进行衡量，园地、林地、草地、水体和湿地与建设用地空间相邻时的功能损失系数分别为-2、-2、-3、-5和-5（Peng et al.，2015a）。采用八邻域分析法计算生态用地的生态功能损失风险，认为目标栅格（i，i）受到与其相邻的八个栅格的

影响，其功能损失风险等于建设用地转化概率与相邻栅格的土地利用类型所对应的邻接功能损失系数乘积的距离加权和，具体计算公式如下：

$$P_{(i,i)} = \left[r_{(i,i+1)} \times p_{(i,i+1)} + r_{(i,i-1)} \times p_{(i,i-1)} + r_{(i-1,i)} \times p_{(i-1,i)} + r_{(i+1,i)} \times p_{(i+1,i)} \right]$$
$$+ \frac{\sqrt{2}}{2} \times \left[r_{(i-1,i-1)} \times p_{(i-1,i-1)} + r_{(i-1,i+1)} \times p_{(i-1,i+1)} + r_{(i+1,i-1)} \times p_{(i+1,i-1)} + r_{(i+1,i+1)} \times p_{(i+1,i+1)} \right] \quad (2\text{-}13)$$

式中，$P_{(i,i)}$ 为栅格（i，i）的功能损失风险；r 为相应的生态用地类型与建设用地相邻时的邻接功能损失系数，即生态系统服务供给的损失百分比（2%、3% 与 5%）；$p_{(i+1,i+1)}$ 为栅格（$i+1$，$i+1$）的建设用地转化概率；i 为栅格的空间位置。

2.2.3.2 关键生态廊道提取

生态廊道起着传递区域间生态流、生态过程及生态功能的作用，是生态安全格局的必要组成部分（Lin et al.，2016）。基于最小累积阻力模型提取生态廊道，方法详见 2.1.3.4 节。

本节根据土地利用类型进行阻力赋值进而构建生态阻力面，分别对林地、园地、草地、湿地、水体、未利用地和建设用地赋值为 1、30、50、75、100、300 和 500，并结合不透水面面积比例进行生态阻力值修正，修正公式如下：

$$R_i' = \frac{\text{ISA}_i}{\text{ISA}_a} \times R_a \quad (2\text{-}14)$$

式中，R_i' 为栅格 i 修正后的生态阻力值；ISA_i 为栅格 i 不透水面的面积比例；ISA_a 为栅格 i 所属土地利用类型 a 的不透水面面积比例；R_a 为土地利用类型 a 的基本生态阻力值。

将生态源地的几何中心提取为生态节点，以每一个节点为分析中心点，其余 $n-1$ 个节点为连接目标（n 为节点数量），每次都选取最短的连接路径作为生态廊道，形成 n 条生态廊道。基于此方法识别的生态廊道被定义为组团廊道，因为廊道距离较短，主要连接组团内部间的生态源地。为了实现景观尺度上的更好连接，把次短的最小成本路径识别为景观廊道，以实现组团间的景观连通，进而构成整体生态安全格局。

2.2.4 结果

2.2.4.1 生态功能重要性

生态用地的生境质量空间格局如图 2-8a 所示。研究区的生境质量平均值为 0.497。由于水体分布广泛且距离建设用地更近，其平均生境质量低于其他生态用地类型。林地的生境质量略高于水体，空间分布离散。湿地和草地的空间分布较为集中，生境质量整体而言高于其他地类。景观连通性的平均值为 0.452，空间格局如图 2-8b 所示。根据等间隔法将其分为低、较低、中、较高、高五级。统计结果显示，景观连通性处于较低等级的生态用地占比最高，为 28.78%，表明生态用地的景观连通性普遍较差。

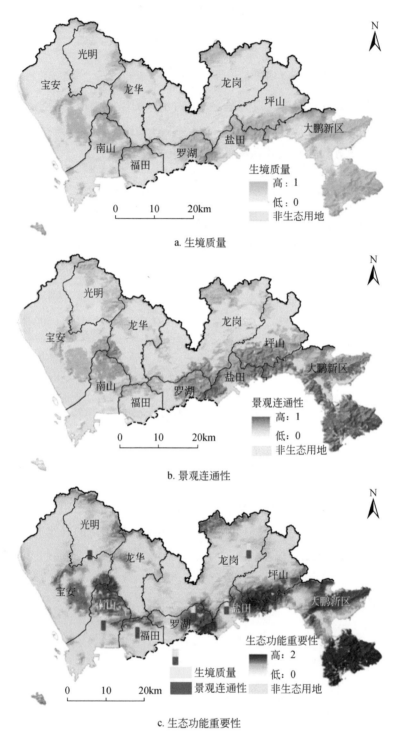

a. 生境质量

b. 景观连通性

c. 生态功能重要性

图 2-8　生态功能重要性空间格局

将生境质量与景观连通性评估结果等权重叠加，得到生态功能重要性（图2-8c）。其中，生态功能重要性的最大值为2，最小值接近0，平均值为0.955。从土地利用类型来看，园地的平均生态功能重要性值最高，为1.011。得益于较高的景观连通性，林地的平均生态功能重要性次之，为0.962。随后依次为草地、水体与湿地。

2.2.4.2 生态功能退化风险

生态功能退化风险由转化风险与功能损失风险构成，两者的空间分布格局如图2-9a和图2-9b所示。生态用地的平均转化风险为0.055，最大值为0.283，最小值接近于0。由于分布在低海拔和靠近土地开发活动强度高的城市郊区，水体、湿地和草地的平均转化风险高于其他地类。得益于集中分布在远离市中心的山区，园地和林地的平均转化风险低于所有生态用地的平均值。生态功能损失风险的平均值为0.34，呈现海拔越高风险值越低的分布规律。对于自然土地利用类型而言，水体的平均功能损失风险最高，其次为湿地。水体、湿地和草地的平均功能损失风险高于其他生态用地类型。从功能损失风险的最小值来看，湿地的功能损失风险最小值最大，表明湿地斑块的功能损失风险相较于其他用地类

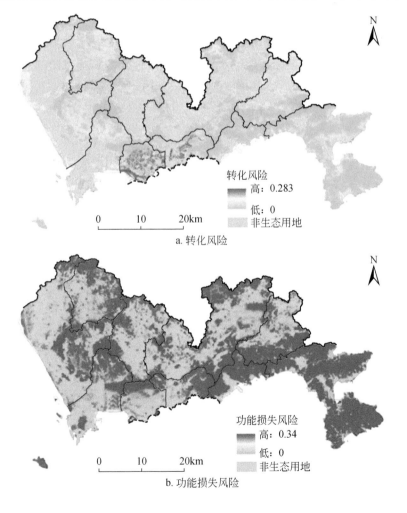

a. 转化风险

b. 功能损失风险

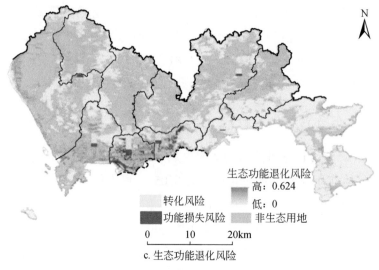

生态功能退化风险
高：0.624

低：0

转化风险

功能损失风险

非生态用地

0   10   20km

c. 生态功能退化风险

图 2-9　生态功能退化风险空间格局

型更高。

　　将生态用地的转化风险与功能损失风险进行等权重叠加，得到生态用地的生态功能退化风险，其空间格局如图 2-9c 所示。从值域分布上看，功能退化风险的平均值为 0.071，最大值为 0.642，最小值接近于 0。由于水体的生态用地平均转化风险与平均功能损失风险均高于其他地类，因此生态功能退化风险最高，为 0.202。其次为湿地，生态功能退化风险为 0.168，草地次之，林地与园地最低。

2.2.4.3　生态源地识别结果

　　生态源地基于综合保护价值进行识别。研究区综合保护价值的空间分布如图 2-10a 所示，其值域范围为 0~2，平均值为 0.915。从土地利用类型来看，林地和园地的综合保护价值平均值最大，均超过了 0.9。草地次之，水体和湿地最低。空间分布上，盐田、罗湖与龙岗的综合保护价值最高，而宝安与福田最低。

　　以 0.01 为步长，得到综合保护价值的累积分布曲线，并以曲线的拐点，即 1.00 为生态源地识别的阈值。提取综合保护价值大于 1 的生态用地作为生态源地，此时，大部分分布于人类干扰程度较高的城市郊区的生态用地被剔除。最终识别的生态源地面积为 477.43km²，占研究区总面积的 45.05%，主要位于研究区内的主要山区（图 2-10b）。生态源地在各行政区内均有分布，大部分在龙岗与宝安。生态源地最主要的生态用地类型为林地与园地。所有生态用地类型均有栅格被识别为生态源地，为实现区域生态安全及城市可持续发展提供了重要保障。

2.2.4.4　生态廊道与生态安全格局

　　如图 2-11 所示，研究区生态阻力的最大值为 662.25，平均值为 213.89。研究区的关

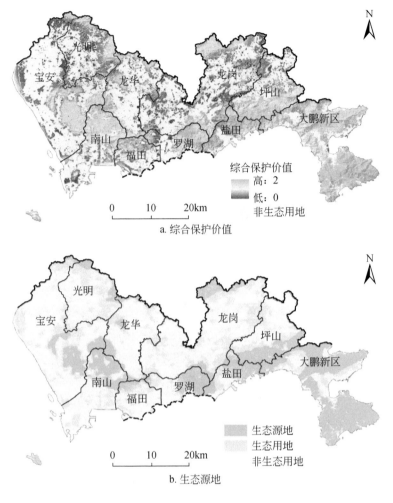

a. 综合保护价值

综合保护价值
高: 2
低: 0
非生态用地

0   10   20km

b. 生态源地

生态源地
生态用地
非生态用地

0   10   20km

图 2-10　综合保护价值及生态源地空间格局

键生态廊道由组团廊道与景观廊道组成，总长度为 475.6km，其中组团廊道长度为 278.1km，景观廊道长度为 197.5km。关键生态廊道的土地利用类型以林地为主。为了实现组团间的连接，部分生态廊道包含着一定比例的非生态用地。整体而言，景观廊道的非生态用地比例高于组团廊道。尽管建设用地仅占研究区总面积的 0.27%，但生态廊道中建设用地的占比却达到了 1.76%，表明研究区内的生态廊道受到了较高程度的人类活动干扰。相较于组团廊道，景观廊道的平均生态阻力值约为其 4 倍。组团廊道中有近 70% 的区域生态阻力值为 0~1，而景观廊道中生态阻力值为 0~1 的栅格面积占比约为 52%。此外，景观廊道中不透水面的占比也更高，为组团廊道的 1.5 倍。由此可得，景观廊道比组团廊道面临更大的受干扰风险。应加强对景观廊道的保护，确保景观尺度上生态源地的连通性，进而更好地维护区域生态可持续性。

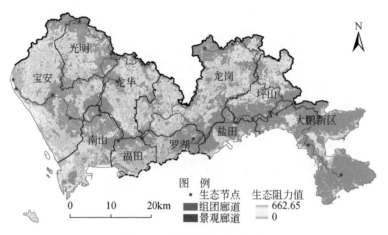

图 2-11　生态廊道空间格局

最终，结合生态源地与生态廊道的识别结果，得到如图 2-12 所示的深圳市生态安全格局。其中，生态源地主要为山区及水库，包括阳台山、梧桐山、凤凰山、马峦山、观音山、铁岗水库、西坑水库等。关键生态廊道以"一轴三簇"的空间格局连接着各生态源地。"一轴"指起于排牙山，终于海上田园公园的维持东西向区域生态过程的稳定性及生态功能连通性的廊道轴；"三簇"则分别指位于东、中、西三个区域的廊道束，起着维持南北向生态过程的连续性及传递生态流的关键作用。

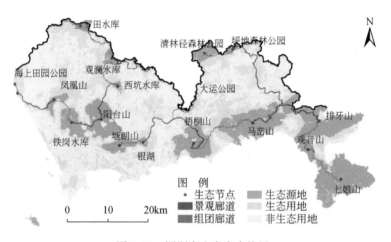

图 2-12　深圳市生态安全格局

2.2.5　讨论与结论

2.2.5.1　讨论

面向区域生态安全维护的目标，国内学者对生态安全格局进行了深入探索。一方面，大量研究基于土地利用类型或生态系统服务与生态系统质量的定量化静态评估识别生态源地（Kong et al.，2010；Shi and Yu，2014）。本节中由生境质量与景观连通性决定的生态功能重要性就属于这类方法。另一方面，基于生态风险与土地利用变化视角对生态用地进行动态评估也备受关注，正如本节中将生态用地的转化风险及其相邻用地转为非生态用地的影响纳入了生态源地识别方法。结合静态的功能重要性评估与动态的功能退化风险评估识别生态源地，将使得生态安全格局更具动态适应性。

基本生态控制线是研究区控制城市无序扩张及维持区域生态安全的重要规划管制手段，将识别的生态安全格局与深圳市基本生态控制线进行空间叠加分析。如图 2-13 所示，只有 26.92km² （占深圳市总面积的 5.64%）的生态源地位于基本生态控制线之外。总长度为 278.1km 的组团廊道中仅有 17.71km 位于基本生态控制线之外。此外，总长度为 197.5km 的景观廊道也仅有 33.63km 不在基本生态控制线之内。因此，综合生态功能重要性与退化风险所识别的生态安全格局与基本生态控制线有较高的空间一致性，证明了该方法的合理性与有效性。当然，也存在着部分区域不重叠的情况，说明生态安全格局的构建结果可以作为基本生态控制线补充完善的科学依据。因为不被行政手段保护的生态源地可能面临更高的生态退化风险。而基本生态控制线内的生态斑块之间没有基于廊道实现景观连通，会降低生态保护的效果。生态安全格局在综合考虑生态功能重要性及其退化风险的同时，还基于生态廊道实现了景观尺度的较好连通，为城市生态空间保护提供了有效的空间决策支持。

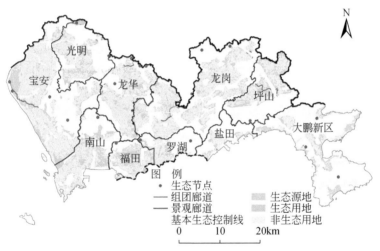

图 2-13　生态安全格局与基本生态控制线对比

景观被认为是沿着生物物理及人为梯度进行组合的斑块集合（Cumming，2011）。景观表面不仅包含生物物理信息，也是人类活动在空间上的映射格局。因此，在景观尺度的指标选取时，应同时考虑社会及生态两大方面。然而，囿于社会经济方面的空间数据集有限，生态安全格局构建时仍缺乏对人类生态需求的考虑。人类生态需求的不明确性也导致了生态安全格局的面积阈值难以确定。因此，亟需一套综合的社会—生态指标体系来进一步探索生态安全格局的供需平衡，以期更好地发挥生态安全格局对社会与生态两方面的积极作用。

2.2.5.2 结论

综合生态功能重要性与退化风险，共识别了 477.43km² 的生态源地，占研究区总面积的 45.05%，长度为 475.6km 的关键生态廊道，其中组团廊道 278.1km，景观廊道 197.5km。生态源地集中分布于山区地带，以林地、园地及水体为主要用地类型。生态廊道则呈现树状辐射格局，在景观尺度上实现对生态源地的有效连通。

作为方法论上的探索，本节综合了生态用地功能重要性和功能退化风险两个方面的生境质量、景观连通性、生态用地转化风险和生态功能损失风险四个因子进行生态源地识别。基于动态评估视角将生态风险预测成功纳入到了生态系统重要性评估中，是对以往基于生态要素静态评估的生态安全格局构建方法的改进与完善。在城市快速扩张及大量生态用地面临退化、转化风险的背景下，基于生态功能退化风险开展生态安全格局构建研究将使生态安全格局更具动态适应性，可以有效遏制优质生态用地向建设用地的转化，实现人类发展与生态保护的科学空间分配，进而实现对生态安全的有效保障与区域可持续发展的有力维护。

2.3 耦合生态系统服务供给与需求 *

2.3.1 问题的提出

当前的生态源地识别多基于一定的指标体系对生态斑块的重要性进行评估，最常见的评估角度包括生物多样性保育能力、生态风险、生态系统韧性等（Li et al.，2014；Peng et al.，2015a）。如 2.1 节整合重要性、敏感性与连通性评估和 2.2 节综合生态功能重要性与退化风险，大多数研究都是从斑块作为生态系统服务提供者的维度出发进行生态重要性评估，而忽略了生态系统与人类社会经济之间的相互作用。为了实现人与自然的可持续发展，生态系统服务供给应当与人类需求相匹配（Burkhard et al.，2012）。因此，除了生态用地的服务供给能力外，其满足人类对生态系统服务需求的能力也应当被纳入生态源地的识别框架中。随着生态系统服务需求愈发受重视，越来越多的研究开始基于生态系统服务供需耦合的视角开展生态系统服务评估（Wolff et al.，2015）。然而，却鲜有研究将供需分

---

* 本节内容主要基于：Zhang L Q, Peng J, Liu Y X, et al. 2017. Coupling ecosystem services supply and human ecological demand to identify landscape ecological security pattern: A case study in Beijing-Tianjin-Hebei region, China. Urban Ecosystems, 20：701-714. 本节中的插图和表格是根据上述文献中对应的图表修改、重绘而成。

58 ....

析应用于生态源地识别。

因此，为了弥补生态源地识别过程中人类需求考虑的不足，本节将生态系统服务供给与需求整合到生态安全格局构建框架中，耦合生态斑块的生态系统服务供给能力及其满足人类社会对生态系统服务需求的能力进行生态源地识别，以保障区域生态系统结构与功能的完整性，进而推动实现区域可持续发展。

2.3.2 数据

本节所用的数据主要有八类：①归一化植被指数（NDVI）数据来源于国家寒区旱区数据科学中心；②植被覆盖数据下载自 MODIS 国际地圈生物圈计划土地覆被数据库，并被重分类为林地、草地、耕地、湿地、水体、未利用地和建设用地七类，除建设用地外的其他地类均被视为生态用地；③数字高程模型（DEM）数据下载自国家寒区旱区数据科学中心；④人口密度数据来源于 Land Scan 数据库；⑤月平均气象数据来源于中国气象科学数据共享中心；⑥DMSP/OLS 夜间灯光数据，来源于美国国家海洋和大气管理局；⑦道路及河流的空间分布数据由中国科学院地理科学与资源研究所提供；⑧自然保护区分布数据下载自世界保护区数据库。

2.3.3 方法

为了耦合生态系统的供给与需求，提取既能有效实现生态系统服务供给，又能满足人类生态需求的生态用地作为生态源地。本节耦合生态系统服务供给与需求进行生态源地识别，结合土地利用类型与夜间灯光数据构建生态阻力面，最后采用最小累积阻力模型提取生态廊道，实现京津冀生态安全格局构建。技术路线如图 2-14 所示。

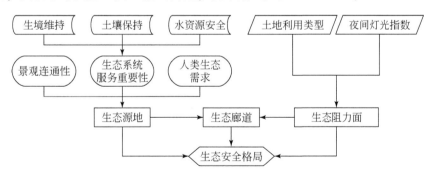

图 2-14　耦合生态系统服务供给与需求构建生态安全格局的技术路线

2.3.3.1　生态源地识别

本节耦合生态系统服务供给与需求进行生态源地识别，并假设生态源地应具有可持续的生态系统服务供给、有效满足人类生态系统服务需求及维持生态过程完整性的特性。首先，根据研究区生态系统退化严重、山区地带水土流失严重及水资源短缺的特点，选取生境维持、土壤保持、水资源安全进行生态系统服务供给评估。考虑到连通性越高的斑块越能有效发挥其生态功能（Kang et al.，2015），且有利于生态流的持续供给，选取景观连通性作为表征维持生态过程完整性能力的替代指标。从生态系统服务需求的维度，基于生态系统服务可达性与受益人口规模实现了人类生态需求的评估。

对生态系统服务重要性及景观连通性的分析结果可以反映生态系统有效供给生态系统服务的能力，而人类生态需求的分析结果能够反映生态系统满足人类社会生态需求的能力。因此，从供给的角度将生态系统服务重要性与景观连通性归一化后相加得到标准生态重要性指数。从需求的角度，将人类生态需求归一化后得到标准需求指数。结合标准生态重要性指数与标准需求指数得到生态保护重要性指数，其计算公式如下：

$$PI_i = EI_i + DI_i = \frac{(HI+CI)_i - (HI+CI)_{min}}{(HI+CI)_{max} - (HI+CI)_{min}} + \frac{NI_i - NI_{min}}{NI_{max} - NI_{min}} \quad (2\text{-}15)$$

式中，PI_i 表示生态保护重要性指数；EI_i 表示标准生态重要性指数；DI_i 表示标准需求指数；HI 表示生态系统服务重要性指数；CI 表示景观连通性；NI_i 表示生态需求重要性。下标 max 与 min 分别表示某指标在所有栅格中的最大值与最小值。

完成生态保护重要性评估后，采用分位数法将生态保护重要性指数分为极重要、较重要、重要、一般、不重要五级，并提取极重要斑块为生态源地。

（1）生态系统服务重要性

基于区域生态本底，以生境维持、土壤保持、水资源安全三个生态系统服务评估生态系统服务重要性。每种生态系统服务重要性的评估结果都落到空间栅格，并取三类服务中重要性最大的值代表各栅格的生态系统服务重要性。

生境维持服务因土地利用类型而异，基于生态系统服务价值当量因子进行生境维持服务评估（马程等，2013；Xie et al.，2015）。林地、草地、耕地、湿地、水体和未利用地的价值当量分别为 9.59、3.21、2.09、7.53、7.32 和 1。然而，按地类赋值会忽略同一地类的生境维持服务供给的差异，考虑到许多研究利用 NDVI 进行生境维持服务评估，本节采用 NDVI 对价值当量进行修正。基于分位数法将修正后的价值当量分为极重要、较重要、重要、一般、不重要五级，并分别赋值为 5、4、3、2、1，作为生境维持服务重要性的值。生境维持服务价值当量修正公式如下：

$$EV_i' = \frac{NDVI_i}{NDVI_a} \times EV_a \quad (2\text{-}16)$$

式中，EV_i' 为栅格 i 修正后的生境维持服务价值当量；EV_a 为栅格 i 所属土地利用类型 a 的价值当量；$NDVI_i$ 为栅格 i 的 NDVI 值；$NDVI_a$ 为土地利用类型 a 的 NDVI 平均值。

土壤保持服务基于修正土壤流失方程进行评估（Van Oost et al.，2000；Jahun et al.，2015）。潜在土壤流失量与实际土壤流失量的差值即为土壤保持量，方法详见 2.1.3.1 节。

与生境维持服务相似，土壤保持服务根据土壤保持量分为五级，并依据重要性次序分别赋值为5、4、3、2、1。根据以往华北地区的研究，本节的 P 因子按照林地、草地和未利用地为1，耕地为0.75，水体、湿地和建设用地为0的规则进行赋值。

水资源安全基于防洪能力与水源涵养能力两个维度评估，前者根据与河流的距离进行量化，后者根据水体分布及植被类型进行量化。根据表2-4的评价准则，分别将不同栅格的水资源安全重要性值赋为1~5。

表2-4　水资源安全评价准则

影响角度	影响范围	重要性	赋值
河流	距离河流1km	极重要	5
	距离河流2km	较重要	4
	距离河流3km	重要	3
湿地、湖泊与水库	湿地、湖泊与水库所在地	极重要	5
植被	落叶阔叶林和混交林	极重要	5
	常绿阔叶林、落叶针叶林、灌木和稀树草原	较重要	4
	草地	重要	3
	耕地及其他自然植被	一般	2
其他	其他地类所在地	不重要	1

（2）景观连通性

作为一个基于图论的指标，可能连通性指数基于概率模型假设斑块之间的连通概率与斑块间的距离相关，常用于景观连通性评估（Pascual-Hortal and Saura，2006）。可能连通性指数 PC 和单个斑块对景观连通性的贡献 dPC 的计算公式见2.1.3.3节。基于 ArcGIS 软件与 Conefor Sensinode 2.5.8 软件计算每个陆地生态斑块（草地、林地、耕地）对景观连通性的贡献 dPC，并根据分位数分级法分为极重要、较重要、重要、一般、不重要五级，分别赋值为5、4、3、2、1，得到最终的景观连通性评价结果。

（3）人类生态需求

人类生态需求通常指人类消费、使用或需要的生态系统服务量（Burkhard et al.，2012；Villamagna et al.，2013）。用于量化人类生态需求的指标包括生态系统服务的实际利用或消费量、风险降低服务的货币或非货币效益及文化服务的受欢迎程度等（Wolff et al.，2015）。考虑到分析人类生态需求的目的是选取对人类更为重要的生态斑块作为生态源地，基于反向思维从生态斑块的角度而非人类的角度去分析生态需求。具体而言，生态斑块满足人类对生态系统服务需求的能力被用以表征人类生态需求。

生态斑块向人类供给生态系统服务的难易程度及数量多少是需求评估的关键所在。已有研究表明，结合人口密度与可达性分析可以很好地回答这一问题（Ala-Hulkko et al.，2016；Baró et al.，2016）。游憩服务是人类直接从生态系统获取的一种文化服务，假设人类主要基于休闲娱乐行为进行生态系统服务的消费，并基于此进行生态需求评估。本节将人类的游憩需求分成三类，分别为工作日日常休闲放松、周末短途游玩及公共假日长途旅游。由于日常休闲放松较为频繁且闲暇时间较短，生态用地与居住地的距离是表征生态斑块满足人类生态系统服务需求的关键指标。对于周末及公共假日的游憩需求，生态斑块所服务的人口量，即生态系统服务的受益人口规模则成为表征生态系统满足人类生态需求的主要指标。综合以上分析，基于生态用地与最近居民点的欧式距离及生态用地在 10km、100km 缓冲区内的辐射人口规模进行生态需求重要性评估。最后，依据分位数法将生态需求重要性分为五级，并按极重要到不重要的次序分别赋值为 5、4、3、2、1。生态需求重要性量化公式为

$$NI_i = \frac{0.5 \times PD_{i1} + 0.5 \times PD_{i2}}{ED} \tag{2-17}$$

式中，NI_i 为生态需求重要性；PD_{i1} 和 PD_{i2} 分别为 10km 与 100km 辐射半径下的人口密度的核密度；ED 为生态用地与最近居民点的欧式距离。

2.3.3.2 生态廊道提取

生态阻力指生态流或物种在景观中移动的受阻碍程度。生态阻力面的构建是提取生态廊道的前提步骤。根据土地利用类型进行阻力赋值，并依据夜间灯光数据修正得到生态阻力面。方法详见 2.1.3.4 节。其中，林地、草地、耕地、湿地、水体、未利用地和建设用地的基本阻力值分别为 1、10、30、50、50、300 和 500。

生态廊道可以实现生态源地的有效连接，进而保障生态源地间生态流的正常传递，以提升生态系统的稳定性。本节基于最小累积阻力模型进行生态廊道的提取，方法详见 2.1.3.4 节。基于最小累积阻力模型，将起始生态源地到每个目标生态源地的最小成本路径识别为潜在生态廊道，并提取从每个起始生态源地出发的所有路径中的最小成本路径作为关键生态廊道。

2.3.4 结果

2.3.4.1 生态保护重要性

生境维持服务的空间分布格局如图 2-15a 所示。极重要斑块面积为 37 621.00km²，约占研究区总面积的 18.65%，其空间格局与林地相似，主要位于研究区的西北部。较重要斑块面积占比约为 15.27%，主要分布在极重要斑块以北的区域。重要斑块面积为 58 930.00km²，占比约为 29.22%，集中分布在张家口市的坝上高原、衡水市、邢台市和邯郸市。如图 2-15b 所示，土壤保持服务的极重要、较重要和重要斑块主要分布于西部和

北部的山区，面积分别约占研究区总面积的 8.73%、9.74% 和 13.52%。水资源安全重要性的空间分布格局如图 2-15c 所示，极重要和较重要斑块主要分布于北京市、承德市和渤海沿岸的滩涂，重要斑块则主要分布于河北省西北部，与草地的格局相匹配；极重要、较重要和重要斑块分别约占研究区总面积的 21.25%、11.42% 和 30.93%。

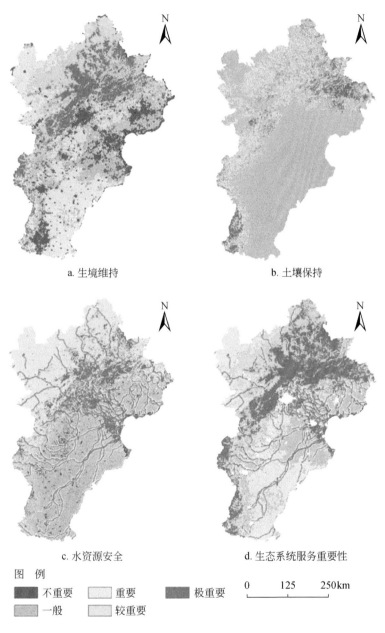

图 2-15　生态系统服务重要性空间格局

生态系统服务重要性的空间格局如图 2-15d 所示，极重要斑块面积为 65 505.75km^2，约占生态用地总面积的 33.80%，主要分布在北部山区，其中超过 30% 的面积位于承德

市，超过 15% 的面积位于北京市。较重要和重要斑块面积分别为 40 606.25km² 和
53 191.75km²，分别约占生态用地总面积的 20.95% 和 27.44%。较重要斑块主要分布于河
北省西北部，而重要斑块则集中分布于河北省的平原地区。

　　北京市约有占市域总面积 75% 的土地被识别为生态系统服务极重要区，是京津冀地区
生态系统服务极重要区占比最高的城市；其次为承德市，约 56.67% 的土地被识别为生态
系统服务极重要区。因此，北京市与承德市是京津冀地区生态系统服务供给的热点区域。
从土地利用类型来看，林地的生态系统服务价值最高，约 97% 的林地被识别为极重要斑
块；其次为水体和湿地，分别有 95% 的水体和 84.55% 的湿地被识别为极重要斑块。

　　生态用地的景观连通性空间格局如图 2-16a 所示。整体而言，85.32% 的生态用地具
有高连通重要性。不同地类的连通重要性具有一定的差别。以 dPC 表征斑块的连通重要

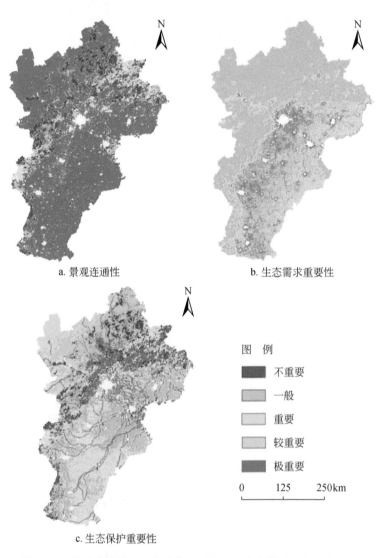

图 2-16　景观连通性、生态需求重要性及生态保护重要性空间格局

性，草地的 dPC 平均值最高，为 1.35；其次为耕地和林地，分别为 1.13 和 0.85。统计每个地类被识别为极重要斑块的比例，结果显示 94.25% 的耕地、84.69% 的草地和 46.18% 的林地被识别为景观连通重要性极重要区域。

如图 2-16b 所示，生态需求重要性呈现"东高西低"的空间格局，大部分的重要性斑块位于建设用地周围。研究区各城市的平均生态需求重要性的统计结果表明，廊坊市的平均生态需求最高，为 0.38；其次为邯郸市、石家庄市和天津市，分别为 0.30、0.27 和 0.26；承德市、张家口市和秦皇岛市的平均生态需求最低，分别为 0.02、0.03 和 0.09。

生态保护重要性的空间格局如图 2-16c 所示。极重要斑块面积为 36 245.50km^2，占生态用地总面积的 21.26%。较重要与重要斑块的面积分别为 33 571.50km^2 和 50 302.25km^2。生态保护极重要斑块大部分位于北京市西部和承德市西南部，其他斑块则分布于西部山区和渤海湾的海岸滩涂。水体的总体生态保护重要性最高，约 93.15% 的水体被识别为极重要斑块；其次为湿地和林地，分别有 70.89% 的湿地和 52.65% 的林地被识别为极重要斑块。从行政区划来看，北京市有超过 65% 的土地被识别为极重要斑块；其次为天津市与承德市，分别有 38.73% 和 32.37% 的土地被识别为极重要斑块。

2.3.4.2 生态源地空间格局

根据生态保护极重要斑块识别的研究区生态源地如图 2-17 所示。生态源地的总面积为 36 245.50km^2，占京津冀生态用地总面积的 21.26%。生态源地主要由大型块状和线状斑块组成，线状斑块主要为河流及其缓冲区。从土地利用类型来看，生态源地中耕地面积最大，占比 40.48%，其次为林地、草地和水体，占比分别为 32.18%、25.14% 和 1.88%。生态源地中，未利用地占比为 0.19%，湿地占比仅为 0.13%。对生态源地所属行政区划进行统计，结果显示，生态源地分布最多的区域为承德市和北京市，分别有 27.14% 和 19.97% 的生态源地分布于承德市与北京市。张家口市与天津市紧随其后，约有 11.06% 和 9.16% 的生态源地位于张家口市与天津。生态源地分布最少的城市为衡水市，仅占生态源地总面积的 1.69%。

2.3.4.3 生态廊道空间格局

生态廊道的空间格局如图 2-17 所示。生态廊道从东北到西南穿过整个研究区，基本与燕山—太行山脉的方向一致。生态廊道主要分布于生态环境良好的山区，并远离人类干扰强烈的建设用地，可以较好地促进物种迁移与能量流动。潜在生态廊道的总长度为 12 654.38km，关键生态廊道的总长度为 1545.52km。超过 74% 的潜在生态廊道由林地组成，其余为草地和耕地。与潜在生态廊道类似，林地也是关键生态廊道的主要组成地类，占关键生态廊道总面积的 66.97%。潜在生态廊道的平均生态阻力值为 0.48，关键生态廊道的平均生态阻力值为 1.15，后者明显大于前者，应更加重视对关键生态廊道的保护。

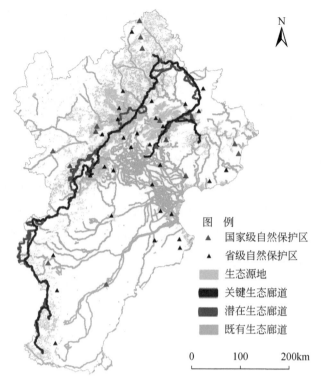

图 例
▲ 国家级自然保护区
▲ 省级自然保护区
　 生态源地
　 关键生态廊道
　 潜在生态廊道
　 既有生态廊道

0   100   200km

图 2-17　京津冀生态安全格局

2.3.4.4　生态安全格局

叠加生态源地与生态廊道识别结果得到如图 2-17 所示的生态安全格局。生态源地主要分布在北京市的房山区、门头沟区、延庆区、怀柔区和密云区，承德市的兴隆县、滦平县、承德县、丰宁县和隆化县及张家口市的赤城县。生态廊道除潜在生态廊道与关键生态廊道外，还包括水体与河流组成的既有生态廊道。既有生态廊道分布广泛，关键廊道则主要由北向南，连接承德市、北京市、唐山市、廊坊市、保定市。潜在生态廊道的空间分布与关键生态廊道类似，但其长度普遍长于关键生态廊道。为了验证所构建的生态安全格局的有效性，将其与自然保护区进行空间叠置，发现 18 个国家级自然保护区与 35 个省级自然保护区均与生态安全格局空间重合，仅有 3 个省级自然保护区未与生态安全格局重合，但其距离最近的生态源地或生态廊道的距离均小于 10km。因此，耦合生态系统服务供给与需求方法所构建的生态安全格局在很大程度上是可靠的。

2.3.5　讨论与结论

2.3.5.1　讨论

生态安全格局是体现关键生态用地空间分布的一种景观格局。针对不同的保护目标，生态安全格局具有不同的构建方法。然而，先前的研究多侧重于从景观格局提供生态系统服务能力的角度进行生态源地识别。本节则从生态系统服务供给与需求的耦合视角出发，基于生态系统服务重要性、连通重要性和人类生态需求重要性所构成的综合评估框架进行生态源地识别。这一方法拓宽了生态安全格局研究中的生态安全概念范畴，将社会维度的因素纳入到生态源地识别中。

传统的生态源地识别方法可以识别生态系统服务高供给斑块，却忽略了其所供给的生态系统服务是否能够惠及于人类，即被人类所获取到。本节识别的生态源地不仅能够提供重要生态系统服务，还可以更好地满足人们的使用需求，从而确保更多的人可以轻松地从生态源地获得福祉。此外，本方法综合考虑生态用地可达性、游憩行为特征及受益人群规模三个要素进行人类生态需求的评估，结合可达性与人口密度衡量生态斑块在工作日、周末及公共假日满足人类生态需求的能力，为人类生态需求评估提供了新的视角。

耦合生态系统服务供给与需求方法构建的生态安全格局可以加强对生态本底的理解，有助于为生态保护或社会经济发展决策提供科学支持。京津冀城市群作为中国三大城市群之一，在建设成为世界级大城市群的过程中，正面临着巨大的生态环境压力。生态安全格局识别结果将为管理者提供决策支持，实现生态保护与经济发展的合理平衡。

耦合生态系统服务供给和人类生态需求识别生态安全格局的方法适用于各地的生态安全规划，但在应用时应对框架进行调整，以适应当地特定的生态和社会特征。在进行生态系统服务供需评估时，可以依据保护规划重点修改评估指标。例如，在评估生态系统服务供给时，包括生态系统恢复力和健康在内的其他指标也会影响到生态系统服务的供给（Farley and Voinov，2016；Peng et al.，2017b）。可以考虑将这些指标纳入评估框架，得到更准确的评估结果。在考虑人类生态需求时，可以更深入地调查当地居民与生态用地之间的关系及他们对生态用地的偏好情况，进而更加全面地实现对人类生态需求的评估。

2.3.5.2 结论

研究区生态安全格局各构成要素主要位于京津冀城市群的北部和西部山区，生态源地总面积为 36 245.50km²，约占生态用地总面积的 21.26%。生态源地与自然保护区的空间分布一致性很高，充分证明耦合生态系统服务供给与需求方法构建的生态安全格局具有较高的有效性与可靠性。本节耦合生态系统服务及服务流供给与人类生态需求，构建了耦合生态系统服务供给与需求的生态源地识别方法，进而实现了区域生态安全格局的构建。

与以往仅从生态系统服务供给能力评估视角识别生态源地的方法相比，基于本节方法所提取的生态源地不仅能够实现生态系统服务的良好供给，还可以更好地满足人类的生态需求，进而有效地提升人类从生态系统获取的福祉，以实现生态安全格局理论所追求的生态保护与人类福祉提升双赢目标。

2.4 考虑生态系统服务供给与供需比 *

2.4.1 问题的提出

生态系统服务作为生态系统重要性的定量评价指标，最常被用于生态源地的识别。生态系统服务通过供给和需求的相互作用，实现社会系统与生态系统的耦合。但大多数研究在识别生态源地时只考虑了生态系统服务的供给，而忽略了生态系统满足人类需求的能力，导致识别的生态安全格局在一定程度上难以实现可持续景观格局的目标（Zhang et al., 2017）。

生态安全指生态系统在面临威胁时保持结构、过程和功能完整性的能力。生态安全的前提是生态系统服务的质量和可持续性，包括了生态和社会两个维度，可以理解为生态本底和生态需求（Liu and Chang, 2015）。生态本底指生态系统提供特定生态系统服务的能力，是生态系统过程和功能的体现。生态需求指生态系统能提供稳定的生态系统服务以满足人类福祉的需要（Yahdjian et al., 2015）。兼顾生态本底和生态需求，能够维持生态系统服务与人类福祉间的稳定关系，实现可持续发展。本书 2.3 节在构建生态安全格局时考虑了人类生态需求（Zhang et al., 2017），但忽略了生态系统服务的供需关系，这是生态安全与可持续发展的关键保障。缺少对生态系统和社会系统的耦合分析，将难以维持在各种风险下的生态系统完整性，无法解决区域可持续发展的问题（Xu et al., 2016a）。

本节的目的是在识别生态源地时考虑生态系统服务的供需关系，构建面向区域可持续发展的生态安全格局。为此，分别评估生态系统服务的供给、需求和供需比，从生态本底和生态需求两个维度识别生态源地，提取生态廊道，构建生态安全格局。

2.4.2 数据

本节所使用的数据包括来源于中国科学院资源环境科学与数据中心的 2018 年土地利用数据和数字高程模型（DEM）数据，以及 2017 年的归一化植被指数（NDVI）数据，分辨率均为 1km；来源于中国气象数据网的 2017 年降水数据，为采用协同克里金方法、以 DEM 为协变量、插值为分辨率 1km 的栅格数据；来源于 WorldPop 的 2017 年人口密度数据，分辨率为 100m；来源于美国地质调查局的 MODIS16A 蒸散发数据和 MODIS17A 的净

---

* 本节内容主要基于：Jiang H，Peng J，Dong J Q，et al. 2021. Linking ecological background and demand to identify ecological security patterns across the Guangdong-Hong Kong-Macao Greater Bay Area in China. Landscape Ecology，36：2135-2150. 本节中的插图和表格是根据上述文献中对应的图表修改、重绘而成。

初级生产力（NPP）数据，分辨率均为 500m；来源于美国国家航空航天局的 2017 年 GLDAS 径流数据，分辨率为 0.25°；来源于美国国家海洋和大气管理局的 2017 年 Suomi NPP/VIIRS 夜间灯光数据，分辨率为 500m；来源于广东省水利厅、广东省统计信息中心、香港特别行政区水务署、澳门特别行政区海事水务局、香港特别行政区政府统计处、澳门特别行政区政府统计处的 2017 年经济社会统计数据。

2.4.3　方法

生态系统服务是衡量城市化生态效应的关键综合指标（Peng et al., 2017c）。基于生态系统服务国际通用分类（Common International Classification for Ecosystem Services, CICES）研究框架选择了水资源供给服务、固碳服务、食物生产服务和游憩服务，涵盖了供给、调节和文化三个类型。考虑生态系统服务供给与供需比识别生态源地，构建粤港澳大湾区生态安全格局。构建过程主要包括三个步骤：①分别以生态系统服务的供给和供需比表征生态系统服务的质量和可持续性，从生态过程和生态系统服务可持续性两个维度表征生态安全，识别生态源地；②根据土地利用类型对阻力面进行赋值，利用夜间灯光强度进行修正；③基于最小累积阻力模型提取生态廊道，构建生态安全格局。

2.4.3.1　生态系统服务供需核算

水资源供给服务指生态系统从降水中截取和储存水资源的能力，对区域水循环和社会经济发展具有重要意义（Li et al., 2020）。通过水量平衡模型计算服务供给，以实际用水量表示需求。将广东、香港、澳门的农业、工业、生活和生态用水量分别平均分配给农业用地、工业用地、居住用地和生态用地（Chen et al., 2019）：

$$S_W = P - ET - Runoff \tag{2-18}$$

$$D_W = D_{WA} + D_{WI} + D_{WD} + D_{WE} \tag{2-19}$$

式中，S_W 和 D_W 为水资源供给服务的供给和需求（t/hm²）；P 为年平均降水量（mm）；ET 为年平均蒸散量（mm）；Runoff 为年平均径流量（kg/m²）；D_{WA}，D_{WI}，D_{WD} 和 D_{WE} 分别为农业、工业、生活和生态用水量（t）。

固碳服务是陆地生态系统提供的一种重要的调节服务，能够将碳收集并封存到安全的碳库中（Meersmans et al., 2016；Bai et al., 2018）。生态系统的固碳服务主要由植被和土壤提供。研究表明，植被积累单位净初级生产力时固定 1.63 个单位的碳（Bai et al., 2011），耕地土壤的固碳量为 0.38 t/hm²（韩冰等, 2008）。固碳服务的需求以实际碳排放量表示。农业、工业和居民碳排放量被分别分配到农业、工业和居民用地的单元中：

$$S_C = 1.63 \times NPP_{C,F,G} + SCS_C \tag{2-20}$$

$$D_C = (E_A + E_I + E_D) \times C_t \tag{2-21}$$

式中，S_C 和 D_C 分别是固碳服务的供给和需求；$NPP_{C,F,G}$ 分别为耕地、林地和草地的净初级生产力；SCS_C 为耕地的土壤固碳量；E_A、E_I 和 E_D 分别为农业、工业、居民的能源消耗量（标准煤）；C_t 为单位标准煤完全燃烧的碳排放系数，根据国家发展和改革委员会设为 0.68t/t。

食物生产是农业生态系统提供的重要生态系统服务，包括陆地和淡水生态系统生产的食物。参考 Ouyang 等（2016）的方法，将粮食作物、油料作物、蔬菜、肉类、牛奶和水产品的重量换算为热量。计算供给量时，利用归一化植被指数将粮食作物、油料作物和蔬菜的总热量加权分配到耕地单元。肉类和奶类的总热量加权分配到草地单元。水产品总热量平均分配到水体单元。需求以人口密度和当地统计局提供的人均所需食物总热量的乘积表示：

$$S_F = \begin{cases} NDVI_i \times \dfrac{\sum\limits_{j=1}^{n} P_j \times EP_j \times C_j}{NDVI_a}, & LULC_a = cropland, grassland \\ \\ \dfrac{\sum\limits_{j=1}^{n} P_j \times EP_j \times C_j}{N_a}, & LULC_a = waterbody \end{cases} \tag{2-22}$$

$$D_F = \sum_{j=1}^{n} D_j \times EP_j \times C_j \times pop \tag{2-23}$$

式中，S_F 和 D_F 分别为食物生产服务的供给和需求；$NDVI_i$ 为土地利用类型 a 的栅格 i 的 NDVI；$NDVI_a$ 为土地利用类型 a 的平均 NDVI；j 是编号从 1 到 n 的食物类型；P_j 为第 j 类食物的产量；EP_j 为第 j 类食物的可食部占比；C_j 为第 j 类食物每 100g 可食部的热量；N_a 为水体的栅格数；D_j 为第 j 类食物的人均需求量；pop 为人口密度。

游憩服务是自然生态系统为人类提供的重要文化服务，有助于提升人类福祉，特别是在高度城市化地区（Nahuelhual et al., 2013）。游憩服务的供给在街道办事处尺度上计算，定义为绿地面积与总面积的比值。需求表示为人口密度与人均绿地面积需求的乘积。

$$S_R = Area_{gs} / Area_{town} \tag{2-24}$$

$$D_R = G_{avg} \times pop \tag{2-25}$$

式中，S_R 和 D_R 分别为游憩服务的供给和需求；$Area_{gs}$ 和 $Area_{town}$ 分别为街道办尺度的绿地面积和总面积；G_{avg} 为人均绿地面积需求，根据《广东省国民经济和社会发展第十三个五年规划纲要》确定为 17 平方米/人；pop 为人口密度。

2.4.3.2　生态源地识别

生态系统服务供需比（ecological supply-demand ratio，ESDR）可以表征生态系统服务供给与需求的匹配程度，以及生态系统持续提供生态系统服务的能力，同时可以消除不同生态系统服务的量纲影响（Chen et al., 2019）：

$$\text{ESDR} = \frac{S - D}{(S_{\max} + D_{\max})/2} \qquad (2\text{-}26)$$

式中，S 和 D 分别为生态系统服务的供给和需求；$S_{\max}$ 和 $D_{\max}$ 分别为供给和需求的最大值；ESDR 为正值代表生态系统服务盈余，为零代表均衡，负值代表赤字。

生态系统服务综合供需比（comprehensive ecological supply-demand ratio，CESDR）可以表征多种生态系统服务的整体供需关系，计算为各生态系统服务供需比的平均值：

$$\text{CESDR} = \frac{1}{n} \sum_{i=1}^{n} \text{ESDR}_i \qquad (2\text{-}27)$$

式中，n 为生态系统服务的数量，在本节中为 4；ESDR_i 为第 i 个生态系统服务的供需比。

生态源地是生态安全格局的重要组成部分，不仅需要保证高质量的生态功能，还要为人类持续提供生态系统服务（Li et al.，2020）。这两个维度的需求分别以生态系统服务的总供给和综合供需比表示。取两个指标分别在前 1/3 的斑块，以交集作为生态源地，以前 1/2 的交集作为潜在生态源地：

$$\text{Supply}_j = \frac{1}{n} \sum_{i=1}^{n} \frac{S_{i,j} - S_{i,\min}}{S_{i,\max} - S_{i,\min}} \qquad (2\text{-}28)$$

$$\text{Ecological}_{\text{source}} = (\text{Supply}_{>1/3}) \cap (\text{CESDR}_{>1/3}), \quad \text{Area} > \text{Area}_{\min} \qquad (2\text{-}29)$$

$$\text{Potential}_{\text{source}} = (\text{Supply}_{>1/2}) \cap (\text{CESDR}_{>1/2}) - \text{Ecological}_{\text{source}}, \quad \text{Area} > \text{Area}_{\min} \qquad (2\text{-}30)$$

式中，Supply_j 为栅格 j 内四种生态系统服务的总供给；$S_{i,j}$ 为栅格 j 内第 i 个生态系统服务的供给；n 为生态系统服务的数量；$S_{i,\max}$ 和 $S_{i,\min}$ 分别为第 i 个生态系统服务供给的最大和最小值；$\text{Supply}_{>1/3}$ 和 $\text{CESDR}_{>1/3}$ 分别为两个指标前 1/3 的斑块；$\text{Area}_{\min}$ 为生态源地的面积阈值；$\text{Supply}_{>1/2}$ 和 $\text{CESDR}_{>1/2}$ 分别为两个指标前 1/2 的斑块。

生态源地应具有足够的规模以确保生态功能的稳定（Balvanera et al.，2006）。提取林地、草地、水体作为生态用地，将连续分布的生态用地栅格划分为生态斑块。以 2km² 为生态源地面积阈值的步长，计算小于阈值的生态斑块数量和总面积，与阈值进行拟合。使用分段线性回归识别断点（Toms and Lesperance，2003），作为生态源地的面积阈值进行筛选。

2.4.3.3 生态廊道提取

生态廊道可以提高生态源地的连通性，形成网络状结构以提高生态系统的稳定性（Dong et al.，2020）。本节采用最小累积阻力模型提取两个相邻生态源地之间的阻力槽和最容易连接的低阻力通道，作为生态源地间的通道，方法详见 2.1.3.4 节。生态阻力面是生态廊道提取的前提，代表不同景观单元对生态流的阻碍程度（Peng et al.，2018a）。阻力值与土地利用类型和人类活动强度高度相关。基于土地利用类型和夜间灯光强度构建生态阻力面，方法详见 2.3.3.2 节。

2.4.4 结果

2.4.4.1 生态系统服务供需

四种生态系统服务的供给、需求和供需比如图 2-18 所示。水资源供给服务的总供给量为 3.78×10^{10} t，总需求量为 2.00×10^{10} t。供给的高值位于珠江口附近，此地降水量大，蒸发和径流量小。需求的高值位于广佛都市圈、深圳市和香港特别行政区。大部分地区的水资源供给服务都是盈余的，赤字主要出现在城市中心，因人口密度大，水资源供给无法满足需求。固碳服务的总供给为 4.17×10^{7} t，低于总需求的 2.75×10^{8} t。供给的高值集中在肇庆市、惠州市、江门市和南部沿海地区，主要分布在研究区外围，植被覆盖度较高。需求在中部地区较高，外围地区较低。食物生产服务的总供给为 1.51×10^{13} kcal，低于总需求的 2.84×10^{13} kcal。供给的高值在耕地、草地和水体。人口密集的城市需求明显更高。游憩服务的总供给为 2 932 200hm²，远高于总需求的 96 000hm²，但在空间上供需错配问题较为严重。肇庆市、惠州市和江门市供给高、需求低；而粤港澳大湾区中部的高度城市化地区则需求高、供给低。

2.4.4.2 生态源地空间格局

广州市、佛山市、东莞市、中山市、深圳市等地生态系统服务的供给不足，存在大面积人工地表，植被覆盖度低，生态本底较差（图 2-19）。生态系统服务综合供需比呈现明显的空间分异。在人口密度小、植被覆盖度高的外围地区，综合供需比高，生态系统服务能满足人类生态需求，维持生态功能的持续发挥。在中部地区，建设用地比例大，人口密集，综合供需比较低，难以满足人类生态需求。江门市、珠海市和中山市的生态系统服务总供给高，但综合供需比较低，说明生态本底较好，但较难满足更大的生态需求，面临经济发展与生态保护的失衡。肇庆市、惠州市有"高—高"状态的斑块，具有良好的生态本底，同时可以满足生态需求，适合作为生态源地进行保护。

粤港澳大湾区的生态斑块总数为 1506 个，面积为 3255.42km²，占大湾区总面积的 58.13%。随着生态斑块的面积阈值从 2km² 增加到 40km²，面积小于阈值的生态斑块数量从 1126 个增加到 1469 个，总面积从 926.73km² 增加到 3072.14km²（图 2-20）。断点出现在阈值 8km² 处，此时生态斑块数量为 1399 个，总面积 1915.08km²。因此，以 8km² 作为生态源地的面积阈值，可以去除较大数量的小面积斑块，但仅减少较少的面积。

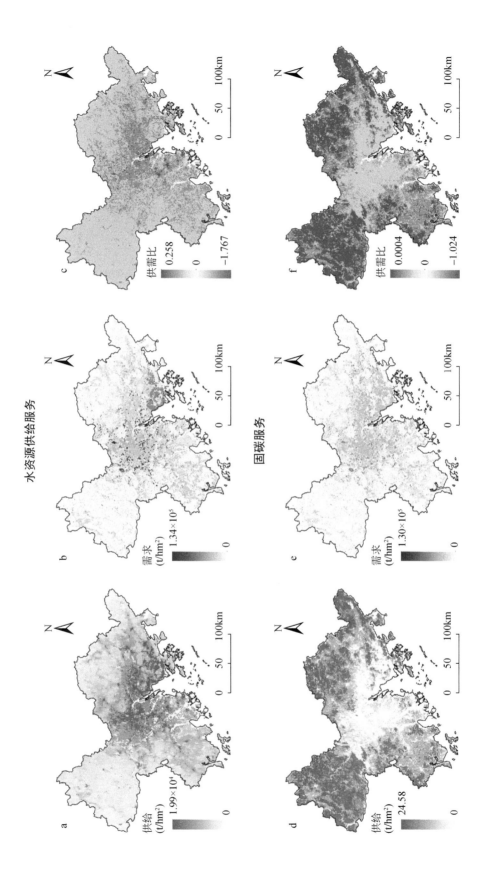

水资源供给服务

固碳服务

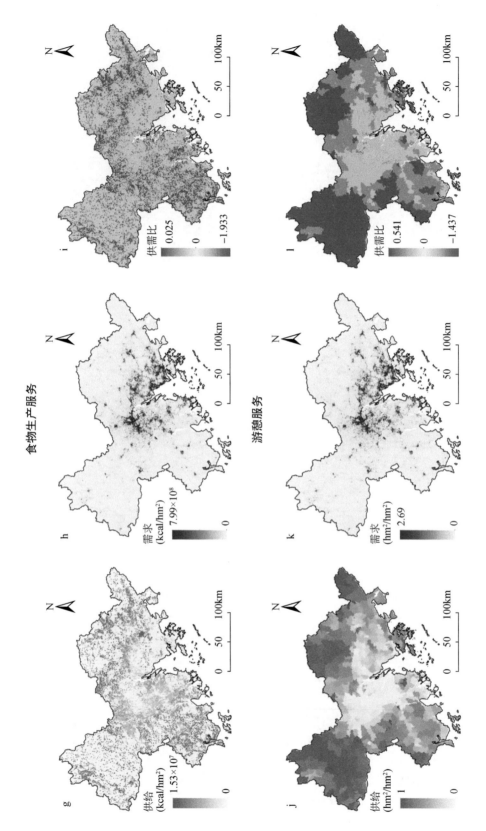

图2-18 生态系统服务供给、需求和供需比

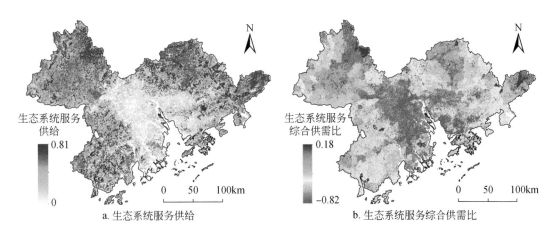

a. 生态系统服务供给   b. 生态系统服务综合供需比

图 2-19　生态系统服务总供给和综合供需比

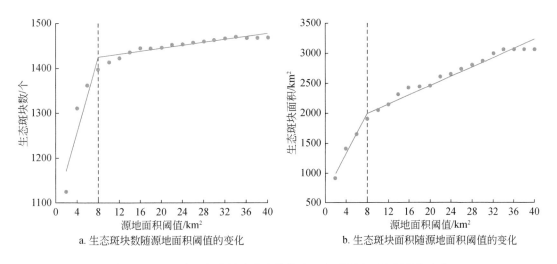

a. 生态斑块数随源地面积阈值的变化   b. 生态斑块面积随源地面积阈值的变化

图 2-20　面积小于阈值的生态斑块数和面积随源地面积阈值的变化

粤港澳大湾区生态源地面积为 7538.31km²，占大湾区总面积的 13.46%，土地利用类型以生态用地为主（91.37%），其中林地面积占比最大，占生态源地面积的 88.60%。生态源地集中在肇庆市和惠州市，东莞市和澳门特别行政区没有生态源地。潜在生态源地总面积 1859.20km²，占大湾区总面积的 3.32%，其中林地占 44.39%，耕地占 50.39%。潜在生态源地的生态系统服务综合供需比较大，尽管重要性低于生态源地，但可作为生态保护和修复的重点区域。生态源地主要分布在广东省"一核一带一区"战略格局中的北部生态发展区，具有良好的景观连通性，是区域生态安全的重要保障。

2.4.4.3　生态廊道空间格局

粤港澳大湾区的夜间灯光强度均值为 4.97。耕地、林地、草地、水体、未利用地和建设用地的夜间灯光强度均值分别为 4.23、1.67、2.21、5.58、5.18 和 18.66。使用夜间灯光强度修正后的生态阻力值最小为 0.11，最大为 10 113.10，平均阻力值为83.37（图 2-21）。

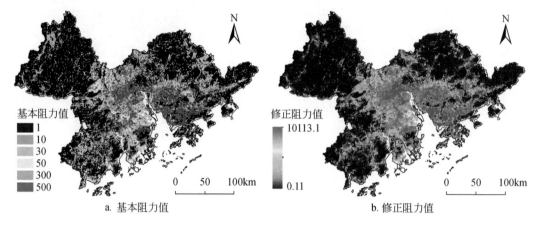

a. 基本阻力值　　　　　　　　　　　　b. 修正阻力值

图 2-21　基本生态阻力面和修正生态阻力面的空间格局

基于生态源地和修正生态阻力面提取了 84 条生态廊道，总长度为 5995.86km，主要分布在大湾区的外围，人类活动强度较低（图 2-22）。生态廊道整体呈环状分布，98.45%的面积为林地。基于潜在生态源地提取了 78 条潜在生态廊道，总长度为 1572.66km，主要分布在"肇庆市—佛山市—江门市"地区和"广州市—惠州市"地区。粤港澳大湾区内除澳门特别行政区没有生态源地分布外，其他城市均通过生态廊道连接，形成区域生态安全格局。东莞市缺少生态源地的分布，但可以通过保护东部的潜在生态源地来维护区域生态安全。

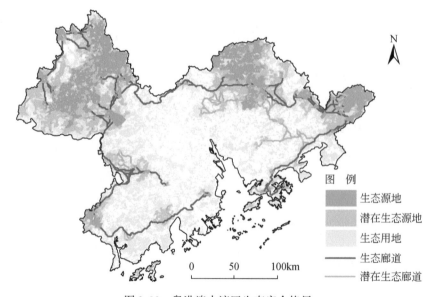

图 2-22　粤港澳大湾区生态安全格局

2.4.5 讨论与结论

2.4.5.1 生态系统服务供给和综合供需比高值区对比

生态安全格局通过保护重要的生态要素实现区域生态安全目标。以往研究从生态系统服务供给视角评价生态用地的重要性，虽然社会维度开始被考虑，但在分析中常被从基于生态系统服务的研究中分离。通过将生态系统服务综合供需比指标应用到生态安全格局构建中，实现了生态供给和社会需求的耦合分析，提高了生态安全格局对可持续发展的助力。这种新的生态源地识别方法剔除了不能维持自身生态需求的生态斑块。本研究以 $8km^2$ 为面积阈值，识别并筛选了生态系统服务总供给和综合供需比在前1/3的斑块（图 2-23）。

肇庆市北部的马宁镇和梁村镇具有较高的生态系统服务供给（图 2-23b），然而，高人口密度导致水资源供给服务、固碳服务和游憩服务的供需比较低（图 2-23g）。广州市坳头镇和城郊街道位于从化区（图 2-23h），由于生态需求高于供给，难以满足生态源地的需求。东莞市的生态系统服务高供给和高供需比斑块不重叠，因此没有生态源地。其中，樟木头镇观音山国家森林公园的生态系统服务综合供需比较高，被识别为潜在的生态源地；镇隆镇金竹山地区的植被覆盖度和生态系统服务供给也较高，但以耕地、果园和农家乐为主，受人类活动影响大，生态系统服务综合供需比较低，难以提供可持续的生态系统服务（图 2-23i），因此没有被识别为生态源地；江门市生态系统服务供给较高，但生态源地较少。图 2-23e 和 2-23f 的两个区域均位于江门市，具有较高的生态系统服务供给；而赤水镇、白沙镇和三合镇的生态系统服务综合供需较低，因为土地利用以人工地表为主，生态用地较为分散（图 2-23j）。牛仔绳山—过气山地区的植被以天然林为主，受人类活动影响较小，被识别为潜在生态源地（图 2-23k）。

2.4.5.2 粤港澳一体化生态建设

香港特别行政区的生态系统服务高供给斑块和高供需比斑块面积分别为 $85.97km^2$ 和 $82.52km^2$，但重叠面积很小。其中，荃湾和大埔有 3 个小面积生态源地，总面积为 $31.05km^2$，占香港特别行政区总面积的3.17%。此外，屯门存在生态系统服务综合供需比高但供给低的生态斑块，应提升生态系统质量；西贡及北角有生态系统服务供给高但综合供需比低的生态斑块，需要加强区域内对社会经济系统与生态系统的协调管理。

要提高粤港澳大湾区的生态可持续性，需要三地开展全面协调的生态保护规划，共同维护生态安全。香港特别行政区的生态用地面积约为 $528km^2$，其中只有 6.14% 被识别为生态源地。香港特别行政区虽然多山，生态用地面积大，但高人口密度仍然威胁生态安

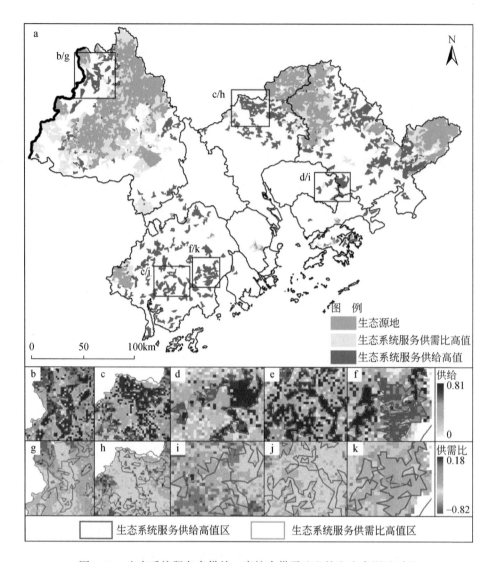

图 2-23　生态系统服务高供给、高综合供需比斑块和生态源地对比

全。香港特别行政区与深圳市相邻,其内部的生态源地通过生态廊道与深圳市的生态源地连接。因此,两地具有开展区域间生态保护合作的良好基础。然而,深圳市的人口密度大,生态需求高,因此惠州市的生态源地对于区域生态安全尤为重要。

澳门特别行政区的人口密度比香港特别行政区低,但面积更小。澳门特别行政区由澳门半岛和两个离岛组成,被隔离为三个区域,生态用地面积仅 7km²,且无法实现连接。此外,澳门特别行政区没有生态源地,且远离珠海市的小面积生态源地。因此,澳门特别行政区面临着比香港特别行政区更严重的生态安全挑战。考虑到区域间的合作,可以将珠海市南部靠近澳门特别行政区的脑背山作为大湾区生态保护和修复的重要地点之一。

2.4.5.3 结论

生态安全格局是保护生态系统结构、过程和功能完整性的重要景观途径，是区域可持续发展的保障。以往研究在识别生态源地时仅考虑生态本底，而没有考虑生态需求。本节引入生态系统综合供需比指标，提出了一种结合生态本底和生态需求的生态源地识别方法，识别可以持续提供高质量生态系统服务的生态源地。利用夜间灯光强度对阻力面进行修正，基于最小累积阻力模型提取生态廊道。相较于仅考虑生态系统服务供给的生态源地识别方法，本节的方法可以有效剔除无法持续提供生态系统服务的生态源地。在生态文明建设的背景下，根据生态本底和生态需求开展区域间生态保护合作具有重要意义。

2.5 面向生态系统服务供需均衡[*]

2.5.1 问题的提出

城市生态用地是城市生态可持续性的基础，有效保护城市生态用地被认为是解决城市化地区土地退化问题的关键途径之一。随着全球对生态安全和可持续性的认识不断提高（Lin et al.，2016；Runfola et al.，2017），重要城市生态用地识别与保护研究近年来蓬勃发展。例如，使用有序加权平均法来确定森林恢复的优先区域，目的是水资源保护（Vettorazzi and Valente，2016）；考虑到土地利用和气候变化，对多种水生态系统服务进行最佳保护规划（Fan et al.，2016）；考虑到陆地动物物种的生物多样性，审查城市绿地的保护和管理（Łopucki and Kiersztyn，2015）；探索在空间保护优先的前提下设计的城市绿色基础设施规划，将生物多样性的保护与生态系统服务的供给相结合（Snäll et al.，2016；Capotorti et al.，2017）。在上述研究中，无论是城市生态用地的修复与保护，城市绿地的识别与管理，还是城市绿色基础设施的规划与设计，都是对生态重要区域的优先保护，但缺乏对人类需求的考虑。在快速城市化进程中，自然生态系统承受着巨大的人为压力。因此，以有限的投入保护最重要的生态单位，应作为城市生态管理的基本原则。这对于通过长期生态系统管理确保子孙后代的福祉至关重要。

作为自然生态系统过程与人类福祉的内在联系（Li et al.，2015；Kong et al.，2016；Zheng et al.，2016），生态系统服务为评估保护需求和识别城市生态用地优先区提供了一种有效的视角。与水相关的生态系统服务，被称为"水生态系统服务"（Yang et al.，2015），

---

* 本节内容主要基于：Peng J，Wang A，Luo L W，et al. 2019. Spatial identification of conservation priority areas for urban ecological land：An approach based on water ecosystem services. Land Degradation & Development，30（6）：683-694. 本节中的插图和表格是根据上述文献中对应的图表修改、重绘而成。

被认为是满足城市居民需求的核心服务。水生态系统服务可以强烈影响广泛的其他（非水）生态系统服务，从而主导人与自然之间最重要的反馈机制。水生态系统服务也可以进行定量测量和监测（Moore and Hunt，2012；Martin-Ortega et al.，2013；Mulatu et al.，2014），以符合城市生态用地保护优先区的代表性、全面性和阈值要求。因此，水生态系统服务可被视为确定城市生态保护优先区的有效工具。

本节在水生态系统服务供需视角下，将社会需求与自然供给相结合，提出一种基于生态系统服务的城市生态保护优先区识别综合方法，旨在保护城市水安全和防止土地退化，实现城市生态可持续性。具体目标是：①建立一个衡量和绘制水生态系统服务的框架；②根据水生态系统服务确定城市生态优先保护区；③综合考虑生态重要性和敏感性划定城市生态用地管理区域。

2.5.2　数据

本节所用基础数据集主要包括：①Globeland30 数据集提供的 2010 年土地利用数据，由国家基础地理信息中心提供；②数字高程模型数据 SRTM90m（CGIAR-CSI），由中国科学院计算机网络信息中心提供；③归一化植被指数（NDVI）数据来自由美国地质调查局提供的空间分辨率为 250m 的 MODIS MOD13Q1 产品；④土壤类型数据是中国科学院西部环境生态科学数据中心的 1∶100 万土壤数据集；⑤气象数据，包括降水、温度和日照，均来自中国气象数据网；⑥从珠海市政府部门官网收集的城市和区域规划报告，包括城市总体规划、土地利用总体规划、地质防灾规划、供水工程方案、水资源综合规划、绿地系统规划、主要功能分区等。

2.5.3　方法

以生态用地为生态系统服务的空间载体，整合生态系统服务的供需关系，构建城市生态用地保护优先区空间识别的概念框架。首先，选取涵盖调节、供给和文化服务三大类的 7 种水生态系统服务，并评估这些服务的供给能力。其次，针对每一种水生态系统服务，根据社会需求和自然供给能力确定服务目标。然后，基于生态用地的生态系统服务供给能力确定满足服务目标的生态用地。最后，利用 ArcGIS 软件对已确定的生态用地进行叠加，以便从空间上确定珠海市生态用地的优先保护区。此外，通过综合生态重要性和敏感性划定城市生态用地管理区。

2.5.3.1 生态系统服务用地的空间识别

(1) 调节服务用地

调节服务指从对生态系统过程的监管作用中获得的服务和惠益。水调节服务通过控制水生态过程（包括土壤保持、径流削减和洪水调节）来实现其调节效果。

土壤侵蚀反映了土壤流失的程度，与降雨侵蚀力因子、土壤可蚀性因子、坡长坡度因子、植被覆盖和经营管理因子有关（Guo et al., 2018；Liu et al., 2010）。采用修正的土壤流失方程计算土壤保持量，方法详见 2.1.3.1 节。根据珠海市水土流失程度及其危害程度，选取土壤保持量不小于 2500t/（km² · a）的区域作为土壤保持服务用地（Galdino et al., 2016）。

径流削减服务用地基于住房和城乡建设部颁布的《海绵城市建设技术指南》确定。根据 1983～2009 年中国 200 个城市的日降雨量统计分析结果，设定珠海市径流减排目标为 70%，相应的设计降雨量为 25.2mm/h。具体而言，首先，将集水区内的径流收集点确定为调节控制点。其次，根据集水区径流负荷和生态用地调节能力，确定径流削减服务用地的需求规模。最后，基于调节控制点的空间位置和服务用地的需求大小，对径流削减服务用地进行空间识别。采用美国土壤保持局水文模型计算径流负荷（Lin et al., 2014）：

$$Q = \begin{cases} \dfrac{(P-0.2S)^2}{(P+0.8S)}, & P > 0.2S \\ 0, & P \leqslant 0.2S \end{cases} \tag{2-31}$$

$$S = \frac{25400}{CN} - 254 \tag{2-32}$$

式中，Q 为径流；P 为总降雨量；S 为反映水土保持效果的参数；CN 为具有物理特征和土壤类型特征的无量纲参数。基于相关的在珠江三角洲的研究修正土壤水文组的原始 CN 值（Fan et al., 2013；Lin et al., 2014；Xu et al., 2016b）。

在防洪方面，珠海市等下游城市的作用主要表现在两个方面：保持泄洪通道畅通和确保河流进入洪区。从珠海市的 170 多条河流中确定了连接西江和珠江口的涝涝溪、横坑水道、赤粉水道、螺洲溪、黄杨河、鸡啼门水道、磨刀门水道、天生河等为主要保护的泄洪通道。根据珠海市绿地系统规划，在泄洪通道两侧设置了 100m 缓冲区作为防洪区。重要的泄洪通道和缓冲区被整合为防洪服务用地。

(2) 供水服务用地

供水服务是人类直接从天然水资源中获得的服务，包括饮用水、工业用水和农业用水的供给。生态用地通过保护和节约水资源，在供水服务中发挥着重要作用。从城市水资源安全的角度来看，主要供水渠道、取水点和蓄水区是最脆弱的区域，应指定为水源保护区。同时，根据降水、径流和蒸发的关系，将蓄水能力强的城市生态用地确定为水源涵养区。

为了更准确地识别水源保护区，结合珠海市的供水工程方案，确定磨刀门水道和黄杨河为饮用水的主要来源；虎跳门水道是工业用水的主要来源；城市中部和西部的水库是辅助水源。此外，珠海市水资源综合规划指定了两级水源防护区。第一级根据生态用地保护水源的效果和成本设定节水目标，据此将下河岸区域划分为水保护区（Kingsford et al.，2011）：①具有供水功能的河流；②五个取水点上游和下游1500m范围内的水区；③距离取水点100m范围内的土地。此外，全市26个水库及其相应的一级保护集水区也被列为水源保护区。

对于水源涵养服务，通过蓄水与需水的关系计算生态用地的水源涵养能力：

$$X = k \times H \tag{2-33}$$

$$H = \alpha \times P \tag{2-34}$$

式中，X 为需水量；H 为水源涵养量；k 为当地用水效率；P 为年平均降水量；α 为水源保护程度。根据珠海市水资源综合规划，k 为56%，P 为2042mm，X 为 $4.4 \times 10^8 \mathrm{m}^3$。用水需求包括家庭、生态和农业三个方面。因此，与总降水量相比，水源保护程度（α）应达到22.7%。

为了与径流减少保持一致，假设1小时内降雨量为25.2mm为代表性降雨事件，该降雨事件的蓄水能力也应为22.7%。考虑到珠海市的面积，此代表性降雨事件将产生 $42.56 \times 10^6 \mathrm{m}^3$ 的降雨量，蓄水量应达到 $9.67 \times 10^6 \mathrm{m}^3$。采用SCS（soil conservation service hydrologic model）水文模型计算生态用地的蓄水能力。选择蓄水能力最强的生态用地作为水源涵养区，满足用水需求量：

$$x = P - q - z \tag{2-35}$$

式中，x 为节水量；P 为降水量；q 为径流；z 为蒸发量。

（3）文化服务用地

生态系统文化服务指人们从自然生态系统中获得的非物质惠益。作为一类生态用地，水体可以履行重要的文化服务。本节将水性娱乐视为与水有关的文化服务，包括近水娱乐和远水观赏。水性娱乐依赖于具有娱乐吸引力的区域，提取珠海市重要游乐区作为基础评价单元，包括游憩河流、自然与文化遗产区、自然保护区、景区、城市公园、绿道等。

近水娱乐服务用地不仅应包括具有娱乐吸引力的水体，还应包括与水体高度可及的生态用地。根据珠海市水资源综合规划，提取具有游憩景观的水体。将风景名胜周边5分钟步行距离（360m）缓冲区内的水体和休闲区确定为水体休闲区（Bassett et al.，2000）。

远水观赏区域考虑了可以高频率观赏水体的娱乐区。以主水体为观测对象，利用ArcGIS软件的视场分析工具，获得了珠海市主要水体观测频率的空间格局，将观水频率高于平均水平的娱乐区纳入文化服务用地。

2.5.3.2　城市生态用地分区

城市是人与自然相结合的系统，其组成和功能具有很大的空间异质性。生态用地是生态系统服务的空间基础。然而，不同种类的生态用地，甚至是不同地点的同一种生态用地，其生态系统服务的重要性和敏感性可能大不相同。分区管控已成为城市生态用地管理的有效途径。城市生态用地的生态重要性指其所承担的内在生态系统服务和功能，而城市生态用地的生态敏感性可以定义为土地在强烈的外部干扰下维持生态系统服务的能力（Peng et al.，2015b）。因此，根据生态重要性和生态敏感性对生态用地进行分级，并叠加两种分级，对城市生态用地进行分区管理。

叠加调节服务用地、供给服务用地和文化服务用地量化生态重要性，并分为高、中、低三个等级，分别对应于三种、两种和一种服务用地。生态敏感性则基于 InVEST 的 Habitat Quality 模块量化，表征生境适宜性以及人类对生物多样性的威胁，有助于对生态用地进行敏感性分级（Posner et al.，2016）。通过叠加生态重要性和生态敏感性，在空间上确定了一级和二级控制区，作为生态用地分区管理的结果。采用自然断点法将生态用地的生态敏感性分为三个等级，即高敏感度、中敏感度和低敏感度。综合生态重要性和生态敏感性，划定珠海市城市生态用地管理分区。具体而言，将生态重要性高或生态敏感性高的生态用地确定为主要控制区，将其他部分保护优先区确定为次要控制区。

2.5.4 结果

2.5.4.1 生态系统服务关键区域

通过整合生态系统服务的供需关系，获得了供给七种生态系统服务的关键区域（图2-24）。结果表明，土壤保持服务关键区域主要分布在植被丰富、能有效保留土壤的山区（图2-24a）。径流削减服务关键区域集中在主要供水系统周围的低洼地区（图2-24b），总面积为128km^2，最小和最大的斑块面积分别为0.01km^{2}和2.49km^2。洪水调节服务关键区域主要分布在河流周围的河岸带，具有改善或预防洪水灾害的潜力（图2-24c）。水源保护区总面积达120km^2，位于河流和水库等水源周围（图2-24d）。水源涵养服务关键区域面积为444km^2，约占珠海市总面积的26.1%，以林地和水田为主（图2-24e）。近水游憩服务关键区域位于水体附近的地区，包含所有近海岛屿和河岸（图2-24f）。远水观赏服务关键区域集中在地势较高的区域，具有地形诱导的优势，即具有巨大的景观潜力和吸引人的水景（图2-24g）。

2.5.4.2 城市生态用地保护优先区

通过叠加同一类别的生态系统服务关键区域，获得了三类生态系统服务用地的空间分布（图2-25）。如图2-25a所示，调节服务用地为547km^2，占珠海市总面积的32.16%。调节服务用地包括土壤保持区、径流减少区和洪水调节区，主要分布在植被覆盖度高的山

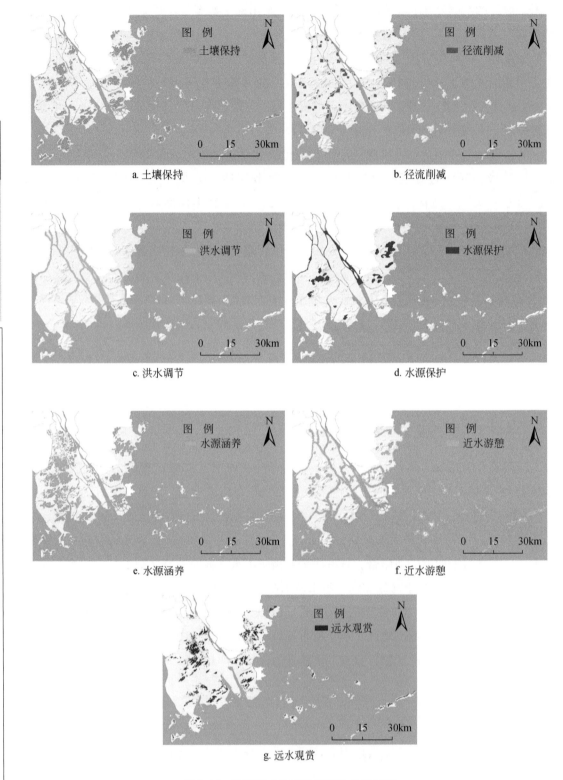

a. 土壤保持

b. 径流削减

c. 洪水调节

d. 水源保护

e. 水源涵养

f. 近水游憩

g. 远水观赏

图 2-24　珠海市水生态系统服务关键区域

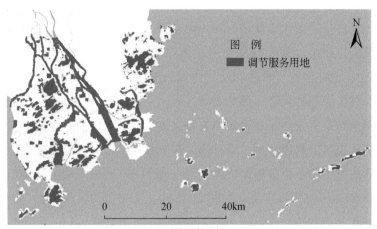

a. 调节服务用地

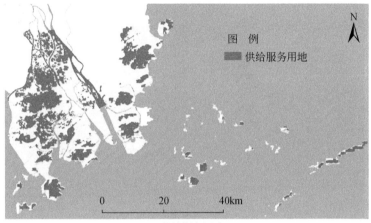

b. 供给服务用地

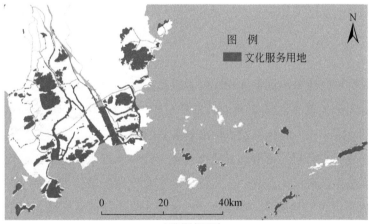

c. 文化服务用地

图 2-25　珠海市水生态系统服务用地空间格局

区、洪道和洪泛区及各子流域的低洼绿地。供给服务用地面积509km²，占珠海市总面积的29.92%，包括120km²的水源保护区和444km²的蓄水区，主要分布在供水渠道与水体、山区林地和平原的水田中（图2-25b）。文化服务用地面积为498km²，占珠海市总面积的29.28%，主要位于内陆河流、水库和池塘的周边地区，这些区域靠近水体，具有提供与水有关的娱乐和观赏服务的优势（图2-25c）。

基于生态用地与其生态功能和服务的关系，将满足重点生态系统服务需求目标的生态用地确定为保护优先区。具体而言，通过叠加调节服务用地、供给服务用地和文化服务用地，得到研究区内水生态系统服务保护优先区（图2-26）。最终确定珠海市生态用地保护优先区面积为868km²，占珠海市总面积的51.03%，主要由山区的林地、水体和平原的农田组成。

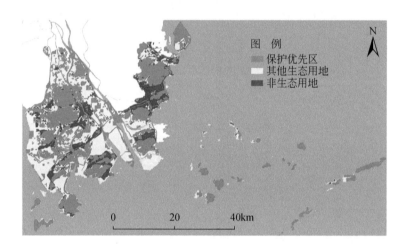

图2-26　珠海市水生态系统服务保护优先区

2.5.4.3　城市生态用地管理分区

如图2-27a所示，珠海市保护优先区的生态重要性等级存在明显的空间集聚现象。三类生态系统服务用地的重叠区域被列为具有高度生态重要性的区域，总面积243km²（约占保护优先区的28%），一部分位于植被覆盖密集的山区，涉及土壤保持、水源涵养和远水观赏等生态系统服务；另一部分包括主要河流，代表了近水游憩、水源保护、径流削减和洪水调节等生态系统服务。此外，中、低等生态重要性区域，即两种、一种生态系统服务的用地，面积分别为241km²和384km²。生态重要性低等重要区域主要由平原林地、提供水源涵养服务的水田、湿地和减少径流的海滩组成。

保护优先区的生态敏感性如图2-27b所示。总面积245km²的区域被确定为高生态敏感性地区，占保护优先区的28.23%。这些区域主要包括平原城市附近的径流减少区和水源涵养区，以及凤凰山、黄杨山、将军山周边的地段。中、低生态敏感性区域的面积分别为

249km² 和 374km²，两者都集中在山区的中心及远离人类活动范围的岛屿。

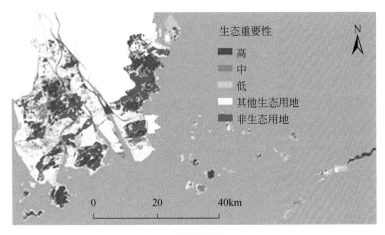

a. 生态重要性

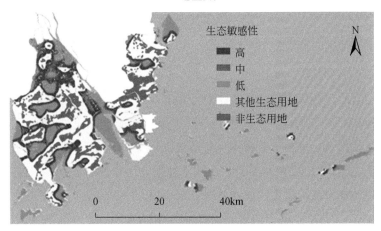

b. 生态敏感性

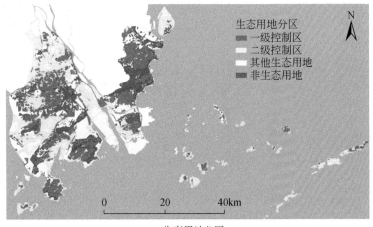

c. 生态用地分区

图 2-27　珠海市生态用地分区

综合生态重要性和生态敏感性，将 510km² 的区域确定为一级控制区，占生态用地保护优先区总面积的 58.76%。一级控制区主要集中在山区和岛屿或径流减少区域，具有很高的生态重要性或面临严重的人为干扰。二级控制区覆盖面积 358km²，占生态用地保护优先区的 41.24%，主要分布在生态重要性或生态敏感性较低的平原。一般而言，一级控制区应实施最严格的生态保护。例如，禁止任何与特定生态保护、科学研究或教育目的无关的建设活动，还应通过逐步将永久居民迁出该地区来严格控制人口增长（Gong et al., 2017）。除了严格控制对原有地貌、植被和水系的人为干扰外，还应通过生物工程措施开展生态保护、修复和建设（Bai et al., 2018）。相反，在不增加环境污染或生态退化风险的前提下，可以在二级控制区内进行基础设施建设等人类活动。

2.5.5 讨论与结论

2.5.5.1 保护优先区的空间分异

从土地利用类型和海拔的角度分析珠海市保护优先区的空间分异，与保护优先区面积比例高度相关。通过比较保护优先区内 7 种土地利用类型，即建设用地、林地、水体、旱地、水田、草地和未利用地的面积比例，分析了保护优先区的土地利用差异（图 2-28）。结果表明，保护优先区的主要土地利用类型为林地（430.2km²）和水田（175.1km²），分别占保护优先区总面积的 49.56% 和 20.17%。林地作为一种提供多种生态系统服务的高效生态用地，被认定为保护优先区，占珠海市总面积的 88.98%。由于对水生态系统服务的关注，超过 95% 的水体被确定为保护优先区。虽然水田在总土地面积中占比很高，达

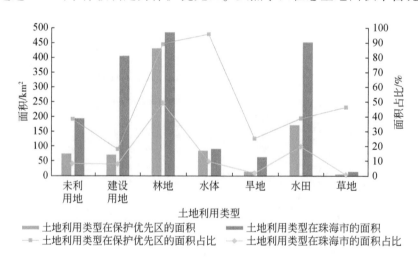

图 2-28 保护优先区土地利用类型面积比例对比

38.69%，但仅占保护优先区的 20.17%。此外，具有高水生态系统服务的未利用地（38.92%）也被确定为保护优先区。由此可见，水体、林地和水田在提供水生态系统服务方面具有重要意义，是珠海市生态保护的重要区域。

根据珠海市地形特征，海拔低于 25m、25～60m、60～200m 和 200～600m 的区域分别为平原、丘陵、低山和高山。通过比较保护优先区内各地形类型的面积比例，分析了保护优先区的海拔差异（图 2-29）。作为珠海市最常见的地形，平原占据了 57.65% 的保护优先区面积。然而，保护优先区的平原森林覆盖率低至 37.87%，可能是由于生态系统服务重要性很高的林地在平原的分布较少。考虑到建设开发的高度适宜性，平原保护优先区面临严重的人为干扰风险，经济发展与生态保护之间的权衡往往发生在土地利用政策中。相反，丘陵、低山、高山仅占保护优先区的一小部分，占比分别为 13.18%、23.70% 和 5.47%。然而，几乎所有丘陵、低山、高山都被列入保护优先区，其保护比例按升序排列。这主要是因为随着海拔的上升，林地覆盖率增加。

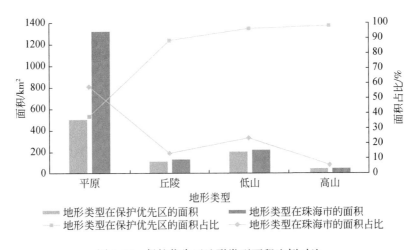

图 2-29　保护优先区地形类型面积比例对比

2.5.5.2　结论

城市化通常导致生态系统退化。确定保护优先区有助于在保护投入有限的情况下维护生态安全和可持续性，从而有效解决城市扩张与生态保护之间的矛盾。与三项研究目标相对应，本节的主要发现为：①以珠海市为研究区域，针对水生态系统服务供需平衡，提出了保护优先区识别的概念框架。②达到各种水生态系统服务目标的生态用地包括 547km^2 的调节服务用地，509km^2 的供给服务用地及 498km^2 的文化服务用地。城市生态用地保护优先区面积为 868km^2，占珠海市总面积的 51.03%。③在分区管理方面，一级生态控制区面积为 510km^2，二级生态控制区面积为 358km^2。保护优先区的确定在空间规划和区域治理中具有重要意义，特别是在实施国家生态文明战略的发展中国家。

参 考 文 献

韩冰, 王效科, 逯非, 等. 2008. 中国农田土壤生态系统固碳现状和潜力. 生态学报, 28 (2): 612-619.

贾良清, 欧阳志云, 赵同谦, 等. 2005. 安徽省生态功能区划研究. 生态学报, 25 (2): 254-260.

李晓松, 吴炳方, 王浩, 等. 2011. 区域尺度海河流域水土流失风险评估. 遥感学报, 15 (2): 372-387.

李月臣. 2008. 中国北方 13 省市区生态安全动态变化分析. 地理研究, 27 (5): 1150-1160.

马程, 李双成, 刘金龙, 等. 2013. 基于 SOFM 网络的京津冀地区生态系统服务分区. 地理科学进展, 32 (9): 1383-1393.

欧阳志云, 王效科, 苗鸿. 2000. 中国生态环境敏感性及其区域差异规律研究. 生态学报, 20 (1): 9-12.

潘峰, 田长彦, 邵峰, 等. 2011. 新疆克拉玛依市生态敏感性研究. 地理学报, 66 (11): 1497-1507.

孙传谆, 甄霖, 王超, 等. 2015. 基于 InVEST 模型的鄱阳湖湿地生物多样性情景分析. 长江流域资源与环境, 24 (7): 1119-1125.

王治江, 李培军, 万忠成, 等. 2007. 辽宁省生态系统服务重要性评价. 生态学杂志, 26 (10): 1606-1610.

吴健生, 牛妍, 彭建, 等. 2014. 基于 DMSP/OLS 夜间灯光数据的 1995—2009 年中国地级市能源消费动态. 地理研究, 33 (4): 625-634.

吴健生, 张理卿, 彭建, 等. 2013. 深圳市景观生态安全格局源地综合识别. 生态学报, 33 (13): 4125-4133.

肖寒, 欧阳志云, 赵景柱, 等. 2000. 森林生态系统服务功能及其生态经济价值评估初探——以海南岛尖峰岭热带森林为例. 应用生态学报, 11 (4): 481-484.

熊春泥, 魏虹, 兰明娟. 2008. 重庆市都市区绿地景观的连通性. 生态学报, 28 (5): 2237-2244.

赵庆良, 王军, 许世远, 等. 2010. 沿海城市社区暴雨洪水风险评价——以温州龙湾区为例. 地理研究, 29 (4): 665-674.

朱强, 俞孔坚, 李迪华. 2005. 景观规划中的生态廊道宽度. 生态学报, 25 (9): 2406-2412.

Ala-Hulkko T, Kotavaara O, Alahuhta J, et al. 2016. Introducing accessibility analysis in mapping cultural ecosystem services. Ecological Indicators, 66: 416-427.

Bai Y, Wong C P, Jiang B, et al. 2018. Developing China's Ecological Redline Policy using ecosystem services assessments for land use planning. Nature Communications, 9: 3034.

Bai Y, Zhuang C, Ouyang Z Y, et al. 2011. Spatial characteristics between biodiversity and ecosystem services in a human-dominated watershed. Ecological Complexity, 8 (2): 177-183.

Balvanera P, Pfisterer A B, Buchmann N, et al. 2006. Quantifying the evidence for biodiversity effects on ecosystem functioning and services. Ecology Letters, 9 (10): 1146-1156.

Baró F, Palomo I, Zulian G, et al. 2016. Mapping ecosystem service capacity, flow and demand for landscape and urban planning: A case study in the Barcelona metropolitan region. Land Use Policy, 57: 405-417.

Bassett D R J R, Cureton A L, Ainsworth B E. 2000. Measurement of daily walking distance- questionnaire versus pedometer. Medicine and Science in Sports and Exercise, 32 (5): 1018-1023.

区域生态

安全格局构建与优化

Burkhard B, Kroll F, Nedkov S, et al. 2012. Mapping ecosystem service supply, demand and budgets. Ecological Indicators, 21: 17-29.

Capotorti G, Vico E D, Anzellotti I, et al. 2017. Combining the conservation of biodiversity with the provision of ecosystem services in urban green infrastructure planning: Critical features arising from a case study in the metropolitan area of Rome. Sustainability, 9 (1): 10.

Chen J Y, Jiang B, Bai Y, et al. 2019. Quantifying ecosystem services supply and demand shortfalls and mismatches for management optimisation. Science of the Total Environment, 650 (1): 1426-1439.

Costanza R, d'Arge R, de Groot R, et al. 1997. The value of the world's ecosystem services and natural capital. Nature, 387: 253-260.

Cumming G S. 2011. Spatial resilience: Integrating landscape ecology, resilience, and sustainability. Landscape Ecology, 26: 899-909.

Daily G C, Söderqvist T, Aniyar S, et al. 2000. The value of nature and the nature of value. Science, 289 (5478): 395-396.

Dong J Q, Peng J, Liu Y X, et al. 2020. Integrating spatial continuous wavelet transform and kernel density estimation to identify ecological corridors in megacities. Landscape and Urban Planning, 199: 103815.

Fan F L, Deng Y B, Hu X F, et al. 2013. Estimating composite curve number using an improved SCS-CN method with remotely sensed variables in Guangzhou, China. Remote Sensing, 5 (3): 1425-1438.

Fan M, Shibata H, Wang Q. 2016. Optimal conservation planning of multiple hydrological ecosystem services under land use and climate changes in Teshio river watershed, northernmost of Japan. Ecological Indicators, 62: 1-13.

Farley J, Voinov A. 2016. Economics, socio-ecological resilience and ecosystem services. Journal of Environmental Management, 183 (2): 389-398.

Gaaff A, Reinhard S. 2012. Incorporating the value of ecological networks into cost-benefit analysis to improve spatially explicit land-use planning. Ecological Economics, 73: 66-74.

Galdino S, Sano E E, Andrade R G, et al. 2016. Large-scale modeling of soil erosion with RUSLE for conservationist planning of degraded cultivated Brazilian pastures. Land Degradation and Development, 27 (3): 773-784.

Gong M H, Fan Z Y, Wang J Y, et al. 2017. Delineating the ecological conservation redline based on the persistence of key species: Giant pandas (Ailuropoda melanoleuca) inhabiting the Qinling Mountains. Ecological Modelling, 345: 56-62.

Guo B, Yang G, Zhang F F, et al. 2018. Dynamic monitoring of soil erosion in the upper Minjiang catchment using an improved soil loss equation based on remote sensing and geographic information system. Land Degradation and Development, 29 (3): 521-533.

Haber W. 2008. Biological diversity: A concept going astray. GAIA- Ecological Perspectives for Science and Society, 17 (1): 91-96.

Hall L S, Krausman P R, Morrison M L. 1997. The habitat concept and a plea for standard terminology. Wildlife Society Bulletin, 25: 173-182.

Jahun B G, Ibrahim R, Dlamini N S, et al. 2015. Review of soil erosion assessment using RUSLE model and GIS. Journal of Biology, Agriculture and Healthcare, 5 (9): 36-47.

Janssens X, Bruneau E, Lebrun P. 2006. Prediction of the potential honey production at the apiary scale using a Geographical Information System (GIS). Apidologie, 37 (3): 351-365.

Kang W M, Minor E S, Park C R, et al. 2015. Effects of habitat structure, human disturbance, and habitat connectivity on urban Forest bird communities. Urban Ecosystems, 18: 857-870.

Kingsford R T, Biggs H C, Pollard S R. 2011. Strategic adaptive management in freshwater protected areas and their rivers. Biological Conservation, 144 (4): 1194-1203.

Knaapen J P, Scheffer M, Harms B. 1992. Estimating habitat isolation in landscape planning. Landscape and Urban Planning, 23 (1): 1-16.

Kong F H, Sun C F, Liu F F, et al. 2016. Energy saving potential of fragmented green spaces due to their temperature regulating ecosystem services in the summer. Applied Energy, 183: 1428-1440.

Kong F H, Yin H W, Nakagoshi N, et al. 2010. Urban green space network development for biodiversity conservation: Identification based on graph theory and gravity modeling. Landscape and Urban Planning, 95 (1-2): 16-27.

Li C, Zheng H, Li S Z, et al. 2015. Impacts of conservation and human development policy across stakeholders and scales. Proceedings of the National Academy of Sciences of the United States of America, 112 (24): 7396-7401.

Li J H, Jiang H W, Bai Y, et al. 2016. Indicators for spatial-temporal comparisons of ecosystem service status between regions: A case study of the Taihu River Basin, China. Ecological Indicators, 60: 1008-1016.

Li J X, Cheng L, Zhu F G, et al. 2013. Spatiotemporal pattern of urbanization in Shanghai, China between 1989 and 2005. Landscape Ecology, 28: 1545-1565.

Li S C, Wu X, Zhao Y L, et al. 2020. Incorporating ecological risk index in the multi-process MCRE model to optimize the ecological security pattern in a semi-arid area with intensive coal mining: A case study in northern China. Journal of Cleaner Production, 247: 119143.

Li Y F, Shi Y L, Qureshi S, et al. 2014. Applying the concept of spatial resilience to socio-ecological systems in the urban wetland interface. Ecological Indicators, 42: 135-146.

Lin K R, Lv F S, Chen L, et al. 2014. Xinanjiang model combined with curve number to simulate the effect of land use change on environmental flow. Journal of Hydrology, 519: 3142-3152.

Lin Q, Mao J Y, Wu J S, et al. 2016. Ecological security pattern analysis based on InVEST and least-cost path model: A case study of Dongguan water village. Sustainability, 8 (2): 172.

Liu D, Chang Q. 2015. Ecological security research progress in China. Acta Ecologica Sinica, 35: 111-121.

Liu Q Q, Xiang H, Singh V P. 2010. A simulation model for unified interrill erosion and rill erosion on hillslopes. Hydrological Processes, 20: 469-486.

Łopucki R, Kiersztyn A. 2015. Urban green space conservation and management based on biodiversity of terrestrial fauna-A decision support tool. Urban Forestry and Urban Greening, 14 (3): 508-518.

Lucla P H, Saura S. 2006. Comparison and development of new graph-based landscape connectivity indices:

Towards the prioization of habitat patches and corridors for conservation. Landscape Ecology. 21: 959-967.

Martin-Ortega J, Ojea E, Roux C. 2013. Payments for water ecosystem services in Latin America: A literature review and conceptual model. Ecosystem Services, 6: 122-132.

Mckinney M L. 2002. Urbanization, biodiversity, and conservation: The impacts of urbanization on native species are poorly studied, but educating a highly urbanized human population about these impacts can greatly improve species conservation in all ecosystems. BioScience, 52 (10): 883-890.

Meersmans J, Arrouays D, Van Rompaey A J J, et al. 2016. Future C loss in mid-latitude soils: Climate change exceeds land use mitigation potential. Scientific Reports, 6: 35798.

Moore T L C, Hunt W F. 2012. Ecosystem service provision by stormwater wetlands and ponds: A means for e-valuation? Water Research, 46 (20): 6811-6823.

Mulatu D W, Veen A V D, Oel P R V. 2014. Farm households' preferences for collective and individual actions to improve water-related ecosystem services: The Lake Naivasha basin, Kenya. Ecosystem Services, 7: 22-33.

Nahuelhual L, Carmona A, Lozada P, et al. 2013. Mapping recreation and ecotourism as a cultural ecosystem service: An application at the local level in Southern Chile. Applied Geography, 40: 71-82.

Ouyang Z Y, Zheng H, Xiao Y, et al. 2016. Improvements in ecosystem services from investments in natural capital. Science, 352 (6292): 1455-1459.

Pascual-Hortal L, Saura S. 2006. Comparison and development of new graph-based landscape connectivity indices: Towards the priorization of habitat patches and corridors for conservation. Landscape Ecology, 21: 959-967.

Peng J, Liu Y X, Li T Y, et al. 2017b. Regional ecosystem health response to rural land use change: A case study in Lijiang City, China. Ecological Indicators, 72: 399-410.

Peng J, Liu Y X, Wu J S, et al. 2015a. Linking ecosystem services and landscape patterns to assess urban ecosystem health: A case study in Shenzhen city, China. Landscape and Urban Planning, 143: 56-68.

Peng J, Pan Y J, Liu Y X, et al. 2018a. Linking ecological degradation risk to identify ecological security patterns in a rapidly urbanizing landscape. Habitat International, 71: 110-124.

Peng J, Tian L, Liu Y X, et al. 2017c. Ecosystem services response to urbanization in metropolitan areas: Thresholds identification. Science of the Total Environment, 607-608: 706-714.

Peng J, Yang Y, Liu Y X, et al. 2018b. Linking ecosystem services and circuit theory to identify ecological security patterns. Science of the Total Environment, 644: 781-790.

Peng J, Zhao M Y, Guo X N, et al. 2017a. Spatial-temporal dynamics and associated driving forces of urban ecological land: A case study in Shenzhen city, China. Habitat International, 60: 81-90.

Peng J, Zong M L, Hu Y N, et al. 2015b. Assessing landscape ecological risk in a mining city: A case study in Liaoyuan City, China. Sustainability, 7 (7): 8312-8334.

Posner S, Verutes G, Koh I, et al. 2016. Global use of ecosystem service models. Ecosystem Services, 17: 131-141.

Potter C S, Randerson J T, Field C B, et al. 1993. Terrestrial ecosystem production: a process model based on global satellite and surface data. Global Biogeochemical Cycle, 7 (4): 811-841.

Rabinowitz A, Zeller K A. 2010. A range-wide model of landscape connectivity and conservation for the jaguar, Panthera onca. Biological Conservation, 143 (4): 939-945.

Runfola D M, Ratick S, Blue J, et al. 2017. A multi-criteria geographic information systems approach for the measurement of vulnerability to climate change. Mitigation and Adaptation Strategies for Global Change, 22: 349-368.

Saura S, Torné J. 2009. Conefor Sensinode 2.2: A software package for quantifying the importance of habitat patches for landscape connectivity. Environmental Modelling and Software, 24 (1): 135-139.

Schreiber S J, Kelton M. 2005. Sink habitats can alter ecological outcomes for competing species. Journal of Animal Ecology, 74 (6): 995-1004.

Shi P J, Yu D Y. 2014. Assessing urban environmental resources and services of Shenzhen, China: A landscape-based approach for urban planning and sustainability. Landscape and Urban Planning, 125: 290-297.

Snäll T, Lehtomäki J, Arponen A, et al. 2016. Green infrastructure design based on spatial conservation prioritization and modeling of biodiversity features and ecosystem services. Environmental Management, 57: 251-256.

Taylor P D, Fahrig L, Henein K, et al. 1993. Connectivity is a vital element of landscape structure. Oikos, 68 (3): 571-573.

Toms J D, Lesperance M L. 2003. Piecewise regression: A tool for identifying ecological thresholds. Ecology, 84 (8): 2034-2041.

Van Oost K, Govers G, Desmet P. 2000. Evaluating the effects of changes in landscape structure on soil erosion by water and tillage. Landscape Ecology, 15: 577-589.

Vettorazzi C A, Valente R A. 2016. Priority areas for forest restoration aiming at the conservation of water resources. Ecological Engineering, 94: 255-267.

Villamagna A M, Angermeier P L, Bennett E M. 2013. Capacity, pressure, demand, and flow: A conceptual framework for analyzing ecosystem service provision and delivery. Ecological Complexity, 15: 114-121.

Wang D C, Chen J H, Zhang L H, et al. 2019. Establishing an ecological security pattern for urban agglomeration, taking ecosystem services and human interference factors into consideration. PeerJ, 7: e7306.

Wei C Z, Taubenbock H, Blaschke T. 2017. Measuring urban agglomeration using a city-scale dasymetric population map: A study in the pearl river delta, China. Habitat International, 59: 32-43.

Wolff S, Schulp C J E, Verburg P H. 2015. Mapping ecosystem services demand: A review of current research and future perspectives. Ecological Indicators, 55: 159-171.

Xie H L, Yao G R, Liu G Y. 2015. Spatial evaluation of the ecological importance based on GIS for environmental management: A case study in Xingguo county of China. Ecological Indicators, 51: 3-12.

Xu J H, Zhao Y, Zhong K W, et al. 2016b. Coupling modified linear spectral mixture analysis and soil conservation service curve number (SCS-CN) models to simulate surface runoff: Application to the main urban area of Guangzhou, China. Water, 8 (12): 550.

Xu X B, Yang G S, Tan Y, et al. 2016a. Ecological risk assessment of ecosystem services in the Taihu Lake Basin of China from 1985 to 2020. Science of the Total Environment, 554-555: 7-16.

Yahdjian L, Sala O E, Havstad K M. 2015. Rangeland ecosystem services: Shifting focus from supply to reconciling supply and demand. Frontiers in Ecology and the Environment, 13 (1): 44-51.

Yang L Y, Zhang L B, Li Y, et al. 2015. Water-related ecosystem services provided by urban green space: A case study in Yixing City (China). Landscape and Urban Planning, 136: 40-51.

Zeller K A, Nijhawan S, Salom-Pérez R, et al. 2011. Integrating occupancy modeling and interview data for corridor identification: A case study for jaguars in Nicaragua. Biological Conservation, 144 (2): 892-901.

Zhang L, Peng J, Liu Y, et al. 2017. Coupling ecosystem services supply and human ecological demand to identify landscape ecological security pattern: A case study in Beijing-Tianjin-Hebei region, China. Urban Ecosystems, 20: 701-714.

Zheng H, Li Y F, Robinson B E, et al. 2016. Using ecosystem service trade-offs to inform water conservation policies and management practices. Frontiers in Ecology and the Environment, 14 (10): 527-532.

生态廊道提取与安全格局构建

生态廊道是一种具有生态、社会、文化等综合功能的线状或带状生态景观。生态廊道最初是连接野生动物栖息地的迁徙通道，以达到保护野生动物的目的。1980 年，国际自然保护联盟将生态廊道的概念应用于全球保护策略。此后，生态廊道开始从自然生境的单一功能向多功能方向转变。生态廊道通过提升重要生态斑块间的连通性，为物种迁徙提供通道，扩大物种栖息地范围，促进营养物质循环和能量流动。通常基于生态源地和生态阻力面，以生态源地间的最优路径为生态廊道。目前生态廊道的提取方法以最小累积阻力模型和电路模型为主。最小累积阻力模型最早由 Knaapen 等于 1992 年提出，用于提取线状生态廊道，采用的工具包括 ArcGIS 软件的 Linkage Mapper 插件和 Cost Distance 工具、Graphab 软件等。电路模型用于提取面状生态廊道，并识别夹点和障碍点，通过 Circuitscape 软件、ArcGIS 的 Linkage Mapper 插件实现。蚁群算法和空间连续小波变换方法也被用于提取生态廊道。

3.1 生态阻力面构建

生态阻力面构建是生态廊道提取的核心环节。生态流动过程中需要克服一定的景观阻力，表现为穿越景观要素或土地利用类型的难易程度，被定义为生态阻力值。在实践中难以获取不同物种穿越不同景观要素的绝对阻力值，这一问题引发了广泛的讨论。Knaapen 等（1992）认为需要基于已有经验和物种的行为特征等基础，设定合理的相对值，从而设定可以反映阻力因子差异的阻力面。在预测物种运动过程中，成本距离比欧氏距离更实用。成本距离需要源栅格和成本栅格，成本栅格用于识别通过每个像元所需的成本，描述在特定单元中移动所需花费的成本，即生态阻力面。

3.1.1 基于土地利用类型的赋值与修正

3.1.1.1 基于土地利用类型的生态阻力面赋值

生态阻力面构建通常采用基于土地利用类型的专家咨询打分法直接赋值（王洁等，2012；胡道生等，2011）。以物种迁徙为例，建设用地的人类活动强度大，对物种迁徙的阻碍程度最大，故生态阻力值最高；未利用地的生态本底较差，适宜性较低；水体对陆生物种来说穿越难度大；耕地具有较好的植被覆盖情况且可为生物提供食物，但存在间歇性人类活动；草地的生态本底较好，适宜物种迁徙；林地的生态本底优越，可以为物种提供栖息地和食物来源，同时有一定掩护作用，是物种迁徙的最佳地类。不同研究对赋值区间及赋值大小有不同的设置，尚未形成统一标准（彭建等，2018；王洁等，2012；Mu et al.，2022a）。

生态阻力面中景观阻力的赋值区间与赋值大小均对生态廊道的提取具有较大影响。情景分析法可以有效弥补代表性物种信息缺乏所带来的误差，提升研究结果的可靠性。因此有必要设置多种情景以减少生态阻力面构建对生态廊道提取的影响，使生态安全格局更加合理和稳定。尹海伟等（2011）采用情景分析法，设置不同赋值方案，对比基于不同赋值区间（[1，100] 和 [1，1000]）构建的阻力面和提取的生态廊道。结果表明，赋值区间与赋值大小均会对生态廊道的提取结果产生重要影响。也有研究探究阻力因子选取对生态廊道提取的影响，如 Miao 等（2019）通过对比构建阻力面时是否考虑道路影响对生态廊道提取结果的影响，发现道路的存在改变了物种迁徙的路径。

3.1.1.2　生态阻力面修正

基于土地利用类型进行阻力赋值的方法简单易行，但主观性较强，忽视了同一类景观内部的异质性（黎燕琼等，2012）。因此有必要基于其他可能影响物种迁徙和能量流动的因素对阻力面进行修正。人为干扰能够影响物种的空间运动及生态功能的流动与传递，被用于修正基础阻力面。不透水面面积比例和不透水面指数可以定量表征自然生态流在城市景观中的可流通性，与城市地表生态过程紧密相关，能够有效度量城市格局（刘珍环等，2011）。夜间灯光强度是城市化水平、经济状况和人口密度等人类活动因子的良好表征，可以反映人类活动的范围与强度（梁友嘉和徐中民，2012）。许多研究采用不透水面面积比例或夜间灯光强度对阻力面进行修正（陈昕等，2017；刘珍环等，2011；Jiang et al.，2021）。针对研究区的特征，也可以在气候干旱地区采用地表湿润指数修正阻力面（彭建等，2018），在地质灾害频发的区域采用地质灾害敏感性修正阻力面（彭建等，2017）。

3.1.1.3　面向综合物种或特定物种的生态阻力面构建

不同物种的扩散能力和生境适宜性不同，因此穿越同一景观需要克服的阻力也不同。较多研究针对区域综合特征构建生态阻力面（陈昕等，2017；Mu et al.，2022a）。也有研究针对特定或者不同保护目标物种构建生态阻力面。例如，Sutcliffe 等（2003）基于两种蝴蝶移动的经验数据设置景观阻力，并模拟不同农田恢复措施下蝴蝶的移动路径。Teng 等（2011）针对鸟类、小型哺乳动物和人类游憩等不同目标设置阻力因子和阻力值，并进行最小成本路径分析。具体而言，鸟类和小型哺乳动物保护中将土地利用类型、人类干扰程度（使用到建设用地距离表征）和建设成本（根据现有植被条件确定）纳入阻力面，游憩成本价值根据道路和土地利用类型分配。人类足迹是影响物种迁徙的重要因素（Mu et al.，2022b）。Tucker 等（2018）基于 GPS 跟踪数据使用线性混合效应模型建立了全球陆地哺乳动物移动和人类足迹、NDVI、个体大小及食性之间的关系。Brennan 等（2022）基于 Tucker 等（2018）的研究创建生态阻力面，并应用电路模型识别全球陆地保护区之间的哺乳动物迁徙概率。

3.1.2 基于地表湿润指数的阻力面修正[*]

3.1.2.1 问题的提出

目前阻力面构建的主流方法是依据区域土地利用类型直接赋值（王洁等，2012；胡道生等，2011），但该方法主观性较强，缺乏对区域自然气候条件和地形地貌的考虑，掩盖了局地空间差异（黎燕琼等，2012）。尤其是在干旱地区，土地利用类型较为单一，直接基于地类赋值会忽视气候等其他重要自然因素对生态流的影响。

内蒙古自治区杭锦旗位于我国北方农牧交错带，是我国生态环境较为脆弱地区之一。该区域内水资源总量偏少且时空异质性强，造成杭锦旗的干旱现状。本节主要目标为：①依据杭锦旗独特的自然生态环境本底特征，选取食物生产、固碳、土壤保持、产水和生境维持五项生态系统服务进行定量评估，从而识别生态源地；②利用地表湿润指数对基于土地利用类型赋值的基本阻力面进行修正，并运用最小累积阻力模型识别生态廊道，从而构建杭锦旗生态安全格局，以期为杭锦旗沙地治理和可持续发展提供借鉴和指导。

3.1.2.2 数据

本节使用的 2015 年基础数据包括：①行政边界数据来自国家基础地理信息中心；②土地利用数据来自国家基础地理信息中心，空间分辨率为 30m，主要用于生境维持分析、产水量计算和生态阻力面构建；③数字高程模型（DEM）来自美国地质勘查局（USGS），主要用于土壤保持量计算；④MODIS 栅格数据产品来自 USGS 平台，包括蒸散数据、归一化植被指数（NDVI）数据和植被净初级生产力（NPP）数据，分别应用于产水、土壤保持和固碳等生态系统服务评估；⑤土壤数据来自世界土壤数据库，包括土壤类型、土壤质地、土壤有机碳含量和根系深度等数据，比例尺为 1∶100 万；⑥气象站点数

---

[*] 本节内容主要基于：彭建，贾靖雷，胡熠娜，等．2018．基于地表湿润指数的农牧交错带地区生态安全格局构建——以内蒙古自治区杭锦旗为例．应用生态学报，29（6）：1990-1998．本节中的插图和表格是根据上述文献中对应的图表修改、重绘而成。

据来自中国气象数据网，包括温度和降水数据，主要用于土壤保持量和产水量计算以及生态阻力面修正等。

3.1.2.3 方法

（1）生态系统服务评估与生态源地识别

生态系统服务评估可以明确典型生态系统服务的空间分异特征，识别不同生态系统服务的核心优势区域，从而筛选出具有重要生态价值的关键斑块，是识别生态源地的基本方法。结合杭锦旗生态环境特征，从食物生产、固碳、土壤保持、产水和生境维持五方面进行生态系统服务评估。①食物生产，是生态系统给予人类最基本也是最重要的供给服务，如粮食主要产自耕地，畜产品主要产自草地，水产品主要产自水域。粮食、畜产品产量与NDVI之间存在显著的线性关系（李军玲等，2012；赵文亮等，2012）。因此根据栅格的NDVI值将两种产量分配至对应地类，评估食物生产能力。②固碳，是重要的生态系统调节服务。NPP是植被活动强度的重要指示因子（冯险峰等，2014）。因此采用NPP表征研究区固碳能力。③土壤保持，土壤保持量可视为潜在土壤侵蚀量与实际土壤侵蚀量的差值，依据普遍采用的修正土壤流失方程计算。④产水，是干旱区重要的生态系统供给服务。杭锦旗水资源较为短缺，产水服务对区域水循环和社会经济发展具有重要作用，采用InVEST模型Water Yield模块计算产水量。⑤生境维持，是重要的生态系统支持服务，采用InVEST模型Habitat Quality模块计算。

为避免生态系统服务类型过于单一，同时为了突出景观的多功能性，首先将各类生态系统服务评估结果等分为高、中、低三个等级，将高值区作为该类生态系统服务的优势区域，选取拥有三种及以上的优势区域作为潜在生态源地。由于面积过小的斑块缺少辐射和联系功能，将满足上述条件且面积大于1km²的斑块识别为生态源地。

（2）基于地表湿润指数的生态阻力面修正与生态廊道提取

生态廊道是维持物种和能量在景观间顺利流动的关键通道，通常由植被、水体等保存较好的自然要素构成（朱强等，2005）。采用被广泛应用的最小累积阻力模型基于生态源地和生态阻力面提取生态廊道（Harrison，1992），方法详见2.1.3.4节。生态阻力面指物种空间移动和生态功能流动受景观单元的阻碍程度。参考相关研究，将林地、草地、水体、耕地、未利用地和建设用地对物种迁徙的阻力系数设置为1、10、50、100、200和250，得到基本生态阻力面（王洁等，2012）。

杭锦旗属于半干旱气候，干燥少雨，蒸散量较大，且境内沙地面积较大。干旱能通过影响植被覆盖破坏原有生态源地，阻断生态廊道，影响物种的生存和迁徙，导致景观连通性和空间流动性降低。因此，在杭锦旗这样的半干旱地区开展生态安全格局研究有必要基于干旱状况对生态阻力面进行修正。选取地表湿润指数对阻力面进行修正。地表湿润指数将干旱问题归结为降水和蒸发收支大小的差异，能够较为全面地反映地表水量平衡过程中降水和蒸发的关系变化（熊光洁等，2014）。计算公式如下：

$$H = \frac{P}{P_e} \tag{3-1}$$

$$R_i = \frac{H_a}{H_i} \times R_a \tag{3-2}$$

式中，H 为地表湿润指数；P 为年降水量；P_e 为年蒸散量；R_i 为基于地表湿润指数修正的栅格 i 的生态阻力系数；H_i 为栅格 i 的地表湿润指数；H_a 为栅格 i 对应的土地利用类型 a 的平均地表湿润指数；R_a 为栅格 i 对应土地利用类型的基本阻力系数。

3.1.2.4 结果

（1）生态源地识别

杭锦旗五项生态系统服务的空间格局如图 3-1 所示。食物生产高值区主要分布在耕地较多的北部边界狭长地带，以及草地和耕地较多的南部区域。固碳服务高值区主要分布在耕地和草地较多的北部河套地区和南部区域。由于杭锦旗中部的草场质量略低于南部，所以研究区中部的固碳能力中等，而北部因库布齐沙漠的存在而固碳能力较弱。土壤保持服务高、中、低值区域相互镶嵌。产水量呈现从北向南递增的趋势，北部由于库布齐沙漠的存在，产水量较低。而中部和南部由于降水量较多，产水量较高。生境维持高值区主要分布在西部和南部，东部和中南部地区由于存在较多的道路、铁路和人工地表，对生物迁徙造成了较大干扰，因此生境维持能力较低。

杭锦旗优势生态系统服务和生态源地的空间格局如图 3-2 所示。整体来看，北部沿边界地带和中南部区域的土地利用类型以耕地、林地和草地为主，生态环境本底良好，优势生态系统服务数量较多；中北部地区由于库布齐沙漠的存在，生态系统服务质量较差，优势生态系统服务类型较为单一。提供优势生态系统服务的数量为 0 ~ 5 的面积占比分别为13.5%、28.2%、22.4%、23.3%、10.9% 和 1.7%。生态源地总面积 6781.7km²，占研究区总面积的 35.9%，是维持杭锦旗生态系统服务可持续供给的重要区域。从空间分布上看，生态源地整体呈环库布齐沙漠分布的格局，南部生态源地集中连片分布，北部边界地带生态源地呈带状破碎化绵延分布，由南至北逐渐破碎化。库布齐沙漠以南地势相对平坦，主要为草原、天然保护林，植被覆盖率高，拥有良好的生态本底；以北主要为荒漠和半荒漠草原，生态质量整体较差；两侧的丘陵区侵蚀、切割剧烈，土壤流失严重，草地生态质量较差，生态源地分布较少；东北部边界地区因为有杭锦淖尔国家级自然保护区，生态环境质量较好，生态源地分布相对较为集中。

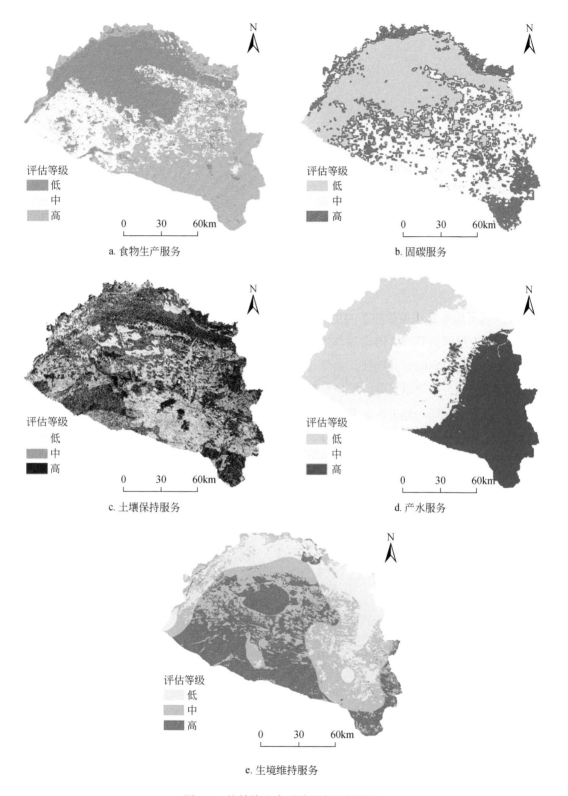

图 3-1　杭锦旗生态系统服务空间格局

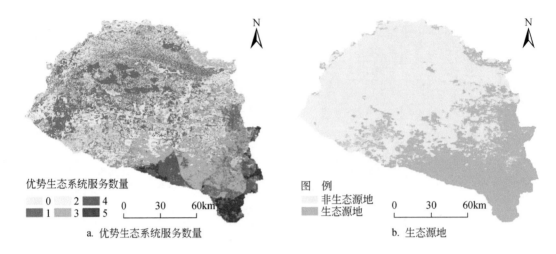

图 3-2　杭锦旗优势生态系统服务数量空间格局及生态源地分布

（2）基于地表湿润指数修正的生态阻力面

基于地表湿润指数对杭锦旗基本生态阻力面进行修正，由图 3-3 可知，地表湿润指数呈现出较为明显的空间分异特征，由西北至东南逐渐增加。北部沙漠更加干旱，而东南部地表湿润值较高，主要由于降水量相对较大且生态本底较好的草地蒸发量相对较小。修正后的生态阻力面在同一地类内部呈现一定的空间分异，能够更加准确地表征地类和干旱气候造成的杭锦旗生物迁移阻力的空间分异。

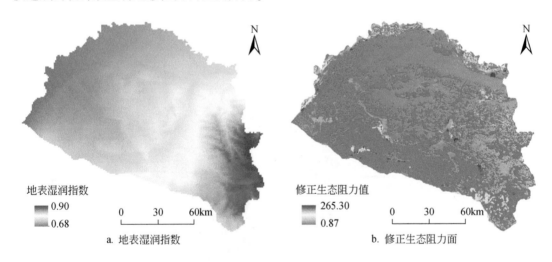

图 3-3　杭锦旗地表湿润指数及修正生态阻力面的空间格局

（3）生态廊道

生态廊道是生态源地间物种交流的重要通道。杭锦旗生态廊道总长度为 498.51km，被库布齐沙漠从中部隔断，明显分为南、北两个组团，分别位于北部黄河河套平原地区和南部鄂尔多斯草原等生态本底较好的草原地区（图3-4）。北部组团廊道连接了杭锦旗北部三大自然保护区，生态廊道沿杭锦旗北部边界地带，即黄河南岸从西向东延伸，西起内蒙古白音恩格尔荒漠濒危植物自治区级自然保护区东部，穿过内蒙古库布齐沙漠柠条锦鸡儿自治区级自然保护区，东至东北部内蒙古杭锦淖尔湿地自治区级自然保护区的高植被覆盖区域。南部组团廊道主要以鄂尔多斯草原生态本底较好的区域为中心，空间上呈现"漏斗形"向北部发散的格局。南部组团廊道可以分为东、中、西三线，向西北直至摩林河水库附近草原荒漠交接地带，向东北部延伸至毛不拉孔兑流域的图古日格苏木南部。中线廊道连接鄂尔多斯草原、乌兰陶日木湖泊和察汗淖尔湖，沿锡乌公路一直向东北延伸，进而反转深入库布齐沙漠南缘至赛音乌素苏木阿拉亥草原地带。总体来说，杭锦旗生态廊道主要分布在植被覆盖度高的区域，有效连接了各生态源地，为杭锦旗南北部地区物种迁移搭建了桥梁。

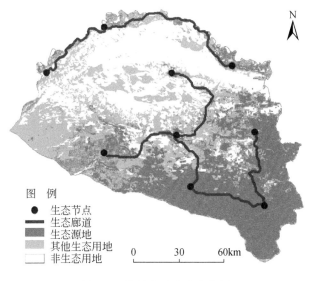

图3-4 杭锦旗生态安全格局

区域生态安全格局是保障区域生态系统服务完整的基础生态构架和网络。以草地为主的生态源地通过沿林地、水体和草地分布的生态廊道互相连通，构成了"斑块—廊道—基质"镶嵌的杭锦旗生态安全格局（图3-4）。杭锦旗在生态修复和经济建设过程中，应重点保护和修复生态源地及生态廊道区域，提升景观连通性。按照草场承载能力控制载畜量，控制草原牧业的无序扩张，避免草原生态的恶化。依托自然保护区和水系，进一步开展草原生态修复和沙地治理。遵循以自然环境保护为主、开发为辅的建设方针，可持续利用自然资源，同时降低村镇建设和交通线路对生态环境的影响，提升农牧交错带这一生态脆弱带的生态环境质量。

3.1.2.5 讨论与结论

(1) 生态安全格局优化

从杭锦旗生态安全格局的空间格局来看，生态源地和生态廊道被库布齐沙漠割裂为南、北两大组团，极大地降低了杭锦旗南北部景观的连通性，使得生态功能、生态过程无法在核心斑块之间顺利流动，增加了生态流动和物种迁移的难度，可能导致生物多样性加速丧失。因此，打通南北廊道、优化生态安全格局对于维护区域生态安全和生物多样性，维持生态系统结构、过程及功能的完整性具有重要意义。

在杭锦旗现有生态廊道的基础上，以连接被阻断的生态节点为源点，提取次小成本路径廊道，最终得到杭锦旗基于生态安全格局提升的优化廊道分布（图3-5）。分别从东、中、西三线共新增三条主要优化廊道，从而实现生态源地和廊道组团的南北连通。其中，西线优化廊道主要从现有的生态节点向北延伸，穿过磨里沟和巴拉贡沟水系及白音恩格尔荒漠濒危植物自治区级自然保护区，高阻力区主要位于杭锦旗丘陵地带、兴巴高速和包兰铁路。中线优化廊道主要从阿拉亥地区草原生态节点出发，在库布齐沙漠南端的沙丘向西延伸，然后向北最终穿过兴巴高速，与原有生态节点连接，但横穿库布齐沙漠较为困难，因此面临的阻力较大。东线优化廊道主要是打通毛不拉孔兑流域和杭锦淖尔湿地自治区级自然保护区，由于毛不拉孔兑向北横穿库布齐沙漠，使得东线优化廊道更容易连通。综合考虑生态系统功能完整性保障需求和优化廊道的阻力高低，建议优先建设西线和东线的优化廊道。

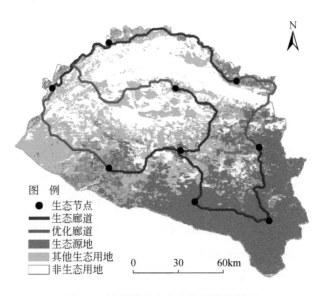

图3-5 杭锦旗生态安全格局优化结果

（2）结论

区域生态安全格局的构建可以有效保障区域生态安全，实现区域可持续发展。现有生态阻力面构建研究多基于土地利用类型赋值，而忽视了同一土地利用类型内部的异质性，以及干旱气候对区域生态安全格局的影响。本节基于地表湿润指数修正了阻力面，并构建区域生态安全格局。结果表明，杭锦旗生态源地面积为 6781.70km^2，约占区域总面积的 35.9%，主要分布在北部河套平原和南部鄂尔多斯草原地带。地表湿润指数由西北至东南逐渐增大，生态阻力值呈北高南低的分布格局。生态廊道总长度为 498.51km，被库布齐沙漠隔断分为南北两个组团，南北组团之间景观连通性较差。针对北方农牧交错带干旱、脆弱的生态本底构建区域生态安全格局，可为当地经济开发建设和生态保护提供决策指引。

3.1.3 基于地质灾害敏感性的阻力面修正[*]

3.1.3.1 问题的提出

生态安全格局对灾害频发、生态脆弱的滇中地区尤为重要，能够有效规避自然灾害、促进区域生态系统和社会系统协调发展（周锐等，2014）。生态阻力面是生态廊道提取的关键要素，直接依据地类赋值会掩盖同一地类内部的空间异质性，无法细致表征物种流动过程中可能遇到的阻力。同时对于地形起伏较大、地质灾害频发的山地地区，直接基于地类赋值的阻力面构建会忽略地质灾害因素对物种迁移的影响。地质灾害不仅影响生态系统服务，而且改变原有地形地貌，从而在一定程度上影响生态廊道的连通性，阻碍生态源地之间的物种交流和迁徙，形成生境隔离，对生物多样性造成直接或间接的影响。因此，有必要基于地质灾害敏感性对基本阻力面进行修正。

位于滇中地区的玉溪市森林覆盖率为 54.2%，动植物种类丰富。然而，由于其特殊的自然条件，玉溪市频繁发生滑坡、崩塌、泥石流和地面坍塌等地质灾害频发。同时，随着社会经济的发展，生物多样性正面临严峻挑战。本节的主要目标如下：①针对区域生态环境本底特征，选取固碳、土壤保持、生境维持和水源涵养四项生态系统服务评估自然生境重要性，综合考虑单一类型生态系统服务和多功能性识别生态源地；②采用地质灾害敏感性修正基于地类赋值的基本阻力面，运用最小累积阻力模型识别生态廊道，从而构建玉溪市生态安全格局。

──────────

＊ 本节内容主要基于：彭建，郭小楠，胡熠娜，等. 基于地质灾害敏感性的山地生态安全格局构建——以云南省玉溪市为例. 应用生态学报，28（2）：627-635. 本节中的插图和表格是根据上述文献中对应的图表修改、重绘而成。

3.1.3.2　数据

本节所用 2010 年基础数据集主要包括三大类：①玉溪市土地利用及数字高程模型（DEM）数据。土地利用数据来源于国家基础地理信息中心，空间分辨率为 30m，主要用于生境维持服务计算；DEM 数据则采用美国地质勘查局提供的 GTOPO30，主要用于土壤保持服务计算。②MODIS 栅格数据产品，来自 USGS 平台，主要包括蒸散数据、归一化植被指数（NDVI）产品、植被净初级生产力（NPP）产品，分别应用于水源涵养、土壤保持、固碳等生态系统服务的评估。③气象站点数据，来自中国气象数据网，包括温度与降水数据，主要用于水源涵养与土壤保持服务计算。

3.1.3.3　方法

（1）生态系统服务评估与生态源地识别

明确区域典型生态系统服务的核心供给区域是生态源地识别的基本途径。玉溪市位于云南省南、北亚热带交界区，东部喀斯特断陷盆地高原区和西部中山深谷区的相交地带，是云南高原、"澜沧江—红河"中游、滇东南和滇缅老边境等四大植物地区相互联系的纽带，植被覆盖度高，生物多样性丰富。同时，整体水资源量偏少且时空分布不均，水土流失也较为严重。从玉溪市的生态本底出发，选取固碳、生境维持、水源涵养和土壤保持四项指标进行生境重要性评价。其中，固碳通过 NPP 表征，生境维持服务通过 InVEST 模型的生境质量模块测算，水源涵养采用水量平衡模型计算，土壤保持采用修正的通用土壤流失方程得到（彭建等，2007）。

生态源地指现存的乡土物种栖息地，是物种扩散和维持的源点，应具有较高的栖息地适宜性（吴健生等，2013）。将每类生态系统服务前 25% 的区域作为优势区，为避免忽视生态系统服务类型单一但具有突出价值的斑块，选取两种及以上生态系统服务均为优势区和处于各类生态系统服务前 10% 的斑块，作为生态源地。同时，考虑到面积较小的斑块缺少辐射功能且不便管理等问题，剔除面积小于 5km² 的斑块，得到最终生态源地。

（2）基于地质灾害敏感性的生态阻力面修正与生态廊道提取

物种的水平空间运动过程及生态功能的流动与传递受到土地利用状态和人为干扰的影响（张玉虎等，2013）。基于土地利用类型赋值得到基本生态阻力面，参考相关研究，将各地类对物种迁徙的阻力系数设置为林地 1、草地 10、湿地 30、水体 50、耕地 100 和建设用地 250（尹海伟等，2011；王洁等，2012）。

地质灾害指由于各种因素的综合影响而产生的破坏性地质现象，不仅会造成人类生命财产和社会经济的巨大损失，而且严重威胁着区域的生态安全（曹璞源等，2017）。玉溪市地质灾害以滑坡、泥石流和不稳定斜坡为主，均属于岩土体位移灾害，这些灾害与岩土体性质、坡度、降水和植被覆盖度密切相关（周锐等，2015；苏泳娴等，2013）。降水量大、植被覆盖度低、坡度大、岩性结构松散的区域更易发生地质灾害。因此，选取以上四种主要致灾因子，将其归一化后等权重叠加得到玉溪市地质灾害敏感性，并基于地质灾害敏感性对基本生态阻力面进行修正，计算公式如下：

$$R_i = \frac{NL_i}{NL_a} \times R_a \qquad (3-3)$$

式中，R_i 为基于地质灾害敏感性修正的栅格 i 的生态阻力值；NL_i 为栅格 i 的地质灾害敏感性；NL_a 为栅格 i 对应的土地利用类型 a 的平均地质灾害敏感性；R_a 为栅格 i 对应的土地利用类型 a 的基本生态阻力值。生态廊道基于最小累积阻力模型提取，方法详见2.1.3.4节。

3.1.3.4 结果

（1）生境重要性

玉溪市各类生态系统服务、综合生态系统服务及优势生态系统服务数量的空间格局如图3-6所示。固碳服务的高值区主要分布在西部，该区域地势起伏较大，地类以林地为主，植被覆盖度较高。玉溪市岩溶地貌发育，形成了构造复杂的地质地貌，峡谷深、山坡陡，水土流失现象较为严重。土壤保持服务的高值区主要位于峡谷平坝地区和东部盆地区域，地类以耕地为主。由于玉溪市特殊的地理环境与气候条件，区域内整体生境维持服务较高。水源涵养服务的高值区主要分布在西南和东部地区，主要因为西南部降水丰沛，而东部地区湖泊众多，水资源较丰富。

从优势生态系统服务数量的空间格局来看，玉溪市大部分区域优势生态系统服务类型较为单一，表明各类生态系统服务间的权衡关系较为明显。西部地区的生态系统服务优势区多于东部，表明生态系统服务权衡与协同关系的东西分异。具体而言，玉溪市没有优势生态系统服务的区域约占全市总面积的26.9%，主要集中在东部山地，植被覆盖度较低，生态本底较差。提供一项优势生态系统服务的区域面积最大，约占全市总面积的42.7%，分布零散。提供两项优势生态系统服务的区域，约占全市总面积的25.7%，主要分布于西部的山林地，东部的湖泊和耕地上也有少许分布。提供三项优势生态系统服务的区域较少，仅约占全市总面积的4.5%。几乎没有能够同时提供四项优势生态系统服务的区域，提供三项优势服务的斑块集中在地势相对平坦且植被覆盖度较高的西部地区，生态本底良好，能够更有效地维持人类生存的基本生态需求。

（2）基于地质灾害敏感性修正的生态阻力面

玉溪市地质灾害敏感性空间格局如图3-7所示，整体呈现西高东低的格局。具体来说，玉溪市西部尤其是西南部的降水量较多且地形起伏较大，地质灾害敏感性较强。元江纵向岭谷区域和红塔区东侧尽管地势较为平坦，但岩性结构松散，使得地质灾害敏感性也较高。玉溪市东部高原和盆地地区的地质灾害敏感性较低，少数敏感性较高的区域主要位于山区和盆地边缘。基于地质灾害敏感性修正的生态阻力面在同一地类内部存在差异，能够表征土地利用类型和地质灾害对生物迁徙的阻力（图3-8）。

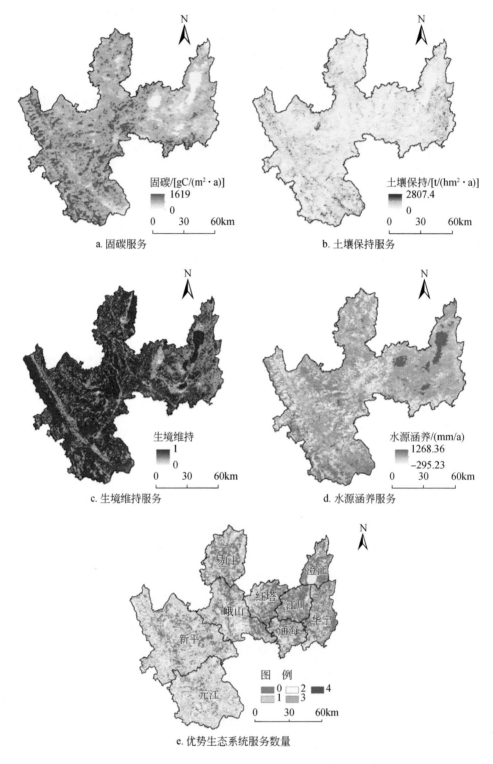

图 3-6　玉溪市生态系统服务和优势生态系统服务数量空间格局

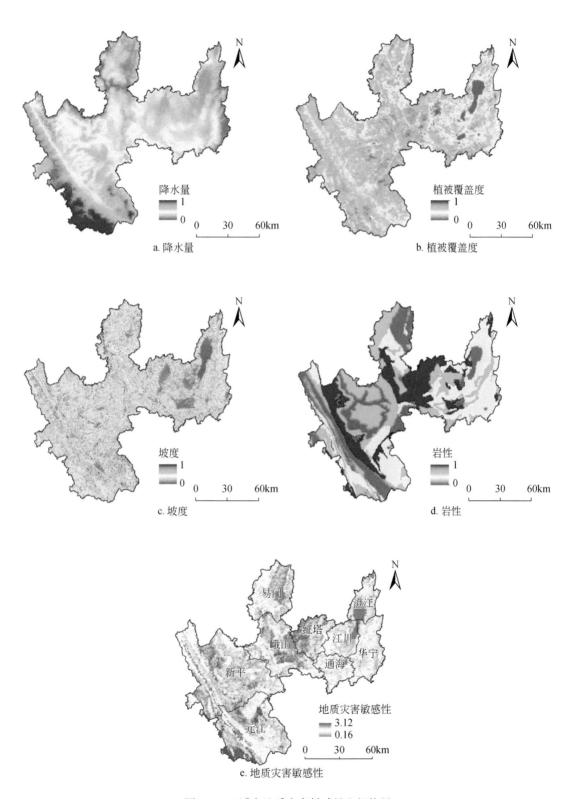

图 3-7　玉溪市地质灾害敏感性空间格局

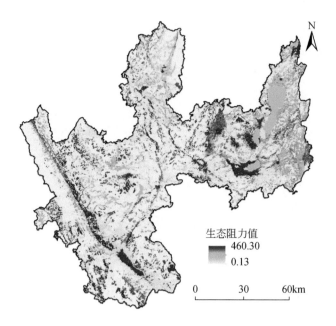

图 3-8　玉溪市生态阻力面

（3）生态安全格局构建

玉溪市生态安全格局如图 3-9 所示，其中生态源地 81 个，面积 5741.3km²，约占全市总面积的 38.4%。生态源地整体呈现西部集中连片、东部离散破碎的空间分布格局。玉溪市西部属滇西纵向岭谷区，分布着一系列的山地、峡谷和宽谷坝子，林地集中连片，生态环境较好，生态源地以林地为主。从行政单元来看，位于西部的新平彝族傣族自治县和元江哈尼族彝族傣族自治县生态源地均占各县域面积的 50% 以上。玉溪市东部地区为云南高原的组成部分，山地和湖盆多有分布，土地利用类型较为多样，生态源地以湖泊和林地为主。生态源地和各级自然保护区重合率达 75.2%，包括东部的三湖流域和西部的哀牢山等国家级和省级自然保护区，说明生态源地识别效果较好。

生态廊道总长度 1642.04km，整体呈现"一横三纵"的空间格局。在东西方向上，生态廊道沿着地势相对较低的南部市界延伸。在南北方向上，西部的生态廊道主要沿着元江河谷向南北两侧延伸，中部主要盘旋于云南高原上的断陷盆地，而东部在杞麓湖、星云湖、抚仙湖和阳宗海一线延伸。总的来说，生态廊道主要经过植被覆盖度较高的山林地区，大体上避开了地质灾害敏感性较高的区域。

以林地和水体为主的生态源地通过沿水系、林带等分布的生态廊道相连接，构成了"斑块—廊道—基质"镶嵌的玉溪市生态安全格局。在玉溪市开发建设过程中，应注重保护对于维系区域生态系统具有关键作用的格局要素，合理利用土地资源和水资源，控制城镇及农村居民点无序蔓延，优化生态廊道，开展生态修复与重建，提升城乡生态环境质量。

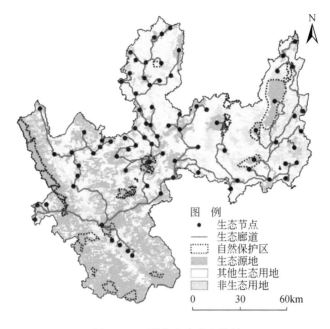

图 3-9　玉溪市生态安全格局

3.1.3.5　讨论与结论

（1）最小面积阈值设定

生态源地是生态安全格局的一个重要组成要素，同时也是生态廊道构建的基础。现有的方法更多解决的是哪些现状生态用地更应该被保护，而生态源地的面积阈值设定始终是一大难题。本节在根据生态系统服务筛选生态源地的过程中，尝试探讨了生态源地面积阈值设定对生态源地斑块数量、生态源地面积比例及生态源地与自然保护区重合率的影响。由图 3-10 可知，在生态源地数量方面，随着生态源地面积阈值不断增加，生态源地斑块数量快速减少，在面积阈值增加到 $0.5km^2$ 之后，斑块数量减少速度减缓。在最小面积阈值增加到 $5km^2$ 之后，斑块数量下降趋于平缓，斑块数量小于 100 个。生态源地面积占区域总面积比例受面积阈值的影响较小，始终维持在 36%～48%，说明被剔除的斑块虽然数量众多，但面积小、分布离散，对生态源地整体格局影响较小。生态源地与自然保护区的重合率始终维持在 74%～78%，说明被剔除的小面积斑块主要位于自然保护区外。最终将 $5km^2$ 设定为生态源地筛选的面积阈值。

（2）结论

生态安全格局构建是区域可持续发展和国土生态屏障建设的重要途径。直接基于地类赋值的生态阻力面掩盖了同一地类的空间差异，且对于地质灾害多发区来说忽视了地质灾害对物种迁徙的影响。本节基于地质灾害敏感性构建了玉溪市生态安全格局，并探讨了生态源地面积阈值的设定问题，得到以下结论：①玉溪市生态源地斑块数量为 81 个，约占

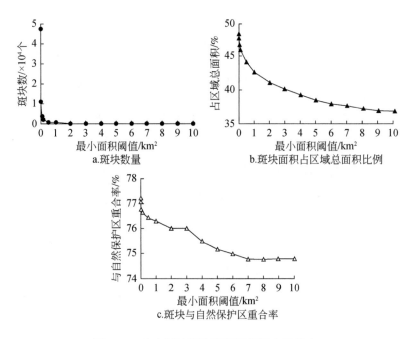

图 3-10　生态源地斑块面积阈值设定的影响

玉溪市总面积的 38.4%，与各级自然保护区重合率达 75.2%，主要分布在市域西部的山林地和东部的湖泊湿地区域。②玉溪市生态廊道总长度 1642.04km，大体上避开了地质灾害敏感性较高的区域，呈"一横三纵"的空间格局，沿河谷、断陷盆地等植被覆盖较好的地区延伸。③针对滇中山地生态脆弱区地质灾害频发特征构建山地生态安全格局，能够为区域山地开发与生态保护提供决策指引。

3.2　基于电路模型的生态廊道提取 *

3.2.1　问题的提出

与安全城市主义（Hodson and Marvin，2009）、弹性基础设施（Sutton-Grier et al.，2015；Liu et al.，2016）和空间保护优先区（Albanese and Haukos，2016；Hossain et al.，2017）等概念类似，生态安全格局从空间格局的角度可以看作是对"行星边界"（Steffen et al.，2015）概念的认知和补充。生态廊道是生态安全格局构建的关键要素，常基于最小

---

　　* 本节内容主要基于：Peng J，Yang Y，Liu Y X，et al. 2018. Linking ecosystem services and circuit theory to identify ecological security patterns. Science of the Total Environment，644：781-790. 本节中的插图和表格是根据上述文献中对应的图表修改、重绘而成。

累积阻力模型提取（Adriaensen et al., 2003；Chetkiewicz et al., 2006）。尽管这种方法可以快速显示生态流的最佳路径，但忽略了物种的随机游走，且不能明确廊道的具体范围和关键节点。电路模型起源于物理学，被应用于异质景观中基因流动的研究（McRae and Beier，2007）。通过将生态流比作电流，可以用于预测复杂景观中生态流的运动模式，评估生境斑块的孤立性，并确定重要的景观斑块。目前，电路模型已经被广泛应用于生物保护分析（Dilts et al., 2016；Carroll et al., 2017），特别是确定濒危动物保护优先区的研究（Koen et al., 2014；Breckheimer et al., 2014）。

本节的目的是基于电路模型构建生态安全格局。以面临土地开发与生态保护矛盾突出的云南省为例，具体解决三个问题：①通过评估三种重要的生态系统服务来识别生态源地；②基于电路模型提取关键生态廊道；③评估潜在人为干扰对区域生态安全格局的影响。

3.2.2 数据

本节使用的数据包括：①GlobeLand30 的土地利用类型数据；②来自航天飞机雷达地形测绘任务（Shuttle Radar Topography Mission，SRTM）数据集的 90m 分辨率地形数据；③来自美国地质勘探局的 1km 分辨率净初级生产力（MODIS17A3）数据；④来自世界土壤数据库的土壤属性数据（HWSD v1.2）；⑤来自国家基础地理信息中心的水体、道路等基础地理信息矢量数据；⑥来源于中国气象数据网的 1991~2010 年降水量数据，使用克里金法进行插值。针对上述①~④及⑥插值后的栅格数据的分辨率统一到 1km。

3.2.3 方法

在生态安全格局"源地—阻力面—廊道"的研究范式下，量化土壤保持、固碳、水源涵养三种生态系统服务，识别生态源地。依据生境质量构建阻力面，并基于电路模型提取生态廊道的走向和范围，以及关键生态节点。

3.2.3.1 生态源地识别

生态源地是促进生态过程，维持生态系统完整性并提供高质量生态系统服务的关键生态斑块。可以通过评估生态系统服务的重要性来识别生态源地。选择土壤保持、固碳、水源涵养三种典型的生态系统服务，根据自然断点法分为五级，选取每一种生态系统服务等级为四级和五级的斑块作为生态源地。其中，土壤保持服务使用修正的通用土壤流失方程评估（Gaubi et al, 2017），方法详见 2.1.3.1 节；固碳服务通过 NPP 表征，NPP 通过基于过程的遥感模型（Carnegie-Ames-Stanford Approach，CASA）计算，模型假设植被生产力与绿色叶片吸收或拦截的光合有效辐射相关（Jiang et al., 2016），方法详见 2.1.3.1 节。水源涵养服务指生态系统对降雨进行截留和储存的服务，基于 InVEST 模型的产水模块评估产水量 Y_{xj}（Sharp et al., 2018），并进一步计算水源涵养服务：

$$\text{WR} = (1-\text{TI}) \times \text{Min}\left(1, \frac{\text{Ksat}}{300}\right) \times \text{Min}\left(1, \frac{\text{TravTime}}{25}\right) \times Y_{xj} \tag{3-4}$$

式中，WR 为多年平均涵养水量（mm）；TI 为地形指数，无量纲，根据高程计算；Ksat 为土壤饱和导水率（cm/d）；TravTime 为径流运动时间（min），用坡长值除以流速系数得到。

3.2.3.2 阻力面构建

阻力面表征了物种在不同生境斑块中移动的难度，以及景观异质性对生态过程流动的影响（Adriaensen et al., 2003；Beier et al., 2008；Spear et al., 2010）。阻力值不仅与生态流的距离有关，还与土地覆被和人为干扰有关。人类活动会阻碍不同景观斑块的物质循环和能量交换。目前大部分研究基于经验以土地利用类型对阻力面进行赋值（Gurrutxaga et al., 2011；Kong et al., 2010）。由于这种方法无法描述同一土地利用类型内部的差异，需要进行生境质量评估，再根据生境质量的倒数确定阻力值。生境质量高代表生物多样性保护程度高，说明阻力值低（Chetkiewicz et al., 2006）。

采用 InVEST 模型评估生境质量，作为生物多样性的表征（Sharp et al., 2018）。该模型考虑自然生境本身的质量、受威胁程度及各生境对不同威胁源的敏感性，评价结果为 0 到 1，代表生境质量从最差到最好。自然生境包括耕地、林地、草地、灌丛、湿地和水体，威胁源包括城市、铁路、主要道路和次要道路。生境质量的计算方法详见 2.1.3.1 节。

3.2.3.3 生态廊道提取

生态廊道是景观中的狭长区域，与两侧景观有明显的差异，本质上是基因流动、种群迁徙、种子传播、传染病传播和外来物种入侵的主要通道，对于生物多样性的维持十分重要。生态廊道通常用于改善生态源地斑块之间的生态连通性，存在夹点、障碍点等关键节点。夹点是生态过程的高流量关键节点，是生态保护的重要区域，具有不可替代性和对景观连接的重要性。障碍点会对重要斑块间的生态流产生阻碍，恢复障碍点处的生境可以最大限度提高景观连通性。

本节将基于电路模型识别异质景观中的生态廊道（McRae and Beier, 2007；McRae et al., 2008）。在电路模型中，景观被看作导电表面，对促进生态流动最有利的景观组分被分配较低的阻力。使用类比电路的方法计算与物种运动和基因流等生态过程有关的景观中的有效电阻、电流及电压。在物理学中，欧姆定律指出，通过两点之间导体的电流与两点之间的电压成正比：

$$I = \frac{V}{R_{\mathrm{eff}}}$$

(3-5)

式中，I 为通过导体的电流；V 为导体上测量到的电压；R_{eff} 为导体的有效电阻。R_{eff} 与电路的构造方式有关。在具有多个支路且每个支路电阻恒定的并联电路中，随着支路数量的增加，R_{eff} 减小。在生态学中，R_{eff} 是反映节点间空间隔离程度的指标；I 代表生态流，可以用于预测基因流或物种运动的概率。具有高电流值的区域可以被识别为生态廊道。

为了将景观表示为电路，将每个有特定阻力值的栅格表示为二维空间的一个节点，连接到其四个一级邻域，或八个一级和二级邻域。具有无限大阻力值的格网不被考虑。生态源地的栅格分配阻力值为 0，并被折叠为一个节点。一旦景观被表示为电路，电路模型就可以用来计算电流和电压（Leonard et al.，2017）。

基于电路模型的生态廊道提取过程为：①将每个生态源地视为一个电路节点，基于最小成本路径计算两个节点之间的每个通路的累积电阻，并视为这个通路的电阻。②对于每对电路节点，一个节点连接 1 安培电流，另一个节点接地。在所有电路节点对之间迭代计算有效电阻。对于 n 个节点，有 n（$n-1$）/2 次计算。累积电流值反映了随机单元到达目的地节点的净迁移量，可用于确定生态廊道的重要性。具有最高电流值的区域被识别为夹点。③障碍点是可以极大提升生态源地连通性的需要生态修复的关键节点。阻力值随着障碍点的恢复而减小，通过这一区域的最低成本路径的累积阻力也减小。开展生态修复后，对累积阻力减少的幅度最大的区域被识别为障碍点。根据累积阻力的阈值来确定生态廊道的范围，任何累积阻力超过阈值的区域都不会被识别为生态廊道。

3.2.4 结果

3.2.4.1 生态系统服务与生态源地的空间格局

水源涵养、固碳及土壤保持三种生态系统服务根据自然断点法被分为重要性等级从低到高的五级，分别赋值为 1~5（图 3-11）。三种生态系统服务均有明显的空间异质性。水源涵养服务的最高级面积为 28 782km²，约占云南省总面积的 7.3%，主要分布在滇池和抚仙湖，以及雨量充沛、植被覆盖度高的西部和南部地区。云南省的固碳服务较高，其中西南地区的固碳能力最强，主要原因在于降水量大、植被丰富、人类活动强度低。云南省土壤流失严重，地形起伏大，地质地貌复杂。土壤保持服务的最高级面积为 23 280km²，约占云南省总面积的 5.9%，主要分布在高黎贡山和云南省西南部。这些地区海拔较高，植被茂密。东部地区的土壤保持服务较差。

生态源地是生态安全格局的重要组成部分。当生态系统服务等级在 3 以上时，说明生态质量高于平均水平，可以识别为生态源地（图 3-12）。云南省的生态源地主要分布在西南边界地区（包括怒江流域、澜沧江流域和金沙江流域上游）和中部地区（包括滇池、

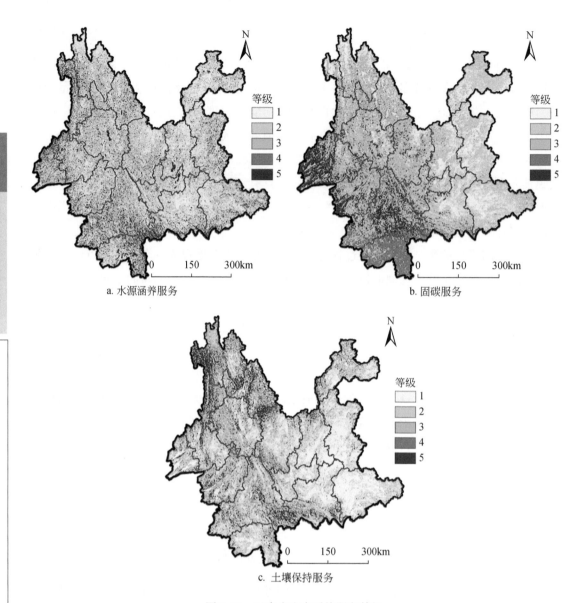

图 3-11　云南省生态系统服务等级

抚仙湖、洱海和哀牢山）。生态源地共 66 个斑块，总面积 94 946km²，约占云南省总面积的 24.1%。普洱市的生态源地面积最大（约占生态源地总面积的 25.6%），其次是西双版纳傣族自治州（约占比 15.9%）。曲靖市没有生态源地。将生态源地与世界自然保护区数据库中的自然保护区进行比较，有 41 个自然保护区被纳入生态源地。未被列入生态源地的 13 个自然保护区大多位于东部，面积小于 100km²，且不是国家级自然保护区。

3.2.4.2　阻力面与生态廊道的空间格局

阻力值使用生境质量的倒数表示，取值范围在 0～1（图 3-12b）。云南省平均生态阻

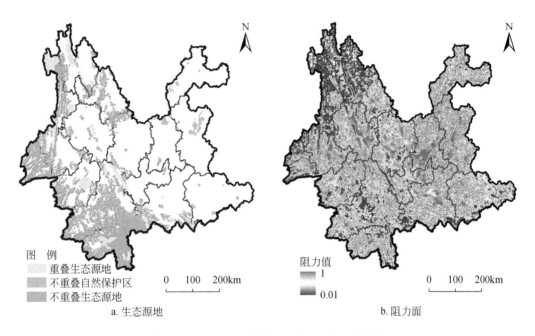

0   100   200km

a. 生态源地

阻力值
1
0.01

0   100   200km

b. 阻力面

图 3-12　云南省生态源地和阻力面的空间格局

力值为 0.59。其中，迪庆藏族自治州和怒江傈僳族自治州的阻力值较低，低于 0.31；昆明市、曲靖市、昭通市等城市的阻力值较高，接近 0.8。

　　生态廊道是生态安全格局的重要组成部分，通常由具有特定宽度的带状区域组成，在连接生态源地方面起重要作用。云南省的生态廊道呈网状结构，串联西南部、北部和中部地区，共有 186 条，长度为 41 803km，面积为 101 715km²，约占云南省总面积的 25.8%。生态廊道主要由林地、耕地、草地三种土地利用类型组成。西北地区生态廊道较多，阻力值较低。中西部生态廊道密集，阻力值较高。东部生态廊道少，阻力值高（图 3-13）。

　　总体来看，云南省生态安全格局以覆盖林地的生态源地为主，通过山体和林地沿线的生态廊道相连，包括 66 个生态源地、186 条生态廊道、24 个夹点和 10 个障碍点。生态安全格局主要包括苍山、洱海、金沙江、澜沧江、怒江、瑞丽江、大盈江、西双版纳傣族自治州等生态区。生态安全格局可以被划分为三个主要区域：西北部低阻力—廊道密集区、中西部中等阻力—多廊道区、东部高阻力—少廊道地区，对应西北部生态盈余区、中西部生态平衡区、东部生态脆弱区。

（1）西北部生态盈余区

　　西北部生态盈余区主要分布在包括怒江傈僳族自治州、迪庆藏族自治州、丽江市在内的纵向山谷中。生态廊道以羽状结构连接生态源地。生态廊道的平均电流密度较低，几乎没有夹点和障碍点。丽江市、香格里拉市和泸水市的几个夹点可能是耕地开发和城市扩张的威胁导致的，增加了南北方向生态过程的流动难度。

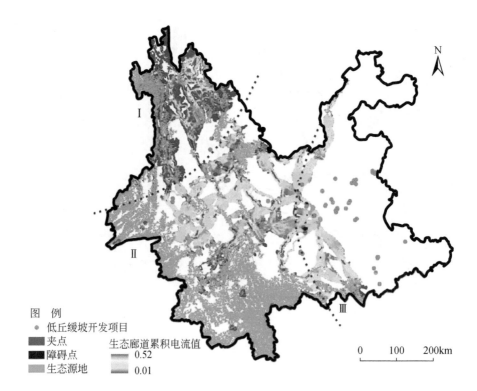

图3-13　云南省生态安全格局及低丘缓坡开发项目空间格局

注：I. 西北部生态盈余区；II. 中西部生态平衡区；III. 东部生态脆弱区

（2）中西部生态平衡区

中西部生态平衡区主要分布在山体和宽谷，包括大理白族自治州、德宏傣族景颇族自治州、楚雄彝族自治州、西双版纳傣族自治州及保山市、临沧市、普洱市等城市。这一区域的平均电流值高于西北部纵向河谷地区。生态廊道数量多，平均长度较短，形成了密集的网络。生态廊道的某些部分有较小的夹点和障碍点，是生态保护和修复的优先区域。这一区域分布在南亚热带和亚热带地区，水热条件较好，原始森林、野生动植物和水资源丰富。在城市群开发建设过程中，要加强澜沧江流域和洱海流域的生态保护，特别是针对生物多样性和热带雨林的保护。

（3）东部生态脆弱区

东部生态脆弱区包括昆明市、玉溪市、曲靖市、昭通市、红河哈尼族彝族自治州、文山壮族苗族自治州等经济较发达地区。这一区域生态廊道的数量极少，平均阻力值较高。这一区域的南部，特别是红河哈尼族彝族自治州附近，由于生态本底较差、人口快速增加、耕地和建设用地开发过度，存在很多夹点，因此需要加大生态修复的力度。

3.2.5 讨论与结论

3.2.5.1 土地开发与生态保护的冲突

为了缓解人类对耕地和建设用地需求的冲突，云南省开展了低丘缓坡开发项目。截至2017年，云南省已开展低丘缓坡开发试点项目81个，分布在除怒江傈僳族自治州外的15个地级市或自治州。这些项目在一定程度上保护了平原地区的耕地，为城市建设和工业发展提供了空间。但低坡丘陵地区生态脆弱，土地开发与人类活动可能导致生态系统退化。因此，有必要分析低丘缓坡开发和生态安全保护之间的潜在冲突。

在图3-13中，位于生态安全格局范围内的21个项目（占总数的25.9%）可能会加剧生态阻力，降低生态连通性，导致较高的潜在生态风险。因此，需要投入更多社会资本来保护项目周边的生态源地、生态廊道和夹点。项目越多意味着人为干扰越多，潜在的生态保护投入也越多。其中，有10个项目位于普洱市、德宏傣族景颇族自治州、西双版纳傣族自治州的生态源地，另外11个项目位于昆明市、玉溪市、楚雄彝族自治州、大理白族自治州等的生态廊道。另外，还有16个项目位于生态廊道周围2km的缓冲区内。

目前，这些低丘缓坡开发项目主要根据城市或工业建设的工程适宜性和对当地环境的影响进行布局，更关注当地的经济成本和经济效益，而不是区域生态安全和可持续性发展。这些项目造成的人为干扰导致了潜在的重大生态风险。为了最大限度地减少未来的生态问题，需要将项目的战略影响评估提升到省级生态安全的层面。

3.2.5.2 阻力阈值对生态廊道提取的影响

生态廊道在维持生态过程方面发挥重要作用，其承担的生态功能与空间范围密切相关。生态廊道的范围依据累积阻力的特定阈值确定（图3-14），随着累积阻力阈值以1000为步长，从1000增加到10 000，生态安全格局的面积占云南省总面积的比例分别为34.1%、42.6%、46.7%、49.9%、54.1%、56.5%、60.9%、61.9%、64.3%和68.3%。生态廊道的面积随着阈值的增加而增加，但空间分布整体格局几乎不变。夹点的最大累积电流值随着阈值的增加逐渐降低，因为较宽的廊道有效增加了连接路径，使电流分流。夹点的位置没有显著变化，说明保护景观关键位置的自然生态系统对确保区域生态安全是有效的。

3.2.5.3 结论

发达国家因为城市化程度高，人口密度低，自然资源丰富，空间保护优先次序强调自然生态系统的独特性和脆弱性。相反，在中国等发展中国家，自然生境在快速的城市化进

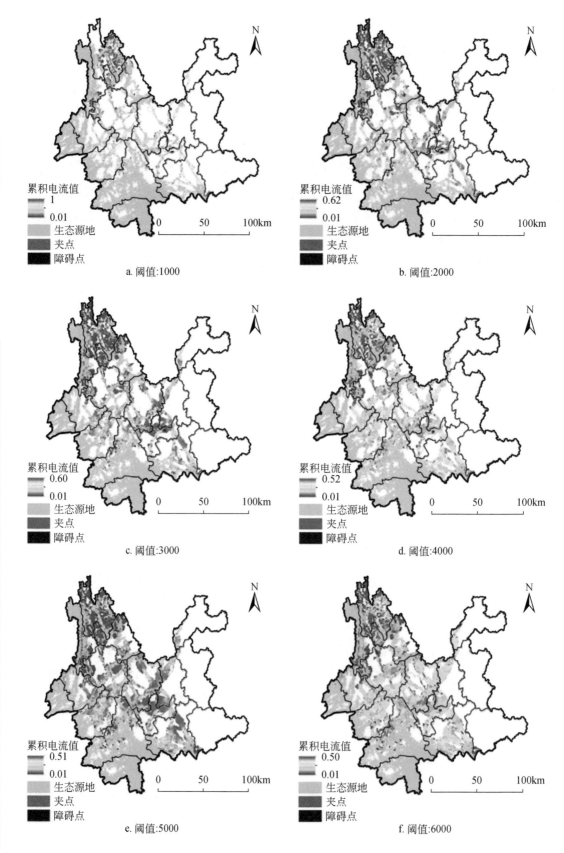

a. 阈值:1000

b. 阈值:2000

c. 阈值:3000

d. 阈值:4000

e. 阈值:5000

f. 阈值:6000

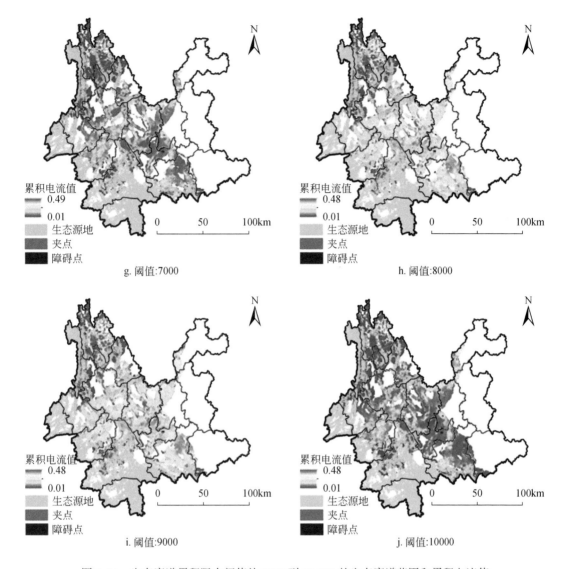

图 3-14　生态廊道累积阻力阈值从 1000 到 10 000 的生态廊道范围和累积电流值

程中受到了高强度的人为干扰，只有基于底线思维的方法才能实现生态保护与经济发展的双赢。以往研究构建了流域或县域尺度的生态安全格局，但仅识别了生态廊道的方向而缺少具体范围的识别。本节基于生态系统服务和电路模型，为生态安全格局的构建提供了一个能够确定生态廊道的空间范围和关键节点位置的新方法。云南省生态安全格局由以林地为主的生态源地和沿山林带状分布的生态廊道组成，包括 66 个生态源地、186 条生态廊道、24 个夹点和 10 个障碍点。现有自然保护区中有 75.9% 的面积被纳入生态源地。云南省低丘缓坡开发项目被证实对区域生态安全施加了巨大的人为压力，应重新评估这些项目的合理性。此外，应优先重视夹点和障碍点，对其开展生态保护和修复。

3.3 基于蚁群算法的生态廊道提取 [*]

3.3.1 问题的提出

区域生态安全格局构建研究中生态廊道识别方法较多（Rouget et al., 2006；Parks et al., 2013；Bhowmik et al., 2015），其中最小累积阻力模型因其能够很好地模拟景观对源间生态流过程的影响而得到了广泛认可与应用（Wang et al., 2008；Hepcan and Özkan, 2011）。但是，在基于栅格数据的最小累积阻力分析中，最终识别结果为连续的空间栅格或矢量线状要素，因此仅能识别出生态廊道的基本走向而无法客观地确定生态廊道的空间范围与宽度阈值。总的来说，当前诸多生态安全格局的研究和规划实践中仍缺少生态廊道宽度识别的算法。

蚁群算法最早由 Dorigo 等（1996）提出，该算法通过模拟蚂蚁觅食过程中最快搜索到最短路径的方法实现多目标优化问题的最优解搜索。蚁群系统中大量蚂蚁在搜索最优解过程中会在走过的路线留下信息素从而实现基于启发信息空间分布的最优解搜索（Li and Chan Hilton, 2007；Zhang et al., 2017），能够满足构建相对连续的栅格区域的路径的需求。同时，信息素具有空间扩散特征，能够为信息流空间范围的识别提供定量支持。

本节以北京市为例，旨在优化传统蚁群算法，同时结合核密度估计方法，在生态安全格局构建过程中识别生态廊道的宽度。近年来，由于北京市城市建设用地的扩张，生态用地不断被压缩或侵占，导致区域生物多样性丧失、生态系统服务降低。构建生态安全格局是推进生态建设、限制城市无序扩张的重要途径。基于上述目标，本节首先综合生境维持、产水、土壤保持和 $PM_{2.5}$ 植被削减四种生态系统服务评估生境重要性，进而结合景观格局指数识别北京市生态源地，然后利用最小累积阻力模型确定生态源地间的生态廊道走向，结合蚁群算法和核密度估计方法确定生态廊道的空间范围，并确定生态廊道修复关键点。

3.3.2 数据

本节主要使用以下六大类数据集：①GlobeLand30 土地利用与覆被数据，空间分辨率为 30m；②交通路网数据，来自 Open Street Map；③高程数据来自 ASTER GDEMV2 产品，空间分辨率为 30m；④MODIS 蒸散数据、归一化植被指数产品与叶面积指数（Leaf Area

* 本节内容主要基于：Peng J, Zhao S Q, Dong J Q, et al. 2019. Applying ant colony algorithm to identify ecological security patterns in megacities. Environmental Modelling & Software, 117: 214-222. 本节中的插图和表格是根据上述文献中对应的图表修改、重绘而成。

Index，LAI）产品来自 LP DAAC 平台，重采样至 30m 空间分辨率；⑤覆盖北京、天津、河北范围的气象站点监测数据，主要包括 20 时～20 时降水数据及日平均风速数据，来自中国气象数据网；⑥2010 年全球近地表 $PM_{2.5}$ 浓度均值栅格数据，来自 Atmospheric Composition Analysis Group 平台，基于 MODIS 气溶胶数据采用优化估算模型进行反演，并进一步结合 $PM_{2.5}$ 地表监测值，运用地理加权回归的方法进行了相应的校正。

3.3.3 方法

3.3.3.1 基于生态系统服务重要性和景观连通性的生态源地识别

从生境重要性的角度识别区域生态系统服务重要性的空间差异，从景观连通性的角度识别不同生态用地斑块在空间格局中的重要程度，结合生境重要性与景观连通性综合评价生态用地保护重要性。由于北京市的快速城市化，城市热岛效应逐年加剧，引发了生物多样性丧失、水资源缺乏、水土流失、空气污染程度加剧等多种生态环境问题（Jenerette and Potere，2010；Asgarian et al.，2015；Peng et al.，2016）。评估生境维持、产水、土壤保持及 $PM_{2.5}$ 植被削减等生态系统服务，将四项服务重要性评价结果归一化相加得到北京市生境重要性评估结果。其中，生境维持服务应用 InVEST 模型生境质量模块计算（Cotter et al.，2017），相关参数设置参考已有研究（Polasky et al.，2011；Sharp et al.，2018）；产水服务采用水量平衡法评估；土壤保持服务运用修正土壤流失方程进行评估（Rozos et al.，2013；Chen and Zha，2016）；$PM_{2.5}$ 植被削减服务选取当前应用较为广泛的 $PM_{2.5}$ 植被削减模型进行评估（Nowak et al.，2013），该模型主要考虑非降雨日植被削减 $PM_{2.5}$ 的量，计算公式见式（3-6）和式（3-7）。最终，将各生态系统服务评价结果归一化后按照自然断点法分为极低、低、中等、高、极高 5 个级别。进一步基于可能连通性指数（PC）评价景观连通性（Carranza et al.，2012），方法详见 2.1.3.3 节，应用 Conefor 插件及 Conefor Sensinode 2.2 软件计算。将生境重要性和景观连通性的归一化值相叠加，得到生态用地保护重要性，识别生态用地保护重要性的最高级别的生态用地作为生态源地。

$$I = F \times A \times T \times (1 - R) \tag{3-6}$$

$$F = V_d \times C \times 3600 \tag{3-7}$$

式中，I 为 $PM_{2.5}$ 植被削减量；F 为 $PM_{2.5}$ 植被削减通量；A 为叶表面积；T 为评估时长；R 为 $PM_{2.5}$ 重悬浮率；V_d 为 $PM_{2.5}$ 植被削减速率；C 为 $PM_{2.5}$ 浓度。需要注意的是，重悬浮率参数及植被削减速率参数与风速直接相关（Nowak et al.，2013）。

3.3.3.2 基于蚁群算法和核密度估计的生态廊道提取

应用传统蚁群算法在栅格空间中进行寻路分析的空间处理时，有必要考虑到栅格数据组织形式的空间邻接特性，否则可能会出现以下问题：①若每只蚂蚁的节点间移动为完全随机选择，会很容易出现某只蚂蚁在局部最优解中无限循环的情况；②空值栅格可能导致蚁群算法效率降低；③信息素空间分布结果的相对离散特征对最终生态廊道范围划定形成阻碍。为解决上述三个问题，本节将基于蚁群算法的生态廊道提取工作分为三个主要步骤：①数据准备，主要包括基于土地利用类型的生态阻力面构建、基于最小累积阻力模型的生态廊道基本走向识别、基于生态廊道基本走向和欧式距离分布特征的蚁群寻路方向控制图层构建；②蚁群寻路，基于蚁群算法的生态源地间生态廊道空间范围识别；③数据后处理，基于蚁群信息素残留的核密度估计生成密度值表面，最终提取生态廊道空间范围，并结合生态源地构建生态安全格局，确定生态廊道修复关键点。

（1）数据准备

生态阻力面反映了不同物种在空间中移动的过程。根据土地利用类型将生态阻力系数设置为建设用地最高、林地最低，林地、园地、草地、水体、耕地、未利用土地、乡村道路、主要道路、铁路和其他建设用地的阻力系数依次为 1、3、7、15、20、50、70、90、90、100。在蚁群算法中，生态阻力值的高低被视为蚂蚁从起始像元移动至目标像元的距离，即生态阻力值越高，蚂蚁行进距离越远。

（2）蚁群寻路

借助最小累积阻力模型判别两源地之间生态廊道的基本走向，首先得到生态廊道走向线，而后采用缓冲区分析构建距离生态廊道走向线特定半径的缓冲区，将其作为蚁群算法的分析范围。在缓冲区范围内计算栅格到生态廊道走向线的欧氏距离，同时判定同一欧氏距离值的栅格点走向相同，即与生态廊道走向线基本一致并呈空间平行关系。方向代码基于八邻域定义，从左上到右下再到左上的八个走向分别编码为 0 到 7。为避免蚂蚁在搜寻最优路线时陷入无限循环，研究判定与当前栅格走向夹角小于等于 90°的方向范围内的栅格点为处于当前位置的蚂蚁下一步可以去的方向，进而控制当前位置的蚂蚁能够朝源地终点方向移动。每只蚂蚁基于蚁群算法中的转移概率及局部较优解、全局较优解的更新策略，在分析范围内从起始源点到终止源点逐栅格移动。设置在每次迭代的过程中有 10 只新的蚂蚁从起始点出发开始寻路过程，从而在一定程度上逐步优化前期迭代过程中已经找到的局部较优结果。设定在已有 100 只蚂蚁到达终点且全局最优解在最新的 200 次迭代中未被更新，则程序自动跳出循环，或整体循环次数达到 6 万次，则跳出循环过程。最终保存当前演化状态下的空间信息素图层，空间栅格信息素的量直接反映生物借助生态廊道进行迁徙的过程中选择对应栅格的可能性高低。

（3）数据后处理

基于蚁群算法的空间信息素分布结果，运用核密度估计方法构建核密度值表面。核密度估计在概率论中常被用来估计未知的概率密度函数，属于非参数估计方法之一（Brunsdon，1995；Shi，2010）。常用的 Rosenblatt-Parzen 核密度估计方法公式如下：

$$\hat{f} = \frac{1}{nh}\sum_{i=1}^{n}k(s,h) \tag{3-8}$$

$$k(s,h) = \frac{1}{\sqrt{2\pi}h}\exp\left(-\frac{s^2}{2h^2}\right) \tag{3-9}$$

式中, $\hat{f}$ 为潜在空间概率密度值 $f(\hat{x})$ 的估算值; h $(h>0)$ 为带宽; s 为待估算点位 x 到样本点 X_i 的距离, 即 $s = |x-X_i|$; n 为样本数量; $k(s, h)$ 为核函数, 通常为高斯核函数。

具体而言, 通过可变带宽的核密度估计分析得到相应的核密度值表面, 应用分位数重分类的方法, 将核密度值表面除去 0 值以外的其他值分为 9 级。通过对比分析各生态廊道的密度值分布与阻力面空间特征, 确定相应的重分类阈值, 需要确保划分出的生态廊道既能很好地反映生态廊道在相应区域阻力背景下的宽度与走向变化, 又能够相对较大程度地保证生态廊道在生态源地间的连通程度。

3.3.4 结果

3.3.4.1 生态系统服务

北京市生境维持、产水、土壤保持、PM$_{2.5}$ 植被削减生态系统服务的空间格局如图 3-15 所示。整体上, 北京市人类活动对生态用地的影响呈环状扩散特征, 随着与中心城区距离的增加, 生境质量逐渐提升, 相应区域的生物多样性随之增加。相比之下, 远郊区的其他威胁源虽对区域生境质量具有一定程度的胁迫, 但由于其分布相对离散, 对周边生境的破坏程度和影响范围远不如中心城区内的关键威胁源（如建设用地）强烈。

就产水服务而言, 石景山区的产水能力基本处于极低的水平, 约占全区的面积 98%。这种情况同样出现在朝阳区、丰台区及海淀区, 低重要性级别的区域占全区面积的一半以上。通州区具有相对较高的产水能力, 高产水和极高产水等级的面积约占全区总面积的 59.70% 和 23.45%。类似的高产水区分布特征同样出现在平谷区及顺义区, 尤其是平谷区内产水服务基本以极高级别为主, 约占全区面积的 94.1%。

就土壤保持服务而言, 门头沟区、平谷区、密云区、怀柔区和延庆区具有高比例的极高土壤保持等级斑块, 特别是在门头沟区, 极高土壤保持面积和高土壤保持面积分别占全区面积的 8.88% 和 25.15%。房山区、昌平区、石景山区则呈现出极低土壤保持等级面积为主导的情形, 极低土壤保持等级区域占全区总面积的 50%~75%。

就 PM$_{2.5}$ 植被削减服务而言, 中心城区普遍呈现出整体服务偏低的特点, 极低等级的区域约占总面积的 60% 以上, 如海淀区、石景山区、丰台区和朝阳区。在其他平原地区, 如大兴区、通州区、顺义区, 低重要性区域约占全区面积的 70% 左右。然而, 在山地区域的平谷区、昌平区、怀柔区、门头沟区、密云区和延庆区, 极高和高 PM$_{2.5}$ 植被削减能力等级的区域面积占全区面积均超过了 30%。

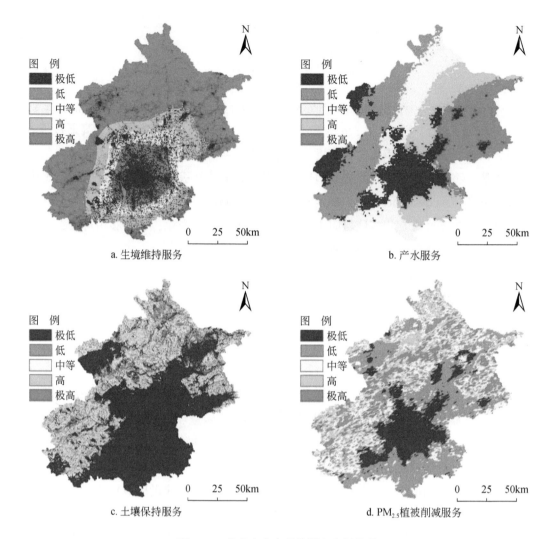

图 3-15　北京市生态系统服务空间格局

3.3.4.2　生态源地空间格局

等权重综合叠加上述四类生态系统服务评估结果,分级制图得到北京市生境重要性,如图 3-16 所示。顺义区、昌平区、通州区的低、中等、高生境重要性区域基本各占全区面积的 30% 左右。而极高生境重要性区域主要分布在平谷区、密云区和怀柔区,共占极高等级区域总面积的 89.70%。进一步评估北京市生态用地斑块的景观连通性发现,大型生态用地斑块主要位于延庆区和昌平区,连通了北京市北部山区和西部地区,具有全域最高的景观连通性(图 3-16)。密云区和平谷区同样具有连通性较高的斑块。北京市南部和城区周边的生态用地规模相对更小、更破碎,导致这些区域景观连通性相对较低。

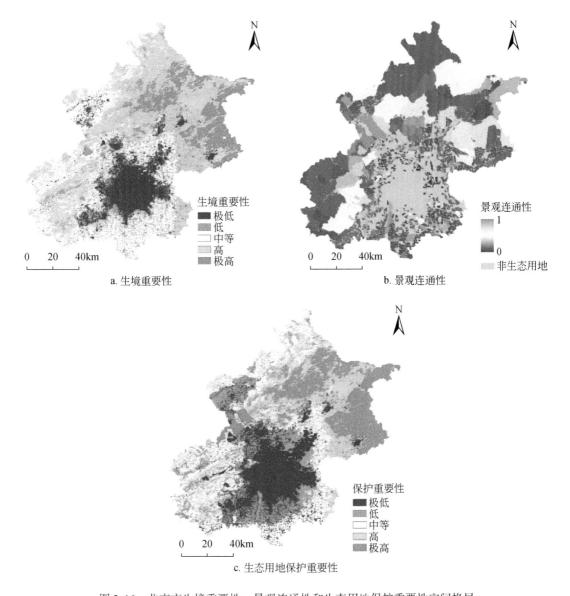

图 3-16　北京市生境重要性、景观连通性和生态用地保护重要性空间格局

　　综合叠加生境重要性和景观连通性得到北京市生态用地保护重要性空间格局（图3-16）。整体呈现出北部高而中部、东部及南部低的空间格局。北京市中心城区的石景山区、朝阳区、丰台区、海淀区生态用地保护重要性指数整体为极低水平，山区的生态用地保护重要性指数则为中等或较高水平。大兴区、通州区、顺义区、房山区、门头沟区主要由低生态用地保护重要性或中等生态用地保护重要性主导（面积比例超过50%），而极高重要性区域不足5%。相反，平谷区和密云区具有最高的生态用地保护重要性，极高等级区域分别占全区面积的67.35%和54.04%。

　　基于上述评估结果，选取极高生态用地保护重要性区域为北京市生态源地。其中，超过三分之一的生态源地斑块集中分布于密云区，面积约为 1191.66km²；平谷区、怀柔区也具有较多生态源地，面积分别为 628.38km² 和 597.70km²；昌平区、延庆区的生态源地面积约占全市生态源地总面积的 8%。尽管门头沟区与房山区也位于山地区域，但均受到人类活动较为严重的影响，各自仅保有北京市不足 3% 面积比例的生态源地。总体而言，共识别生态源地 3119.65km²，主要分布于北京市东北部、北部及西北部山区，同时在西南部地区分布有少量相对离散的生态源地。

3.3.4.3 生态廊道

以生态源地的几何中心为生态源点，基于生态阻力面，运用 ArcGIS 软件的 Cost Distance、Cost Back Link 及 Cost Path 工具识别生态廊道走向线（图 3-17a）。然后对每一条廊道走向线构建半径为 900m 的缓冲区，即为蚁群算法进行解搜索的分析区域。在所识别的缓冲区范围内，应用 Euclidean Distance 工具构建欧氏距离图层并重分类为 31 类（类别代码为 0 至 30），相邻类别之间欧氏距离的差约为 30m（图 3-17b）。基于欧氏距离图层和蚁群算法识别生态廊道宽度的设计思路，首先得到分析区范围内栅格走向代码图，然后应用蚁群算法并借助重分类方法将信息素图层进行二分类显示。通过设定分类阈值，剔除空间极低信息素量栅格并合并拥有较高与极高信息素量的栅格，得到具有相对高值的信息素量栅格点空间格局（图 3-17c）。最后将信息素栅格点转为矢量点，应用可变带宽的核密度估计方法，将核密度值应用分位数重分类方法分为 9 类（图 3-17d）。

信息素分布结果显示，空间信息素格局与局部生态阻力格局的关系主要在以下两个区域值得关注：①局部阻力值斑块破碎程度较高、异质性明显的地区（图 3-17c）。区域低生态阻力栅格呈现出破碎化的特征，尤其体现在被高生态阻力斑块分割为多块或直接被隔断。从信息素高值点的空间格局来看，高值点的分布在高生态阻力斑块的夹逼之下连通低生态阻力斑块。②局部阻力值斑块较为连续，整体相对均质的地区（图 3-17c）。这些区域的高信息素点阵在到达高生态阻力斑块前就被压缩到靠近相对低生态阻力斑块的一侧。因此，蚂蚁选择的高空间信息素栅格点基本均位于低生态阻力区域。

核密度估计表面展示了不同级别的核密度分类值在空间格局上的显著差异。其中，核密度表面的最高三级不仅保持了相对连通的特性，还很好地显示了生态廊道宽度和轴线偏移量的空间形态变化，因此将最高三级核密度表面划定为生态廊道范围。此外，不同级别核密度值突变的位置主要由高阻力值斑块将生态廊道切断所导致，据此可以判定出生态廊道斑块在具体保护实践中极易受到人类活动影响的空间点，这些点在生态廊道识别中应当被判定为修复生态廊道的关键点。

3.3.4.4 生态安全格局

选定所有五个生态源点中位于全域最东部的生态源点为起点，西南部的生态源点为

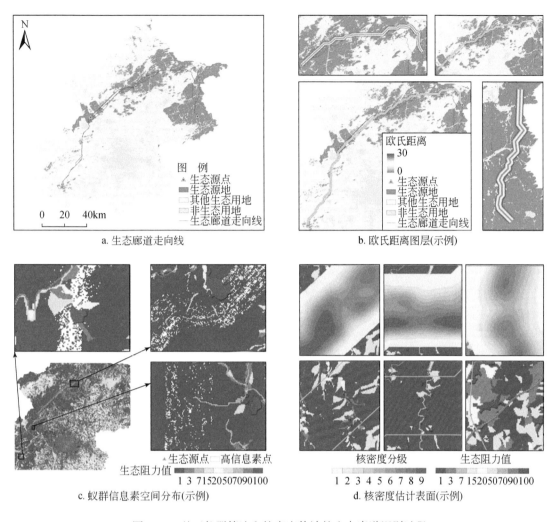

图 3-17　基于蚁群算法和核密度估计的生态廊道识别过程

终点。以最小累积阻力模型所识别的生态廊道走向线中各个廊道的总阻力值为两节点间路径的总长度，最终借助蚁群算法进行搜索，找到能够遍历所有生态源点的一组阻力值总和最小的生态廊道作为全域范围内的关键廊道，其他生态廊道判定为潜在生态廊道，最终构建起由生态源地、关键生态廊道、潜在生态廊道、廊道修复关键点组成的北京市生态安全格局（图 3-18）。在北京市东北部山区，由于未利用地、林地等用地类型分布相对多样且平均，生态廊道的宽度变化频繁、走向也较为多样。相比之下，位于北京市中心城区与延庆区之间的生态廊道是连通北京市北部与西部山区的唯一通道，整体生态廊道较宽、面积较大。

　　总体而言，北京市生态源地主要分布于北京市北部、东北部山区，总面积约3119.65km²。关键生态廊道总面积为 198.86km²，潜在生态廊道总面积为 567.30km²。除了北京市北部密云区的少量斑块外，大部分关键生态廊道都被潜在生态廊道所包围，因此

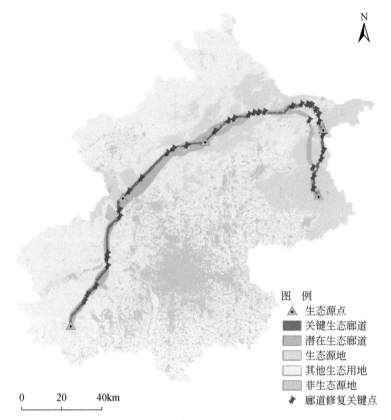

图 3-18 北京市生态安全格局

图 例

▲ 生态源点

■ 关键生态廊道

■ 潜在生态廊道

生态源地

其他生态用地

非生态源地

⚓ 廊道修复关键点

0   20   40km

潜在生态廊道在保障生态源地间的连通外，也为关键生态廊道提供了基本安全与功能完整性的重要保障。基于区域生态阻力值分布及关键生态廊道的核密度估计表面，共在关键生态廊道上识别出廊道修复关键点 38 个，基本位于道路与生态廊道的交点以及空间孤立的高生态阻力斑块与生态廊道的交点。

3.3.5 讨论与结论

3.3.5.1 讨论

生态安全格局的构建是维持区域生态系统结构与过程完整性的重要空间途径。相关研究主要集中在生态源地和生态廊道走向的定量识别。本节综合了优化的蚁群算法和核密度估计方法，在识别传统研究中生态廊道基本走向的基础上，还明确了生态廊道的范围和修复关键点，构建了更完善的生态安全格局体系。

具体而言，本节方法的第一个优势在于结合蚁群算法与核密度估计方法能够有效识别出生态廊道的空间范围。以往研究多通过研究目标物种的行动范围面积或半径判断生态廊道的宽度（Harrison et al., 1992；Lima and Gascon, 1999），但半径的设置具有很强的区域和物种依赖性（Nathan et al.，2008；Zeller et al.，2014）。本节借助蚁群演化结果的信息素空间图层及可变带宽核密度估计方法，将相对离散的信息素图层转为相对平滑的核密度图层，依据密度值高低的分布特征及相对平滑的数据值分布趋势，识别生态廊道的空间范围。第二个优势在于建立了更完善的区域生态安全格局构建范式，即不仅关注生态源地与生态廊道的识别，同时通过分析相对平滑的核密度空间格局与生态阻力分布特征，确定了生态廊道中被高阻力值截断的关键点，借助蚁群算法确定了遍历所有生态源地的关键生态廊道及其缓冲范围，区分了关键生态廊道与潜在生态廊道，为识别完整的、具有实践价值的生态安全格局提供了重要案例支撑。

除上述优势外，本节研究仍存在一定不足之处。一方面，本节研究主要基于当前状态下的生态系统服务与景观连通性识别生态源地，缺少对未来区域生态系统潜在变化的考量，特别是城市化进程中人类干扰下的生态系统退化问题。另一方面，结合蚁群算法与核密度估计方法识别区域生态廊道空间范围，仍面临以下两个问题：一是栅格节点的顺序组织对约束蚁群在有解空间中进行最优解搜索时不确定性的影响，二是面临着栅格数据量过大带来的蚁群搜索算法收敛至最优解时间过长的问题。因此，未来的研究应寻找更优的栅格节点顺序组织策略和更高效的机器学习算法。

3.3.5.2　结论

本节应用GIS技术、空间分析模型，综合考虑生境重要性和景观连通性识别出北京市生态源地，综合应用最小累积阻力模型、优化的蚁群算法及核密度估计方法确定了生态廊道的基本走向、空间范围和廊道修复关键点，构建了完善的北京市生态安全格局。结果表明，蚁群算法可以较好地应用于生态廊道的空间范围识别，北京市生态源地主要分布于北京市北部和东北部山区，西北部生态廊道较宽且流畅，东北部生态廊道宽度变化频繁。本节提出了计算生态廊道范围的新思路，而廊道宽度的确定有助于更好地保护本地物种、保障区域生物多样性，也能够为城市规划中的生态保护与修复提供空间指引。

3.4　基于空间连续小波变换的生态廊道提取[*]

3.4.1　问题的提出

为了提取生态廊道，最小累积阻力模型、电路模型被提出并得到了广泛的应用（Teng

---

　　[*] 本节内容主要基于：Dong J Q, Peng J, Liu Y X, et al. 2020. Integrating spatial continuous wavelet transform and kernel density estimation to identify ecological corridors in megacities. Landscape and Urban Planning, 199：103815. 本节中的插图和表格是根据上述文献中对应的图表修改、重绘而成。

et al.，2011）。最小累积阻力模型虽然有效识别了连接两个核心生境斑块的最小累积阻力路径，但识别结果多是具有方向性的线状要素（Etherington and Holland，2013；Shi et al.，2018）。电路模型模拟生物在斑块间的随机游走路径（McRae et al.，2008），高电流值对应于生物运动经过的高概率，高电流值区域被识别为生态廊道（Dickson et al.，2019）。和最小累积阻力模型类似，电路模型的模拟结果能够较好刻画生境斑块间的生态廊道走向，但在确定生态廊道宽度阈值时仍然依赖于斑块间电流值的分布特征，高电流值范围的确定仍多是主观选择（Peng et al.，2018b）。因此，确定反映局部本底对物种运动影响的生态廊道宽度阈值仍然是值得关注的难点。

根据景观生态学边缘过渡和陡度原理，当斑块边缘与周边环境对比度高时，物种会优先选择在边缘内运动，同时斑块边缘能够缓解外界对斑块内部的不利影响（邬建国，2000；Ries et al.，2004）。因此，本节将生态廊道边界点看作是连接廊道内外的生态阻力序列的突变点。空间连续小波变换作为分析空间序列不连续性或奇异点的重要方法（Quiroz et al.，2011），通过计算序列不同尺度的小波系数模极大值能够有效识别突变点位置，已经被广泛应用于城乡边缘带、农牧交错带等重要地理空间边界的识别研究中（Han et al.，2018）。

本节以北京市为研究区，考虑本底环境的局部空间差异对物种运动的影响以识别具有宽度信息的生态廊道，并提取廊道内亟需修复的热点区域。具体而言，首先采用 InVEST 模型评估北京市生境质量现状，提取核心生境斑块，综合考虑地形条件和人类活动强度构建生态阻力面。然后基于最小累积阻力模型识别廊道走向线，提取与走向线像元垂直的生态阻力样带，应用空间连续小波变换识别样带突变点，即生态廊道边界点。最后，定义修复系数并提取边界点内所有像元及高修复系数像元，对其分别进行核密度估计，进一步识别出生态廊道的空间范围和关键修复区域。

3.4.2 数据

本节主要使用以下数据：①北京市 2015 年土地利用数据，来自中国科学院资源环境科学与数据中心，空间分辨率为 30m，合并为水田、旱地、森林、灌木、高覆盖草地、低覆盖草地、水体、建设用地、未利用地等九种土地利用类型；②北京市 2015 年人口密度数据和 2016 年道路数据集，来自中国科学院资源环境科学与数据中心，空间分辨率为 1km；③北京市数字高程数据（GDEM V2 版），由日本经济产业省和美国国家航空航天局联合研制并对外发布，数据空间分辨率为 30m；④北京市 NPP-VIIRS 夜间灯光数据，由美国地球观测委员会在美国国家海洋和大气管理局平台对外发布，数据空间分辨率为 15 弧秒，选择 2015 年度的"vcm-orm-ntl"数据，该数据去除了异常值并过滤了火光及其他短暂光源区域，可靠性较高。

3.4.3　方法

3.4.3.1　基于 InVEST 模型的生境质量评估

核心生境斑块提取是识别生态廊道的首要步骤。核心生境斑块作为高生境质量的空间单元，是生物栖息的主要场所。因此，评估生境质量并保护核心生境斑块对防止生态系统退化至关重要（Fuller et al., 2007）。应用 InVEST 模型生境质量模块，假定越敏感的生境类型越容易受到威胁源的影响而增加生态系统退化的风险（Terrado et al., 2016）。选取水田、旱地、森林、灌木、高覆盖草地、低覆盖草地及水体作为适宜生物栖息的生境类型，将建设用地、未利用地、人口及道路作为威胁源。其中，建设用地和未利用地图层由北京市 2015 年土地利用数据提取，每平方千米的人口数量和道路总长度（高速和铁路）表征人类活动对生境的威胁（Gao et al., 2017）。参考前人研究设置威胁源的最大影响距离、权重、衰减方式及不同生境类型的敏感性系数，具体如表 3-1 所示。

表 3-1　生境质量评估的威胁源参数

威胁源	权重	最大影响距离/km	衰减函数
建设用地	0.8	5	线性
未利用地	0.4	1	线性
人口	0.9	6	线性
道路	0.5	2.5	线性

3.4.3.2　基于地形与人类活动修正生态阻力面

生态阻力值的大小反映了生物运动的难易程度（Avon and Bergès, 2016），已有研究多通过专家打分法对不同土地利用类型进行赋值，但忽视了同一土地利用类型的内部差异（Miquelle et al., 2015）。实际上生物运动会受到自然条件和社会经济活动的共同影响，即同一土地利用类型内，人类活动强度越高、地形变化越复杂，生态阻力值就越高。因此综合考虑北京市地形条件和人类活动强度，修正依据土地利用类型赋值的初始阻力值。

栅格单元上的地形变化可以用地表曲率表征（Shary et al., 2002），地表曲率绝对值越高，地表越呈现上凸或下凹地形，地表弯曲变化程度越大，越不利于生物在该栅格单元上运动。地表曲率基于 DEM 数据在 ArcGIS 10.5 中计算得到。夜间灯光强度在一定程度上反映了区域内的人类活动强度（Li et al., 2013）。人类活动越频繁，夜间灯光越亮，检测到的夜间灯光强度值越大。修正公式如下：

$$R = R_0 \times \left(0.5 \times \frac{\mathrm{NL}_i}{\mathrm{NL}_{\mathrm{mean}}} + 0.5 \times \frac{C_i}{C_{\mathrm{mean}}} \right) \tag{3-10}$$

式中，R 为修正后的生态阻力值；R_0 为初始阻力值；NL_i 为栅格 i 的夜间灯光强度；NL_{mean} 为该栅格对应的土地利用类型的平均夜间灯光强度；C_i 为栅格 i 的地表曲率绝对值；C_{mean} 为该栅格对应的土地利用类型的平均地表曲率绝对值。对人类活动强度和地形条件赋予 0.5 的等权重。参考已有研究，水田、旱地、森林、灌木、高覆盖草地、低覆盖草地、水体、建设用地、未利用地的初始阻力值分别是 50、40、5、10、20、30、100、500 和 300（Zhang et al.，2017）。

3.4.3.3　基于空间连续小波变换和核密度估计提取生态廊道

生态廊道作为连接核心生境斑块并为生物提供迁移场所的重要景观要素（Santos et al.，2018），其宽度应随生态阻力面的空间异质性而变化。对生物而言，当它们沿着某一方向运动时，具有连续较低生态阻力值的单元会成为它们优先选择经过的区域，而在运动过程中，生态阻力值猛然升高而发生一定突变时，则会阻断生物的前进。

连续小波变换能够通过卷积运算将输入信号分解为不同尺度下的小波系数，相较于傅里叶变换，连续小波变换的时频窗口可调节，在高频部分具有较好的时间分辨率，在低频部分具有较好的频率分辨率（Martínez and Gilabert，2009）。研究表明，通过分析小波系数模极大值能够有效识别时间序列上的突变位置。空间连续小波变换是连续小波变换在空间域的表达（Cheng et al.，2014；Huang et al.，2015）。将时域范围转化为空间距离范围，那么地理空间序列通过空间连续小波变换之后的小波系数模极大值与原始序列的突变位置相对应。

然而，序列的空间连续小波变换结果是受尺度影响的，在较小尺度上计算得到的小波系数模极大值包含更多的噪声点，在较大尺度上计算得到的小波系数模极大值则会丢失更多的序列信息，都会影响到突变点的提取效果。因此，有必要先确定序列进行空间连续小波变换的适宜尺度。通过绘制不同尺度下小波方差的变化过程，选取最大小波方差对应的尺度为计算小波系数模极大值的适宜尺度，因为小波方差能够反映信号在不同尺度的强弱变化，而最大方差对应的尺度为序列中起主要作用的尺度（Peng et al.，2016）。

最小累积阻力模型无法识别具有明确宽度的生态廊道，但最小累积阻力路径作为廊道走向线是廊道边界识别的基础（Peng et al.，2019）。具体而言，首先基于最小累积阻力模型生成廊道走向线并将其转换成连续像元，然后确定任意两个相邻像元的连线方向，提取与连线方向相垂直的两侧剖面线上的生态阻力序列，最后应用空间连续小波变换识别序列突变点，即为廊道边界点。当序列生态阻力值没有明显突变时，定义序列终点为廊道边界点。

经过空间连续小波变换识别的突变点集合整体上能够反映生态廊道的空间边界范围，但难以自动高效地提取生态廊道这一面状要素。通过对剖面序列上突变位置内所有像元点进行核密度估计来解决这一问题。核密度估计是非参数估计概率密度的方法之一，能够根据空间样本点要素生成连续的核密度表面（Brunsdon，1995）。根据核密度值的空间特征可以有效提取具有宽度的生态廊道。具体而言，通过核密度估计得到核密度表面，应用自然断点法将核密度值划分为 9 级（除去 0 密度值）。通过对比分析生态廊道内密度值与生态阻力值的空间分布特征，划定核密度值的重分类阈值（本节中为前 7 级核密度表面），该阈值要保证提取出的核密度面边界与突变点位置和走向相似，又能够较大程度保障核心生境斑块间的连通性。

3.4.3.4　修复系数定义与关键修复区域识别

作为一种连接核心生境斑块以保障区域生态系统完整性的空间结构，生态廊道内关键修复区域的提取是生态廊道建设实践的重要环节。关键修复区域是生态廊道中生物运动的"瓶颈区"，一般具有两个特征：一是廊道宽度较窄导致局部活动范围较小；二是局部阻力值较高从而对运动产生较大阻碍。已有研究对关键修复区域的识别多通过主观判断生态廊道与阻力值的空间特征实现，其结果多为点状信息，在规划实践中仅为指示作用，难以提取空间范围。依据关键修复区域的两大特征，定义如下修复系数：

$$R_c = \sum_{i=1}^{n} \frac{R_i}{L} \tag{3-11}$$

式中，i 为生态廊道中生态阻力序列中的第 i 个像元；n 为该生态阻力序列的像元数目；R_i 为序列中像元 i 的生态阻力值；L 为序列的实际长度。修复系数用于表征生物通过该生态廊道的某一横断面时需要克服的单位距离阻力值。具体而言，将修复系数计算结果分为高、中、低三个等级，对高修复系数点进行核密度估计，应用自然断点法将核密度值划分为 9 级（除去 0 密度值），提取最高的七级为生态廊道核心修复区。

3.4.4　结果

3.4.4.1　生境质量与核心生境斑块

北京市生境质量评估结果如图 3-19 所示。高人口密度和道路密度及建设用地集聚导致城市中心区域（如西城区和东城区）生境质量低，整体上无法为生物栖息与生存提供适宜场所。城市中心对周边郊区呈现明显的扩散威胁特征，特别是朝阳区、丰台区和海淀区，虽然这些区域内具有一些良好的物种栖息地（如颐和园、奥林匹克公园），但受到了威胁源的影响，具有较高的生态系统退化风险，平均生境质量值分别只有 0.13、0.16、0.22。西部和北部山区生态用地具有较高的生境质量，也是北京市自然保护区的核心分布区域，其中西南部门头沟区和北部怀柔区平均生境质量最高，分别为 0.81、0.77。

北京市主要物种为哺乳动物和大中型鸟类，活动范围较广，因此筛选面积大于

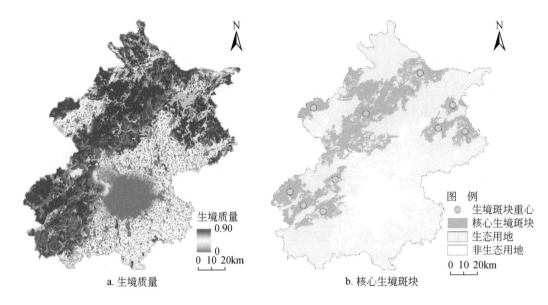

a. 生境质量　　　　　　　　　　　　　　　b. 核心生境斑块

图 3-19　北京市生境质量与核心生境斑块

100km² 的高生境质量斑块作为核心生境斑块（图 3-19b）。共提取了 10 个核心生境斑块，总面积 3652.75km²，最大斑块位于昌平区、延庆区和怀柔区交界区域，面积为 1722.42km²。核心生境斑块间出现明显断隔的区域位于昌平区和门头沟区的交界处、延庆区中心及密云区中心。

3.4.4.2　生态阻力面与生态廊道

基于地形条件和人类活动强度修正的生态阻力面如图 3-20 所示。整体上，北京市生态阻力值呈现从城市中心向郊区逐渐减小的趋势。城市中心高生态阻力区域由高初始阻力值的建设用地和高夜间灯光强度共同主导，郊区局部高生态阻力区域由高地表曲率绝对值决定。进一步提取核心生境斑块的重心作为生态廊道识别的起止点，基于构建的生态阻力面，采用 Linkage Mapper 工具在 ArcGIS 10.5 软件中生成廊道走向线。共提取了 21 条生态廊道走向线，核心斑块内部廊道走向平稳，核心斑块之间廊道走向变化频繁，特别是东北部密云水库周边区域（图 3-20）。这主要与该区域土地利用类型多样且破碎化严重有关。廊道走向线最长的三个区分别为密云区（11 890.29m）、延庆区（18 551.38m）和昌平区（18 623.93m）。

将生态廊道走向线转换成连续像元，确定任意两个相邻像元的连线方向，提取与连线方向相垂直的两侧剖面序列，剖面序列长度为 1800m。已有研究多采用"db3"小波进行突变点检测并取得了较好的结果，利用"db3"小波对剖面序列在 1 到 32 的尺度上计算小波系数方差。尺度为 3 时的小波系数方差最大。在剖面序列为 3 的尺度上计算小波系数模极大值并检测突变点。

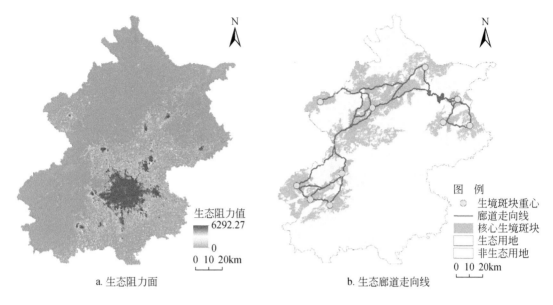

图 3-20　北京市生态阻力面和生态廊道走向线

识别出北京市生态廊道共 1414.67km² （图 3-21），主要以森林、灌木、水体、高覆盖草地、旱地为主，面积分别约占生态源地总面积的 75.92%、11.96%、4.19%、3.47%、3.43%。高植被覆盖区作为生态廊道的核心区域，利于物种栖息和运动。生态廊道边界随生态阻力值的空间差异而变化，整体表现出核心生境斑块内部生态廊道（面积占比 70.78%）较宽、边界变化平稳，核心生境斑块之间生态廊道较窄、边界变化频繁的特点。核心生境斑块之间的生态廊道是防治生态系统退化、进行生态修复的重点区域。密云区、门头沟区和延庆区包含的生态廊道面积最大，分别为 289.26km²、306.41km² 和 415.72km²。

3.4.4.3　关键修复区域

如图 3-21 所示，提取了 36 处关键修复区域，总面积为 76.31km²，主要位于生态廊道较窄或局部生态阻力值较大的区域。密云区、延庆区、昌平区内关键修复区域面积大，分别为 27.18km²、15.86km²、15.27km²。其中，北京市东北部和西南部的关键修复区域比较密集。东北部山区景观破碎化严重、异质性较强，高生态阻力斑块压缩低生态阻力斑块导致较多区域生态廊道狭窄，修复系数偏高。西南部作为近年来北京市城市扩张的重点区域，人类活动强度增大导致局部累积生态阻力较大，修复系数较高。

识别具有空间范围的生态廊道与关键修复区域对落实生态保护与修复措施至关重要。选择了三个典型生态廊道区域（图 3-22 中 C1、C2、C3）和三个典型关键修复区（图 3-22 中 R1、R2、R3）以分析保护修复策略。生态廊道主要分布于水体（C1）、低海拔连续分布的林地（C2）、横跨高海拔山脉的林地（C3），应分别落实严格且禁止建设活动的生态保护红线政策、限制人类活动以防止斑块破碎化、设置利于物种生存和迁徙的"踏脚石"

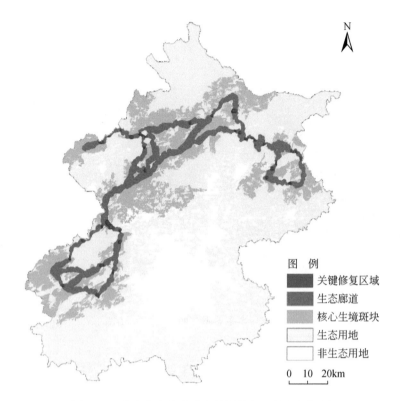

图 3-21 北京市生态廊道与关键修复区域空间格局

斑块。关键修复区域主要分布于采矿侵占的生态用地（R1）、农用地与生态用地矛盾区域（R2）、旅游发展影响下的生态用地（R3），应分别采取低效采矿用地开垦或生态绿化、保证永久基本农田前提下将破碎和低质量耕地转为林地、限制最大游客接待量以保障生态承载力等措施。

3.4.5 讨论与结论

3.4.5.1 讨论

作为一种识别空间序列突变点的重要方法，空间连续小波变换在本节中被用于提取生态廊道的边界点。以往研究提取生态廊道最常用的方法为最小累积阻力模型，假设物种在生境斑块间的每一次最佳运动路径都是最小成本，本质上是从物种局部路径选择的视角出发，确定生境斑块间生态廊道走向的重要方法。与连接走向相垂直或呈一定夹角的生态廊道宽度，多是根据全样本的累积阻力值分布特征进行主观判断的。为定量识别生态廊道的宽度阈值，本节先应用最小累积阻力模型确定物种在核心生境斑块间最理想的运动路径，进而应用空间连续小波变换识别若干段路径两侧生态阻力序列的突变点，即为生态廊道的

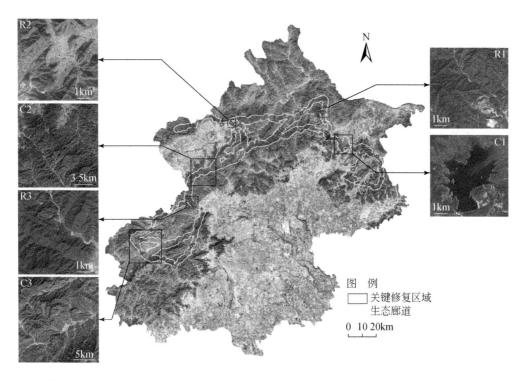

图 3-22　北京市典型生态廊道区域（C1、C2、C3）和关键修复区域（R1、R2、R3）

边界点。

理论上，所有边界点的无交叉连线形成最理想的生态廊道边界，但本节中的生态阻力序列方向各异且边界点数量过多（如最长的廊道走向线被分解为 7572 个像元点，应用空间连续小波变换识别出 23058 个边界点），无交叉的连线很难实现。因此将"从边界点到边界线"的问题转化为"从边界内点到边界内面"的问题，核密度估计正是解决这一问题的有效途径。生态阻力序列突变阈值内的像元表征了适宜物种运动和栖息的位置，提取这些点位并进行非参数估计能够高效得到具有宽度信息的生态廊道，既能反映空间连续小波变换识别的边界点的空间变化特征，又能防止生态廊道过于破碎化。

此外，本节方法在未来仍有以下优化潜力：一方面，本节在应用空间连续小波变换识别突变点时，选择了与廊道走向线相垂直的两个方向的生态阻力序列作为典型序列，但是以廊道走向线上任一像元为起点，生物的可运动方向为 360°，因此可提取许多条生态阻力序列来识别突变点，但考虑到数据计算成本，仅选择了廊道走向线平行范围内的最大扩展方向的生态阻力序列来识别突变点。另一方面，基于廊道宽度和生态阻力值定义了修复系数并提取了生态廊道内的关键修复区域，本质上是对不利于生物运动的关键区域的识别，但在未来的城市规划与城市管理中，究竟应该采取何种针对措施修复这些区域还值得探讨。例如，在人类活动频繁的高生态阻力斑块压缩林地遍布的低生态阻力斑块的背景下，廊道过窄导致修复系数偏大的区域，能够通过优化绿地的空间配置来开展修复；但对于局

第 3 章　生态廊道提取与安全格局构建

.... 139

部生境条件良好，却因地形偏陡造成生态阻力值偏高而导致修复系数偏大的山区，还难以制定科学有效的规划方案与应对策略。

3.4.5.2 结论

整体而言，生态廊道通过连接离散生境斑块促进了物种之间的联系，是防止生态系统退化、生物多样性丧失的重要手段。本节针对传统生态廊道识别模型关注廊道走向而忽视廊道宽度阈值的问题，以北京市为例，在提取核心生境斑块和构建生态阻力面的基础上，考虑局部环境对物种运动的影响，应用空间连续小波变换和核密度分析方法识别具有宽度属性的生态廊道，同时定义修复系数提取廊道内的关键修复区域。结果表明，北京市核心生境斑块总面积约为 3652.75km^2，生态廊道总面积约为 1414.67km^2，主要分布在北京市西部和北部山区。提取了 36 处关键修复区域，主要分布在生态廊道较窄或局部生态阻力值较大的区域。本节提供了生态廊道宽度识别的重要方法创新，同时能够为保障区域生态安全提供规划指引。

参 考 文 献

曹璞源，胡胜，邱海军，等. 2017. 基于模糊层次分析的西安市地质灾害危险性评价. 干旱区资源与环境，31（8）：136-142.

陈昕，彭建，刘焱序，等. 2017. 基于"重要性—敏感性—连通性"框架的云浮市生态安全格局构建. 36（3）：471-484.

冯险峰，孙庆龄，林斌. 2014. 区域及全球尺度的 NPP 过程模型和 NPP 对全球变化的响应. 生态环境学报，23（3）：496-503.

胡道生，宗跃光，许文雯. 2011. 城市新区景观生态安全格局构建——基于生态网络分析的研究. 城市发展研究，18（6）：37-43.

黎燕琼，张海鸥，龚固堂，等. 2012. 成都市景观生态安全格局动态变化. 西南林业大学学报，32（6）：48-53.

李军玲，郭其乐，彭记永. 2012. 基于 MODIS 数据的河南省冬小麦产量遥感估算模型. 生态环境学报，21（10）：1665-1669.

梁友嘉，徐中民. 2012. 基于 LUCC 和夜间灯光辐射数据的张掖市甘州区人口空间分布建模. 冰川冻土，34（4）：999-1006.

刘珍环，王仰麟，彭建，等. 2011. 基于不透水表面指数的城市地表覆被格局特征——以深圳市为例. 地理学报，66（7）：961-971.

彭建，李丹丹，张玉清. 2007. 基于 GIS 和 RUSLE 的滇西北山区土壤侵蚀空间特征分析——以云南省丽江县为例. 山地学报，25（5）：548-556.

彭建，贾靖雷，胡熠娜，等. 2018. 基于地表湿润指数的农牧交错带地区生态安全格局构建——以内蒙古自治区杭锦旗为例. 应用生态学报，29（6）：1990-1998.

彭建，郭小楠，胡熠娜，等. 2017. 基于地质灾害敏感性的山地生态安全格局构建——以云南省玉溪市为例．应用生态学报，28（2）：627-635.

苏泳娴，张虹鸥，陈修治，等．2013. 佛山市高明区生态安全格局和建设用地扩展预案．生态学报，33
（5）：1524-1534.

王洁，李锋，钱谊，等．2012. 基于生态服务的城乡景观生态安全格局的构建．环境科学与技术，35
（11）：199-205.

邬建国．2000. 景观生态学：格局、过程、尺度与等级．北京：高等教育出版社．

熊光洁，王式功，李崇银，等．2014. 三种干旱指数对西南地区适用性分析．高原气象，33（3）：
686-697.

尹海伟，孔繁花，祈毅，等．2011. 湖南省城市群生态网络构建与优化．生态学报，31（10）：
2863-2874.

张玉虎，李义禄，贾海峰．2013. 永定河流域门头沟区景观生态安全格局评价．干旱区地理，36（6）：
1049-1057.

赵文亮，贺振，贺俊平，等．2012. 基于 MODIS-NDVI 的河南省冬小麦产量遥感估测．地理研究，31
（12）：2310-2320.

周锐，王新军，苏海龙，等．2015. 平顶山新区生态用地的识别与安全格局构建．生态学报，35（6）：
2003-2012.

周锐，王新军，苏海龙，等．2014. 基于生态安全格局的城市增长边界划定——以平顶山新区为例．城
市规划学刊，（4）：57-63.

朱强，俞孔坚，李迪华．2005. 景观规划中的生态廊道宽度．生态学报，25（9）：2406-2412.

Adriaensen F，Chardon J P，Blust G D，et al. 2003. The application of 'least-cost' modelling as a functional
landscape model. Landscape and Urban Planning，64（4）：233-247.

Albanese G，Haukos D A. 2016. A network model framework for prioritizing wetland conservation in the Great
Plains. Landscape Ecology，32：115-130.

Asgarian A，Amiri B J，Sakieh Y. 2015. Assessing the effect of green cover spatial patterns on urban land surface
temperature using landscape metrics approach. Urban Ecosystems，18：209-222.

Avon C，Bergès L. 2016. Prioritization of habitat patches for landscape connectivity conservation differs between
least-cost and resistance distances. Landscape Ecology，31：1551-1565.

Beier P，Majka D R，Spencer W D. 2008. Forks in the road：Choices in procedures for designing wildland
linkages. Conservation Biology，22：836-851.

Bhowmik A K，Metz M，Schäfer R B. 2015. An automated，objective and open source tool for stream threshold
selection and upstream riparian corridor delineation. Environmental Modelling & Software，63：240-250.

Breckheimer I，Haddad N M，Morris W F，et al. 2014. Defining and evaluating the umbrella species concept for
conserving and restoring landscape connectivity. Conservation Biology，28（6）：1584-1593.

Brennan A，Naidoo R，Greenstreet L，et al. 2022. Functional connectivity of the world's protected areas.
Science. 376（6597）：1101-1104.

Brunsdon C. 1995. Estimating probability surfaces for geographical point data：An adaptive kernel algorithm.
Computers and Geosciences，21（7）：877-894.

Carranza M L, D'Alessandro E, Saura S, et al. 2012. Connectivity providers for semi-aquatic vertebrates: The case of the endangered otter in Italy. Landscape Ecology, 27: 281-290.

Carroll C, Roberts D R, Michalak J L, et al. 2017. Scale-dependent complementarity of climatic velocity and environmental diversity for identifying priority areas for conservation under climate change. Global Change Biology, 23 (11): 4508-4520.

Chen S, Zha X. 2016. Evaluation of soil erosion vulnerability in the Zhuxi watershed, Fujian Province, China. Natural Hazards, 82: 1589-1607.

Cheng T, Riaño D, Ustin S L. 2014. Detecting diurnal and seasonal variation in canopy water content of nut tree orchards from airborne imaging spectroscopy data using continuous wavelet analysis. Remote Sensing of Environment, 143: 39-53.

Chetkiewicz C L B, St. Clair C C, Boyce M S. 2006. Corridors for conservation: Integrating pattern and process. Annual Review of Ecology, Evolution, and Systematics, 37: 317-342.

Cotter M, Häuser I, Harich F K, et al. 2017. Biodiversity and ecosystem services: A case study for the assessment of multiple species and functional diversity levels in a cultural landscape. Ecological Indicators, 75: 111-117.

Dickson B G, Albano C M, Anantharaman R, et al. 2019. Circuit-theory applications to connectivity science and conservation. Conservation Biology, 33 (2): 239-249.

Dilts T E, Weisberg P J, Leitner P, et al. 2016. Multiscale connectivity and graph theory highlight critical areas for conservation under climate change. Ecological Applications, 26 (4): 1223-1237.

Dorigo M, Maniezzo V, Colorni A. 1996. Ant system: Optimization by a colony of cooperating agents. IEEE Transactions on Systems, Man, and Cybernetics, Part B (Cybernetics), 26 (1): 29-41.

Etherington T R, Holland E P. 2013. Least-cost path length versus accumulated-cost as connectivity measures. Landscape Ecology, 28: 1223-1229.

Fuller T, Sánchez-Cordero V, Illoldi-Rangel P, et al. 2007. The cost of postponing biodiversity conservation in Mexico. Biological Conservation, 134 (4): 593-600.

Gao Y, Ma L, Liu J X, et al. 2017. Constructing ecological networks based on habitat quality assessment: A case study of Changzhou, China. Scientific Reports, 7: 46073.

Gaubi I, Chaabani A, Mammou A B, et al. 2017. A GIS-based soil erosion prediction using the Revised Universal Soil Loss Equation (RUSLE) (Lebna watershed, Cap Bon, Tunisia). Natural Hazards, 86: 219-239.

Gurrutxaga M, Rubio L, Saura S. 2011. Key connectors in protected forest area networks and the impact of highways: A transnational case study from the Cantabrian Range to the Western Alps (SW Europe). Landscape and Urban Planning, 101 (4): 310-320.

Han Y N, Peng J, Meersmans J, et al. 2018. Integrating spatial continuous wavelet transform and normalized difference vegetation index to map the agro-pastoral transitional zone in Northern China. Remote Sensing, 10 (12): 1928.

Harrison R L. 1992. Toward a Theory of Inter-Refuge Corridor Design. Conservation Biology, 6 (2): 293-295.

Hepcan Ç C, Özkan M B. 2011. Establishing ecological networks for habitat conservation in the case of Çeşme-Urla Peninsula, Turkey. Environmental Monitoring and Assessment, 174: 157-170.

Hodson M, Marvin S. 2009. 'Urban ecological security': A new urban paradigm?. International Journal of Urban and Regional Research, 33 (1): 193-215.

Hossain M S, Dearing J A, Eigenbrod F, et al. 2017. Operationalizing safe operating space for regional social-ecological systems. Science of the Total Environment, 584-586: 673-682.

Huang G Y, Newchurch M J, Kuang S, et al. 2015. Definition and determination of ozone laminae using Continuous Wavelet Transform (CWT) analysis. Atmospheric Environment, 104: 125-131.

Jenerette G D, Potere D. 2010. Global analysis and simulation of land-use change associated with urbanization. Landscape Ecology, 25: 657-670.

Jiang C, Wang F, Zhang H Y, et al. 2016. Quantifying changes in multiple ecosystem services during 2000–2012 on the Loess Plateau, China, as a result of climate variability and ecological restoration. Ecological Engineering, 97: 258-271.

Jiang H, Peng J, Dong J Q, et al. 2021. Linking ecological background and demand to identify ecological security patterns across the Guangdong-Hong Kong-Macao Greater Bay Area in China. Landscape Ecology, 36: 2135-2150.

Knaapen J P, Scheffer M, Harms B. 1992. Estimating habitat isolation in landscape planning. Landscape and Urban Planning, 23 (1): 1-16.

Koen E L, Bowman J, Sadowski C, et al. 2014. Landscape connectivity for wildlife: Development and validation of multispecies linkage maps. Methods in Ecology and Evolution, 5 (7): 626-633.

Kong F H, Yin H W, Nakagoshi N, et al. 2010. Urban green space network development for biodiversity conservation: Identification based on graph theory and gravity modeling. Landscape and Urban Planning, 95 (1-2): 16-27.

Leonard P B, Duffy E B, Baldwin R F, et al. 2017. GFLOW: Software for modelling circuit theory-based connectivity at any scale. Methods in Ecology and Evolution, 8 (4): 519-526.

Li C, Li J X, Wu J G. 2013. Quantifying the speed, growth modes, and landscape pattern changes of urbanization: A hierarchical patch dynamics approach. Landscape Ecology, 28: 1875-1888.

Li Y H, Chan Hilton A B. 2007. Optimal groundwater monitoring design using an ant colony optimization paradigm. Environmental Modelling & Software, 22 (1): 110-116.

Lima M G D, Gascon C. 1999. The conservation value of linear forest remnants in central Amazonia. Biological Conservation, 91 (2-3): 241-247.

Liu Y Z, Theller L O, Pijanowski B C, et al. 2016. Optimal selection and placement of green infrastructure to reduce impacts of land use change and climate change on hydrology and water quality: An application to the Trail Creek Watershed, Indiana. Science of the Total Environment, 553: 149-163.

Martínez B, Gilabert M A. 2009. Vegetation dynamics from NDVI time series analysis using the wavelet transform. Remote Sensing of Environment, 113 (9): 1823-1842.

McRae B H, Beier P. 2007. Circuit theory predicts gene flow in plant and animal populations. Proceedings of the

National Academy of Sciences of the United States of America, 104 (50): 19885-19890.

McRae B H, Dickson B G, Keitt T H, et al. 2008. Using circuit theory to model connectivity in ecology, evolution, and conservation. Ecology, 89 (10): 2712-2724.

Miao Z H, Pan L, Wang Q Z, et al. 2019. Research on urban ecological network under the threat of road networks: A case study of Wuhan. ISPRS International Journal of Geo-Information, 8 (8): 342.

Miquelle D G, Ermoshin V, Hernandez-Blanco J A, et al. 2015. Identifying ecological corridors for Amur tigers (Panthera tigris altaica) and Amur leopards (Panthera pardus orientalis). Integrative Zoology, 10 (4): 389-402.

Mu H W, Li X C, Ma H J, et al. 2022a. Evaluation of the policy-driven ecological network in the Three-North Shelterbelt region of China. Landscape and Urban Planning, 218: 104305.

Mu H, Li X C, Wen Y N, et al. 2022b. A global record of annual terrestrial Human Footprint dataset from 2000 to 2018. Scientific Data. 9: 176.

Nathan R, Getz W M, Revilla E, et al. 2008. A movement ecology paradigm for unifying organismal movement research. Proceedings of the National Academy of Sciences of the United States of America, 105 (49): 19052-19059.

Nowak D J, Hirabayashi S, Bodine A, et al. 2013. Modeled $PM_{2.5}$ removal by trees inten U.S. cities and associated health effects. Environmental Pollution, 178: 395-402.

Parks S A, Mckelvey K S, Schwartz M K. 2013. Effects of weighting schemes on the identification of wildlife corridors generated with least-cost methods. Conservation Biology, 27 (1): 145-154.

Peng J, Pan Y J, Liu Y X, et al. 2018a. Linking ecological degradation risk to identify ecological security patterns in a rapidly urbanizing landscape. Habitat International, 71: 110-124.

Peng J, Shen H, Wu W H, et al. 2016. Net primary productivity (NPP) dynamics and associated urbanization driving forces in metropolitan areas: A case study in Beijing City, China. Landscape Ecology, 31: 1077-1092.

Peng J, Yang Y, Liu Y X, et al. 2018b. Linking ecosystem services and circuit theory to identify ecological security patterns. Science of the Total Environment, 644: 781-790.

Peng J, Zhao S Q, Dong J Q, et al. 2019. Applying ant colony algorithm to identify ecological security patterns in megacities. Environmental Modelling & Software, 117: 214-222.

Peng J, Zhao S Q, Liu Y X, et al. 2016. Identifying the urban-rural fringe using wavelet transform and kernel density estimation: A case study in Beijing City, China. Environmental Modelling & Software, 83: 286-302.

Polasky S, Nelson E, Pennington D, et al. 2011. The impact of land-use change on ecosystem services, biodiversity and returns to landowners: A case study in the state of Minnesota. Environmental and Resource Economics, 48: 219-242.

Quiroz R, Yarlequé C, Posadas A, et al. 2011. Improving daily rainfall estimation from NDVI using a wavelet transform. Environmental Modelling & Software, 26 (2): 201-209.

Ries L, Fletcher R J, Battin J, et al. 2004. Ecological responses to habitat edges: Mechanisms, models, and variability explained. Annual Review of Ecology, Evolution, and Systematics, 35: 491-522.

Rouget M, Cowling R M, Lombard A T, et al. 2006. Designing large-scale conservation corridors for pattern and process. Conservation Biology, 20 (2): 549-561.

Rozos D, Skilodimou H D, Loupasakis C, et al. 2013. Application of the revised universal soil loss equation model on landslide prevention: An example from N. Euboea (Evia) Island, Greece. Environmental Earth Sciences, 70: 3255-3266.

Santos J S, Cristina C, Leite C, et al. 2018. Delimitation of ecological corridors in the Brazilian Atlantic Forest. Ecological Indicators, 88: 414-424.

Sharp R, Tallis H T, Ricketts T, et al. 2018. InVEST 3.5.0: User's Guide. The Natural Capital Project, Stanford University, University of Minnesota, The Nature Conservancy, and World Wildlife Fund.

Shary P A, Sharaya L S, Mitusov A V. 2002. Fundamental quantitative methods of land surface analysis. Geoderma, 107 (1-2): 1-32.

Shi H, Shi T, Yang Z P, et al. 2018. Effect of roads on ecological corridors used for wildlife movement in a natural heritage site. Sustainability, 10 (8): 2725.

Shi X. 2010. Selection of bandwidth type and adjustment side in kernel density estimation over inhomogeneous backgrounds. International Journal of Geographical Information Science, 24 (5): 643-660.

Spear S F, Balkenhol N, Fortin M J, et al. 2010. Use of resistance surfaces for landscape genetic studies: Considerations for parameterization and analysis. Molecular Ecology, 19 (17): 3576-3591.

Steffen W, Richardson K, Rockström J, et al. 2015. Planetary boundaries: Guiding human development on a changing planet. Science, 347 (6223): 1259855.

Sutcliffe O L, Bakkestuen V, Fry G, et al. 2003. Modelling the benefits of farmland restoration: Methodology and application to butterfly movement. Landscape and Urban Planning, 63 (1): 15-31.

Sutton-Grier A E, Wowk K, Bamford H. 2015. Future of our coasts: The potential for natural and hybrid infrastructure to enhance the resilience of our coastal communities, economies and ecosystems. Environmental Science & Policy, 51: 137-148.

Teng M J, Wu C G, Zhou Z X, et al. 2011. Multipurpose greenway planning for changing cities: A framework integrating priorities and a least-cost path model. Landscape and Urban Planning, 103 (1): 1-14.

Terrado M, Sabater S, Chaplin-Kramer B, et al. 2016. Model development for the assessment of terrestrial and aquatic habitat quality in conservation planning. Science of the Total Environment, 540: 63-70.

Tucker M A, Böhning-Gaese K, Fagan W F, et al. 2018. Moving in the Anthropocene: Global reductions in terrestrial mammalian movements. Science. 359 (6374): 466-469.

Wang Y H, Yang K C, Bridgman C L, et al. 2008. Habitat suitability modelling to correlate gene flow with landscape connectivity. Landscape Ecology, 23: 989-1000.

Zeller K A, McGarigal K, Beier P, et al. 2014. Sensitivity of landscape resistance estimates based on point selection functions to scale and behavioral state: Pumas as a case study. Landscape Ecology, 29 (3): 541-557.

Zhang L Q, Peng J, Liu Y X, et al. 2017. Coupling ecosystem services supply and human ecological demand to identify landscape ecological security pattern: A case study in Beijing-Tianjin-Hebei region, China. Urban Ecosystems, 20: 701-714.

生态安全格局优化

生态安全格局作为区域赖以生存和发展的自然基础与生态保障，是平衡区域发展与生态保护的有效空间途径。然而，传统的生态安全格局构建往往关注单一尺度、面向单一目标、考虑单一条件，且具有重保护、轻修复的弊端。为了减轻这些弊端对保护有效性的影响，当前研究针对生态安全格局的优化开展了深入的探索。生态安全格局优化通常从多尺度、多情景、多目标和保护修复一体化等不同角度对区域生态源地、生态廊道、战略点进行优化重组，有利于合理配置区域生态资源，改善区域生态空间结构，进而促进区域可持续发展。尺度是生态安全格局研究的重要维度，不同尺度下识别的生态安全格局存在显著差异。为了减轻单一尺度可能导致的构建结果偏差，满足更大范围的生态保护需求，需要基于多尺度视角对生态源地的布局进行优化。此外，考虑到单一保护目标下构建的生态安全格局难以满足多样化的保护目标和多个利益主体的复杂生态保护需求，多目标视角成为优化生态源地空间格局的新途径。对生态廊道的优化通常采用情景模拟方法，分析不同的生态修复和城市开发建设情景对生态廊道构建的影响。战略点的优化常通过识别夹点与障碍点作为生态保护修复优先区，探索生态安全保格局优化的空间策略实现，进而推动一体化生态保护修复。

4.1 区域协同生态安全格局[*]

4.1.1 问题的提出

尺度是景观生态学领域的重要研究视角，主要包括粒度和幅度两个维度（Lam and Quattrochi，1992）。大多数可持续景观格局研究涉及尺度问题时主要关注粒度变化（空间分辨率的降低或增大）对景观可持续管理的影响（Wu，2004；Marsik et al.，2018），而较少关注幅度变化的影响。作为景观生态学"格局—过程—尺度"理论的重要实践（Opdam et al.，2009）和实现景观可持续管理的有效途径，生态安全格局目前已经形成了"生态源

---

* 本节内容主要基于：Dong J Q，Peng J，Xu Z H，et al. 2021. Integrating regional and interregional approaches to identify ecological security patterns. Landscape Ecology，36：2151-2164. 本节中的插图和表格是根据上述文献中对应的图表修改、重绘而成。

地—生态廊道"的基本研究范式，并进一步涉及战略点识别（Li et al., 2020a; Zhang et al., 2017），但仍聚焦于单一尺度内生态源地、生态廊道和战略点的空间识别方法，缺少生态安全格局在不同尺度下的识别结果差异分析及多尺度综合方法的探究，特别是幅度变化对生态源地和生态廊道的空间格局与景观结构的影响还鲜有涉及。已有研究在城市群、省级、市级、县级等不同幅度水平识别区域生态安全格局（Li et al., 2019; Wang and Pan, 2019），但多以行政区为研究范围，过于局限（如区域视角）的研究幅度下行政边界会破坏生态源地的自然连续性，缺乏与行政边界外生态源地的连通，特别是对由生态用地环绕的中心发展型城市影响尤大（Peng et al., 2019）。若幅度范围过大而包含多个行政区域（如跨区域视角），构建的生态安全格局可能难以满足局地生态保护需求，特别是整体生态质量偏低的城市。因此，有必要整合不同幅度下的生态安全格局构建结果。

为了弥补区域生态安全格局构建研究忽略幅度变化的不足，本节一方面以潍坊市为研究区中心，同时考虑包括与潍坊市相邻的六个城市在内的更大幅度范围，以生态系统服务重要性评估为基础，应用最小累积阻力模型和电路模型，旨在整合区域视角和跨区域视角识别以潍坊市为中心的区域生态安全格局，并对比其与单一视角下（区域视角和跨区域视角）生态安全格局识别结果的相似性与差异性；另一方面，以潍坊市为中心，在不同分位数阈值下，研究幅度的变化对高生态系统服务重要性区域识别结果的影响。

4.1.2　数据

本节主要使用了以下数据集：①潍坊市及周边城市 2015 年土地利用数据，该数据由中国科学院资源环境科学与数据中心发布，空间分辨率为 30m，合并相似性质的用地斑块，将潍坊市及周边城市土地利用类型划分为水田、旱地、林地、灌木、高覆盖草地、低覆盖草地、河流、湖泊、水库、湿地、建设用地、未利用地和海洋等 13 类；②潍坊市及周边城市数字高程数据，由 USGS 平台提供，空间分辨率约为 30m，在 Google Earth Engine 平台进行数据提取、融合与裁剪；③山东省及周边区域内各气象站点的 2015 年逐月降水数据（单位为 mm），由中国气象数据网提供，应用 Anusplin 软件实现潍坊市及周边城市的降水量插值（空间分辨率为 30m）；④潍坊市及周边城市 2015 年逐 16 天归一化植被指数产品（MOD13Q1），由 NASA-Earthdata 平台提供（空间分辨率为 250m）；⑤潍坊市及周边城市土壤属性数据库（HWSD），由联合国粮食与农业组织提供（空间分辨率为 1km）；⑥潍坊市及周边城市 2015 年人口密度数据，由中国科学院资源环境科学与数据中心提供（空间分辨率为 1km）；⑦潍坊市及周边城市 2016 年道路数据集，由北京大学城市与环境学院地理数据平台提供，提取高速路、国道、省道和市政道路四类道路用于分析。

4.1.3 方法

4.1.3.1 生态系统服务重要性评估

根据研究区自然本底特征，在潍坊市及周边城市分别评估生境维持、土壤保持、森林游憩三种重要的生态系统服务，并等权重叠加三种服务的归一化结果，得到研究区内生态系统服务重要性的评估图层。

（1）生境维持

生境维持服务反映了自然生境在人类活动干扰下的健康水平。良好的生境能够支撑区域提供优质的生态系统服务，也能够有效降低区域生物多样性丧失风险（Terrado et al.，2016；Dickson et al.，2019）。应用 InVEST 模型评估潍坊市及周边城市的生境质量，作为生境维持服务的表征，该模型强调生境质量的高低与该生境的本底条件、对威胁源的敏感程度、威胁源的最大威胁距离等因素相关（Zhang et al.，2017）。选取水田、旱地、建设用地、未利用地、人口密度及道路密度等与人类活动存在关联的变量作为威胁源，设置其他生态用地为适宜生境。

（2）土壤保持

土壤作为维持地表生态系统完整性不可或缺的重要资源之一，其性质会因剧烈的人类活动干扰而改变，对区域生境维持及固碳等重要生态系统功能产生负面作用（Jia et al.，2014）。应用修正的通用土壤流失方程模拟潍坊市及周边城市的实际土壤侵蚀量与潜在土壤侵蚀量，进一步计算评估土壤保持量（Zhao et al.，2018）。

（3）森林游憩

游憩服务强调生态空间满足人类接近并感受自然的需求，而森林景观为人们提供了徒步、爬山、露营等重要休闲游憩活动的场所（Qiao et al.，2019），因此将潍坊市及周边城市森林游憩服务重要性作为生态源地识别的重要指标。Qiu 和 Turner（2013）认为森林游憩服务与森林生境的面积和游憩机会、道路可达性以及服务人口数量等因素相关，计算公式如下：

$$FR_i = A_i(Oppt_i + pop_i + Road_i) \tag{4-1}$$

式中，FR_i 为森林斑块 i 的游憩得分；A_i 为森林斑块 i 的面积；$Oppt_i$ 反映了人们在森林生境 i 进行休闲活动的机会，通过获取旅行网站"去哪儿网"中潍坊市及周边城市森林生境景点的评论数量表征游憩机会的高低；pop_i 反映了森林斑块 i 为周边区域服务的人口数量；$Road_i$ 则体现了人们通过道路到达森林斑块 i 的可能性。

4.1.3.2 幅度变化影响分析

基于评估的潍坊市及周边城市生态系统服务重要性，进一步以潍坊市为中心，900m

（约 30 个栅格）为半径步长向外扩展形成 30 个不同的研究幅度，最终在潍坊市内（即区域视角）和 30 个扩展范围内（即跨区域视角），以 10% 到 50% 为阈值提取生态系统服务重要性高值区域，进一步计算并统计不同分位数阈值下 31 个幅度范围与潍坊市内高生态系统服务重要性区域的重合面积比例。该过程旨在确定能够同时用于区域视角和跨区域视角生态源地识别的统一阈值，也能够明晰幅度变化对生态安全格局影响的最大差异。

4.1.3.3 生态源地识别

潍坊市及周边城市范围内的生态源地识别主要包括以下两个步骤：①区域视角与跨区域视角的生态源地识别。分别在跨区域视角（潍坊市及周边城市整体区域）和区域视角（潍坊市、东营市、淄博市、临沂市、日照市、青岛市、烟台市）共八种空间范围内识别生态源地斑块，识别的阈值为生态系统服务重要性得分的前 20% 取值，且斑块面积应不低于 20km^2；②整合区域视角与跨区域视角下的生态源地。由于生态系统服务重要性具有空间异质性，区域视角下生态源地的空间位置与规模会与跨区域视角下的生态源地存在不完全匹配的问题，依据并集原则合并八种空间范围内的生态源地，保证生态用地斑块的完整性，进一步提取与潍坊市域相交的生态源地斑块。

4.1.3.4 生态廊道提取

基于最小累积阻力模型提取生态廊道，将每个生态源地看作路径连接的起点或终点，识别生态要素或生态过程从一个生态源地流向另一个生态源地的最小累积阻力路径（Harrison，1992；Santos et al.，2018），方法详见 2.1.3.4 节。参考已有案例，对潍坊市及周边城市不同土地利用类型进行赋值，分别设置水田、旱地、林地、灌木、高覆盖草地、低覆盖草地、河流、湖泊、水库、湿地、建设用地、未利用地及海洋的阻力值为 100、80、1、5、10、20、30、50、100、10、500、300 和 50（Li et al.，2020；Zhang et al.，2017）。

电路模型在识别夹点与障碍点、评估廊道连通性等方面得到了广泛应用（Pierik et al.，2016）。基于电路模型，在 ArcGIS 10.5 软件中应用 Centrality Mapper 工具评估每条生态廊道对应的生态源地的电流集中值，用以表征该生态廊道对生态安全格局连通性的重要性，方法详见 3.2.3.3 节。进一步按照分位数分级法对电流集中值进行划分，并基于划分结果将生态廊道分为关键生态廊道、一般生态廊道和脆弱生态廊道三种类型，以更清楚地描述不同等级生态廊道的空间格局。

4.1.4 结果

4.1.4.1 生态系统服务重要性

生境维持、土壤保持及森林游憩三种生态系统服务评估结果被分为五级，空间格局如

图4-1所示。生境维持服务重要性整体上呈现由威胁源（特别是建设用地）向外围逐渐升高的趋势，西南部和东北部区域的生境维持服务较高（图4-1a）。统计各行政区内生境质量不同等级的面积，发现烟台市、淄博市和临沂市的高和极高生境维持服务面积占比较高，分别占各自区域总面积的38.24%、32.42%和25.13%。相较于周边城市，潍坊市高和极高生境维持服务面积为2293.60km²，但面积占比较低（14.31%），主要分布在临朐县、青州市及诸城市（分别为700.58km²、425.39km²和244.81km²），空间上主要位于与淄博市、临沂市和日照市相邻的跨区域生态用地斑块及峡山水库等大型水体。

区域生态 安全格局构建与优化

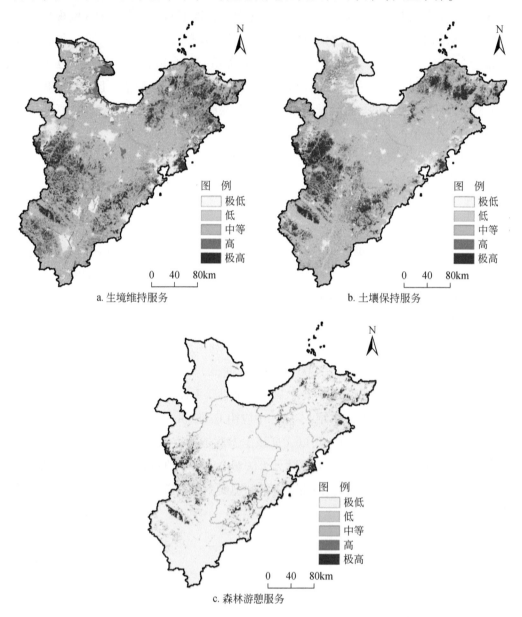

图4-1 潍坊市及周边城市生态系统服务重要性的空间格局

土壤保持服务重要性的空间格局如图 4-1b 所示。整体上，潍坊市及周边城市西北部的沿海地区土壤保持能力较弱，东北部和中部地区具有较高的土壤保持能力，主要分布在烟台市北部地区及与淄博市、临沂市、潍坊市相邻区域。统计结果表明，淄博市、日照市及烟台市高和极高土壤保持服务面积占比较高，分别为 43.07%、34.02% 和 25.18%；潍坊市高和极高土壤保持服务面积占比约为 12.51%（2003.17km²），主要分布在临朐县、青州市和安丘市，分别占潍坊市总面积的 5.25%、3.79% 以及 1.40%，而奎文区和潍城区土壤保持能力最弱，高和极高土壤保持区域面积仅有 0.46km² 和 4.28km²。

图 4-1c 为潍坊市及周边城市森林游憩服务重要性的空间格局。受森林斑块面积、人口密度及道路条件的影响，高森林游憩服务（高和极高等级）栅格的空间分布较为分散，主要位于沂蒙山旅游区和崂山风景区。淄博市、日照市、烟台市高和极高森林游憩服务面积占比相较其他城市更高，分别为 10.12%、7.71% 和 5.44%；而潍坊市占比仅为 2.18%，主要分布在临朐县（176.11km²）、诸城市（71.80km²）和青州市（71.55km²），寒亭区、坊子区及高密市内的森林斑块均处于低或极低森林游憩服务水平。

4.1.4.2　幅度变化的影响

图 4-2 揭示了在高生态系统服务重要性区域的不同分位数阈值下重合面积比的变化情况。在分位数阈值相同的情况，不同幅度范围内提取的高生态系统服务重要性区域重合面积比存在较大差异，特别是当分位数阈值在 20%~25% 时，重合面积比的最大差异达 0.24，即受幅度范围变化的影响，在区域视角和跨区域视角都能提取出的高生态系统服务重要性区域可能存在最大约 24% 的差异。统计不同分位数阈值下所有幅度范围重合面积比的平均值可以发现，当分位数阈值在 10% 和 20% 时，平均重合面积比最低，均为 0.83，即在 10% 或 20% 的分位数阈值下，区域视角和跨区域视角提取的高生态系统服务重要性区域受到的幅度变化影响最大，也进一步说明了识别生态源地过程中需要关注区域视角和跨区域视角的比较与综合，因此选择 20% 作为高生态系统服务重要性区域提取的分位数阈值。

4.1.4.3　生态源地空间格局

等权重叠加归一化的生境维持、土壤保持和森林游憩服务评估结果得到生态系统服务重要性得分，从区域视角和跨区域视角分别提取区域内的生态系统服务重要性得分位于前 20% 并且斑块面积不低于 20km² 的生态源地，空间格局如图 4-3a 和图 4-3b 所示。对比跨区域视角和区域视角的提取结果，潍坊市、青岛市、烟台市和淄博市内生态源地均存在超过 100km² 的面积差异。具体而言，潍坊市和青岛市的局地生态系统服务重要性显著低于全域平均水平，潍坊市区域视角提取生态源地为 2492.19km²，跨区域视角提取生态源地为 1522.35km²，存在 969.84km² 的差异。相似的，青岛市区域视角和跨区域视角提取的生

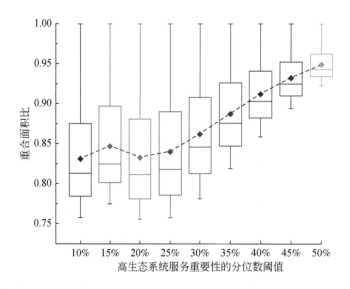

图4-2 不同分位数阈值下的高生态系统服务重要性区域重合面积比变化

态源地面积相差491.52km²。相反，烟台市和淄博市局地生态系统服务重要性显著高于全域平均水平，烟台市跨区域视角提取生态源地为2691.89km²，区域视角提取生态源地为1035.74km²，存在1656.15km²的差异。与烟台市相似，淄博市区域视角提取的生态源地较跨区域视角提取的少885.67km²。

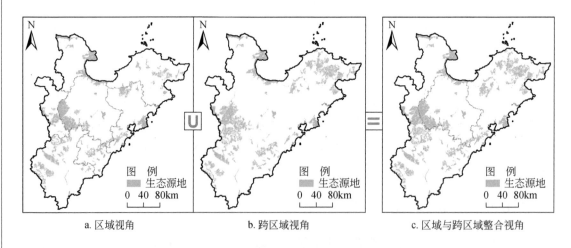

a. 区域视角   b. 跨区域视角   c. 区域与跨区域整合视角

图4-3 潍坊市及周边城市的生态源地空间格局

整合区域和跨区域视角识别的生态源地，如图4-3c所示。空间上，潍坊市及周边城市的生态源地主要分布在西部山地区域及北部沿海地区。统计结果显示，烟台市、潍坊市和临沂市生态源地数量较多，面积分别有2693.74km²、2258.87km²和2050.87km²，潍坊市内生态源地主要分布在临朐县、青州市和安丘市，分别占潍坊市总生态源地面积的

37.02%、24.87%和11.64%，特别是在青州市、临朐县和淄博市、临沂市的交界区域，存在集聚的生态源地斑块，具有较高的生态系统服务供给能力，而城市中心的潍城区和奎文区不具有生态系统服务重要性较高且有一定规模的生态源地斑块。

4.1.4.4 生态安全格局

提取与潍坊市域相交的生态源地作为中心生态源地，与中心生态源地存在生态廊道连接的生态源地为周边生态源地，生态源地斑块的重心为生态源点。进一步基于最小累积阻力模型和电路模型识别关键生态廊道、一般生态廊道和脆弱生态廊道，最终形成潍坊市生态安全格局（图4-4）。

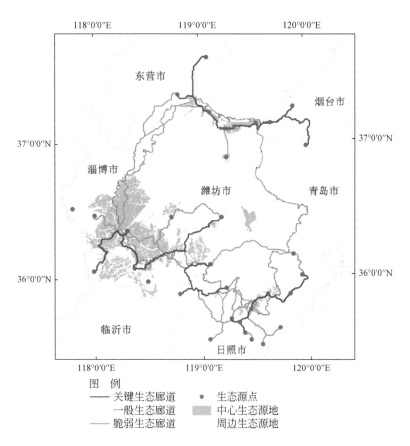

图4-4 整合区域和跨区域视角的潍坊市生态安全格局

共识别出11个中心生态源地，彼此之间由22条生态廊道连接。最大的跨区域生态源地斑块位于西南区域，面积达2706.03km²，这些中心生态源地与潍坊市外21个周边生态源地由40条生态廊道连接。在62条生态廊道中，20条关键生态廊道主要位于北部沿海地区和南部低山丘陵区，其中有70%的关键生态廊道（14条）为连通潍坊市和其他城市生态源地斑块的跨区域生态廊道。潍坊市内的生态源地斑块较小（其中最大斑块面积

161.36km^2），且以一般生态廊道和脆弱生态廊道为主。

4.1.5 讨论与结论

4.1.5.1 讨论

本节综合区域视角和跨区域视角识别潍坊市生态安全格局，弥补了在单一幅度识别生态安全格局的不足，其优势主要体现在：①由于潍坊市生态系统服务重要性水平低于全域平均水平，容易出现在全域保护过程中潍坊市局地生态源地面积的锐减问题，综合视角识别的生态安全格局则保障了局地生态保护的需求；②潍坊市内的生态源地斑块除了彼此间存在必要连通外，与周边生态源地斑块的连通也不容忽视，特别表现在生态源地斑块的自然连接、离散生态源地斑块的廊道连通等，这些跨区域的生态源地和生态廊道可能比潍坊市内的生态源地与生态廊道提供了更多的生态系统服务，具有更高的景观连通性。

进一步对比了单一视角下（区域和跨区域视角）和综合视角下的潍坊市三种生态安全格局识别结果的相似性与差异（表4-1）。主要评估了生态源地数量（NES），生态廊道数量（NEC），平均斑块面积（APA），最大斑块面积（MPA），平均廊道长度（ALEC），分离度指数（SPLIT）和平均电流值（ACF）。相较于单一视角下的生态安全格局，综合视角生态安全格局的平均斑块面积和最大斑块面积分别为359.85km^{2}和2706.04km^2，斑块的规模优势更强。与跨区域视角相比，区域视角和综合视角识别的生态源地数量和生态廊道数量更少，分离度指数更低，生态安全格局的破碎化得到了更好的控制。与区域视角相比，跨区域视角和综合视角识别的生态廊道的平均电流值更高，说明在这两种情景下生态廊道的连通性更强，对维持区域生态安全格局的稳定十分重要，其中跨区域视角的表现更加突出，可能是由于生态源地斑块更加破碎化的同时，斑块间的空间距离并未显著增加，斑块间的生态阻力值相对较低，使这些生态源地间的生态廊道连通性有所提升。

表 4-1　不同视角下潍坊市生态源地的景观指数对比

景观指数	生态安全格局的不同识别视角		
	区域视角	跨区域视角	综合视角
生态源地数量/个	11	14	11
生态廊道数量/个	25	34	22
平均斑块面积/km^2	226.56	211.10	359.85
最大斑块面积/km^2	1452.77	2058.20	2706.04
平均廊道长度/km	85.99	83.81	93.37
分离度指数	1.95	2.02	1.53
平均电流值/A	6.14	157.37	142.33

幅度变化对生态安全格局识别的影响很难忽视，这种影响同样存在于其他可持续景观格局的识别中。这种幅度影响的本质在于景观异质性，可持续景观格局识别常以生态系统功能、生态系统服务、景观连通性等典型的具有景观异质性特征的指标为基础（Li et al.，2019；Li et al.，2020a），导致同一景观在不同幅度的重要程度可能存在显著差异。此外，生态源地、生态廊道等识别过程中都存在阈值确定的过程，不同阈值导致的区域和跨区域视角结果差异也不尽相同，所以本节选取了能够造成幅度差异最大的阈值，进一步保证了综合视角识别生态源地的必要性。

4.1.5.2　结论

作为可持续景观格局的一种重要形式，生态安全格局的构建仍主要聚集景观功能重要性的空间识别，缺乏对尺度这一景观生态学核心认知的关注，特别是研究幅度变化对可持续景观格局的影响。本节以潍坊市及与其相邻的六个城市为研究区，基于生态系统服务重要性评估，依据并集原则整合区域和跨区域视角下的生态源地，进一步识别以潍坊市为中心的关键生态廊道和脆弱生态廊道，通过计算多种景观指数，比较了不同研究幅度下区域生态安全格局的差异。识别出以潍坊市为中心的 11 个中心生态源地与潍坊市外 21 个周边生态源地，存在生态廊道连接。识别出的 20 条关键生态廊道中有 70% 为连通潍坊市和其他城市生态源地的跨区域生态廊道。不同研究幅度下提取的潍坊市高生态系统服务重要性区域存在最大约 24% 的面积差异，而整合区域视角和跨区域视角识别的生态安全格局能够解决生态源地斑块破碎化、生态廊道连通性不强等问题。

4.2　多目标生态安全格局[*]

4.2.1　问题的提出

生态安全格局已形成了"生态源地—阻力面—生态廊道"的构建范式（彭建等，2017）。其中，生态源地识别方法包括基于自然保护区、风景名胜区分布的用地类型识别方法（Vergnes et al.，2013）和综合指标体系评价方法（吴健生等，2013）两类。生态系统服务是最常用的评价指标之一（Fan et al.，2021）。同时，面向区域生态问题的复杂性，现有研究特别强调综合视角，通过多种生态系统服务重要性的简单叠加来识别生态源地，构建生态安全格局。但是，这种方法过于强调综合而忽视了不同生态系统服务间的权衡与

---

[*] 本节内容主要基于：姜虹，张子墨，徐子涵，等. 2022. 整合多重生态保护目标的广东省生态安全格局构建. 生态学报，42（5）：1981-1992. 本节中的插图和表格是根据上述文献中对应的图表修改、重绘而成。

协同关系，难以直接支撑面向不同生态保护目标的策略制定，需要整合多重生态保护目标构建综合生态安全格局，以促进生态系统服务的协同，维持生态安全（叶鑫等，2018）。尽管 Su 等（2016）面向地质灾害防治、防洪和饮用水保护、大气污染防治、生物多样性保护和农田保护等目标分别构建了生态安全格局；但直接选取潜在地质灾害区域、水系、自然保护区、高质量农田作为生态源地，缺少对生态系统服务重要性的量化，难以兼顾多重生态保护目标。此外，由于缺少对不同类型生态源地的对比，难以为生态要素的空间配置和生态保护修复策略的制定提供直接支撑。因此，国土空间生态保护修复有必要关注多种生态系统服务的权衡与协同关系，整合多重生态保护目标识别生态源地，构建综合生态安全格局，为保护修复决策提供支撑。

本节以广东省为研究区，目的是分别面向生物多样性保育、水资源利用、粮食生产、自然灾害防范等单一生态保护目标识别生态源地，基于最小累积阻力模型与电路模型识别生态廊道的走向和范围。进而整合多种生态系统服务重要性和单一目标下的多功能生态源地，构建综合生态安全格局。

4.2.2　数据

本节使用的数据包括：①来自中国科学院资源环境科学与数据中心的广东省 2018 年土地利用遥感监测数据和归一化植被指数数据，空间分辨率为 1km；②来自地理空间数据云的数字高程模型（DEM）数据；③来自中国气象数据网的降水数据；④来自美国地质调查局的 MODIS16A 蒸散量数据；⑤来自世界土壤数据库（HWSD v1.2）的土壤组分、厚度数据；⑥来自美国国家海洋和大气管理局的夜间灯光数据；⑦来自《广东省统计年鉴》的统计数据。

4.2.3　方法

在生态安全格局构建的基本范式下，分别面向多重生态保护目标构建生态安全格局。面向生物多样性保育目标，考虑生境维持服务与景观连通性。面向水资源利用目标，考虑水源涵养服务、水质净化服务和水体重要性。面向粮食生产目标，考虑粮食生产服务、水源涵养服务和土壤保持服务。面向自然灾害防范目标，考虑土壤保持服务、洪水调节服务和沿海灾害缓解服务。在多种单一目标生态安全格局构建的基础上，构建综合生态安全格局。

4.2.3.1　生态源地面积阈值确定

生态源地需要保持一定的规模来保证生态功能的稳定（Balvanera et al., 2006）。提取连续分布的林地、草地、水体作为生态斑块并计算其面积。以 2km² 为初始值、2km² 为步长，统计面积小于阈值的生态斑块数和总面积，以曲线的拐点作为生态源地的面积阈值。

4.2.3.2　生态系统服务评估

生态系统服务是人类从生态系统中获得的惠益（Toth，2003），与生态安全和人类福祉密切相关（Dong et al.，2020；Peng et al.，2020），是生态本底的重要表征。快速的城市化进程破坏了自然生境，威胁生物多样性，同时造成了水污染、水体缩减等突出的水生态问题，威胁水资源安全（Liu et al.，2019）。作为维持人类生存的重要生态功能，粮食生产服务是生态安全的重要保障（陈士银等，2021）。在全球气候变化的背景下，沿海地区自然灾害风险上升，威胁人居环境安全（Emanuel，2005）。为了应对上述生态问题，评估了生境维持、水源涵养、水质净化、粮食生产、土壤保持、洪水调节、沿海灾害缓解共 7 种生态系统服务（表4-2）。

表4-2　生态系统服务评估方法

生态系统服务	评估方法	计算公式	指标含义
生境维持	InVEST 模型 Habitat Quality 模块（Sharp et al.，2020）	$Q_{xj}=H_j\times\left[1-\left(\dfrac{D_{xj}^z}{D_{xj}^z+k^z}\right)\right]$	Q_{xj} 为生境维持服务，D_{xj} 为土地利用类型 j 中栅格 x 的生境退化度，k 为半饱和常数，H_j 为土地利用类型 j 的生境适宜度，z 为模型默认参数
水源涵养	水量平衡法（王保盛等，2020）	$R=Y_x\times\min\ (1,\ 249/V)\ \times\min\ (1,\ 0.9\times TI/3)\ \times\min\ (1,\ K_{\text{sat}}/300)$	R 为水源涵养量，K_{sat} 为土壤的饱和导水率，V 为流速系数，TI 为地形指数，Y_x 为产水量
水质净化	InVEST 模型 NDR 模块（刘怡娜等，2019）	$ALV_x=HSS_x\times pol_x$	ALV_x 为栅格 x 的修正污染负荷值，HSS_x 为栅格 x 的水文敏感度，pol_x 为栅格 x 的污染流出系数
粮食生产	粮食产量与 NDVI 关系（赵雪雁等，2021）	$\text{Grain}_{\text{supply}}=\text{Grain}_{\text{production}}\times\dfrac{NDVI_i}{NDVI_s}$	$\text{Grain}_{\text{supply}}$ 为粮食生产服务，$\text{Grain}_{\text{production}}$ 为某市的粮食总产量，$NDVI_s$ 为该市的年最大 NDVI 之和，$NDVI_i$ 为像元 i 的年最大 NDVI
土壤保持	修正土壤流失方程（黄麟等，2021）	$A=R\times K\times LS\times\ (1-C\times P)$	A 为土壤保持量，R 为降雨侵蚀力因子，K 为土壤可蚀性因子，LS 为坡度坡长因子，C 为植被覆盖管理因子，P 为土壤侵蚀控制措施因子
洪水调节	InVEST 模型 Flood Risk Mitigation 模块（Sharp et al.，2020）	$R=R_i\times P\times\text{Area}_i$	R 为径流滞留量，R_i 为径流保留量，P 为暴雨深度，Area_i 为像元面积
沿海灾害缓解	根据坡度、土壤类型、土地利用、NDVI 量化	$TCHMS=\ (\text{slope}\times\text{soil}\times\text{land}\times NDVI)^{1/4}$	TCHMS 为沿海灾害缓解能力，slope 表征坡度因子的减灾作用，soil 表征土壤粒径对风速的降低作用，land 表征土地利用类型的减灾能力，NDVI 为归一化植被指数

4.2.3.3 景观连通性评估

景观连通性是景观生态过程的重要指标。保持良好的景观连通性是保护生物多样性、维持生态系统稳定的重要条件，是实现生态系统功能与维持生态系统服务供给的有效保障（Taylor et al.，1993）。可能连通性指数被广泛用作景观连通性的评价指标，方法详见2.1.3.3节。

4.2.3.4 多目标生态安全格局构建

综合生态安全格局往往强调生态源地功能的综合性，忽略了不同功能间的权衡。分别面向生物多样性保育、水资源利用、粮食生产、自然灾害防范四种单一的生态保护目标识别生态源地，构建生态安全格局。面向生物多样性保育目标，以生境维持服务和景观连通性表征生态重要性识别生态源地。面向水资源利用目标，以水体重要性反映水体及周边用地对水资源利用和水环境保护的重要性。以河、湖、水库为中心建立缓冲区，河、湖、水库及其1km缓冲区内的栅格赋值为7，1～2km缓冲区赋值为5，2～3km缓冲区赋值为3，其余区域赋值为1，定量表征水体重要性（彭建等，2016；郭羽羽等，2021）。分别对水源涵养服务和水质净化服务分级赋值为7、5、3、1，与水体重要性叠加构建水安全格局（彭建等，2016）。面向粮食生产目标，考虑对粮食生产有重要影响的土壤和水资源（Hanjra and Qureshi，2010；Rojas et al.，2016），以粮食生产服务、水源涵养服务和土壤保持服务表征粮食生产的重要性，构建生态安全格局。面向自然灾害防范目标，主要应对水土流失风险（陈德权等，2019）、城市内涝风险（Hirabayashi et al.，2013）及沿海灾害风险（Emanuel，2005），以土壤保持服务、洪水调节服务和沿海灾害缓解服务表征自然灾害防范的重要性，识别生态源地。将单一目标生态源地的重叠部分作为多功能生态源地。对七种生态系统服务归一化求和，得到生态系统服务重要性指数。取生态系统服务重要性指数前30%的区域与多功能生态源地的并集作为综合生态源地，构建广东省陆域综合生态安全格局。

基于电路模型，将景观看作导电表面，通过模拟生态流的随机流动，识别景观中的潜在生态廊道，并提取重要的夹点和障碍点（Peng et al.，2018a；McRae and Beier.，2007），方法详见3.2.3.3节。生态阻力面基于土地利用类型和夜间灯光强度构建并修正，方法详见2.1.3.4节。

4.2.4 结果

4.2.4.1 生态源地面积阈值

广东省生态用地分布广泛，占广东省总面积的68.78%，其中林地、草地、水体分别占比87.04%、6.34%、6.62%，主要分布在韶关市、清远市、河源市、梅州市、肇庆市。面积小于阈值的生态斑块数量和总面积随阈值变化的拐点出现在26km²处，对应的生态斑块数为3483块，占研究区生态斑块总数的98.11%；面积为6481.99km²，占生态用地总面积的5.39%（图4-5）。以26km²为生态源地的面积阈值，可以去除大部分破碎的小面积生态用地斑块，且不会对总面积产生显著影响。

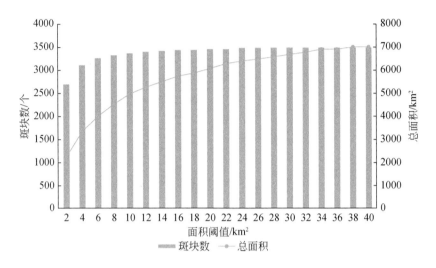

图4-5　面积小于阈值的广东省生态斑块数及总面积随阈值变化情况

4.2.4.2　生态系统服务重要性

广东省各类生态系统服务均呈现空间不均衡分布，且不同服务的分布格局差异较大（图4-6）。生境维持服务的高值位于北部山地，广泛分布的林地为众多野生生物提供了适宜生境；低值位于珠江三角洲地区、湛江市、汕头市，因为珠江三角洲地区高度城市化导致生态用地面积小且面临较高的生态威胁，湛江市和汕头市耕地面积大，生态用地面积小且分布破碎。水源涵养服务以林地为提供主体，高值位于清远市、湛江市北部、茂名市南部，这些区域的降水量大且植被密布，能够涵养大量水源；低值位于珠江三角洲地区的建设用地，难以有效地截留降水。水质净化服务以高植被覆盖度的林地、草地、耕地为提供主体，高值位于河源市与惠州市交界处、清远市、肇庆市，低值位于高城市开发强度的珠江三角洲地区。粮食生产服务的高值位于汕头市、揭阳市、茂名市、肇庆市，粮食单产高；低值位于珠江三角洲地区，其耕地面积小，粮食供给高度依赖其他地区。土壤保持服务的高值位于粤北山地和沿海地区，这些地区广泛分布的植被能有效防止土壤流失；低值则位于珠江三角洲地区和湛江市。洪水调节服务的低值位于珠江三角洲地区，高比例不透水面使得雨水下渗能力弱，对洪水灾害的调节能力差。沿海灾害缓解服务的高值位于粤北山地，其高植被覆盖有利于缓解沿海灾害；低值位于珠江三角洲地区。

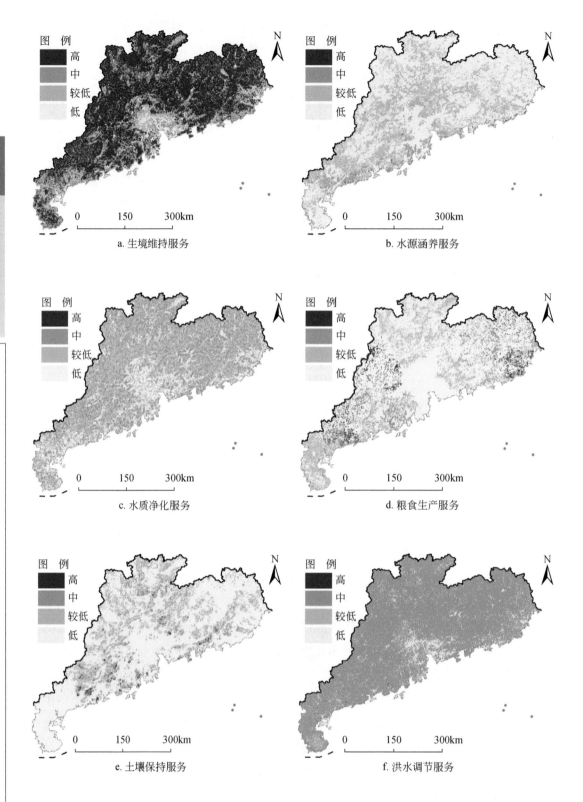

a. 生境维持服务

b. 水源涵养服务

c. 水质净化服务

d. 粮食生产服务

e. 土壤保持服务

f. 洪水调节服务

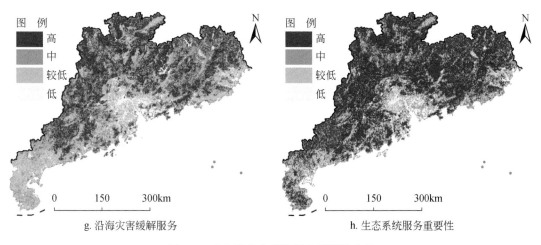

g. 沿海灾害缓解服务   h. 生态系统服务重要性

图 4-6　广东省生态系统服务重要性分级

4.2.4.3　面向生物多样性保育目标的生态安全格局

生物多样性保育重要性指数由生境维持服务和景观连通性综合得到（图 4-7）。如图 4-7 所示，粤北生态发展区的大面积生态用地分布连续，远离威胁源，连通性和生境维持服务高；东莞市、深圳市、中山市、佛山市的生态用地分布破碎，且受到高强度的人类活动影响；湛江市、汕头市以耕地为主的土地利用类型，生境破碎化程度高。基于生物多样性保育重要性指数，共识别了生态源地 5 个，总面积 76 871.20km²，占广东省总面积的 43.44%，在空间上连续分布；共提取了生态廊道 5 条，总长度为 34.36km，主要分布在清远市。面向生物多样性保育目标的生态安全格局整体为"双屏障带"式分布，包括位于粤北生态发展区的粤北生态屏障带和位于珠江三角洲外围的珠江三角洲生态屏障带，分别是广东省和核心经济发展区的生态保障。

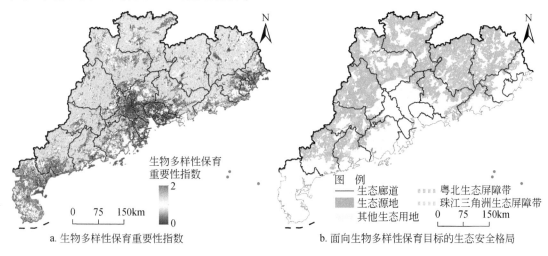

a. 生物多样性保育重要性指数   b. 面向生物多样性保育目标的生态安全格局

图 4-7　面向生物多样性保育目标的广东省生态安全格局

4.2.4.4　面向水资源利用目标的水安全格局

水安全格局综合了水源涵养服务、水质净化服务和水体重要性得到（图4-8）。如图4-8所示，重点保护区占广东省总面积的6.23%，保护等级最高，主要分布在鉴江、北江、东江、西江、韩江、丰江水库、高州水库等重要水体及其河岸带、库滨带；控制开发区占广东省总面积的15.34%，主要分布在水体周围的内陆滩涂、林地、草地；弹性开发区面积占广东省总面积的31.05%，以林地、建设用地和耕地为主。总体来看，广东省水安全格局呈"五江一带"式分布。"五江"包括鉴江、西江、北江、东江、韩江，在区域水生态安全中具有重要地位，其周边的林地、草地是重要的水质净化和水源涵养功能区。"一带"指沿海经济带，充沛的降水和较高的植被覆盖度使其具有较好的水质净化和水源涵养能力。

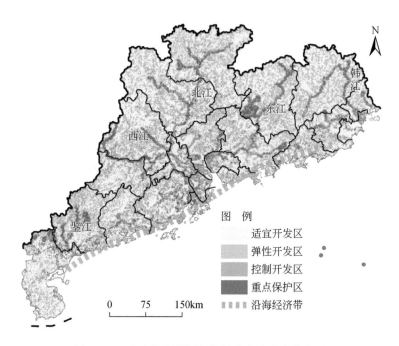

图 4-8　面向水资源利用目标的广东省水安全格局

4.2.4.5　面向粮食生产目标的生态安全格局

粮食生产重要性指数基于粮食生产服务、水源涵养服务和土壤保持服务得到（图4-9）。广东省粮食生产重要性指数高值区位于茂名市南部、揭阳市、汕头市和湛江市的高质量耕地，需要重点保护；珠江三角洲耕地面积小，粮食需依靠外部供给。基于粮食生产重要性指数，共识别了生态源地92个，总面积为12 605.35 km²，占广东省总面积的7.12%，高度集中在湛江市、茂名市、揭阳市、汕头市等沿海经济带地区，是广东省粮食安全的重要保障；共提取了生态廊道 214 条，总长度为 15 030.86km，主要分布在肇庆市、河源市、梅州市，通过连接重要的生态源地来保障耕地生态系统结构和功能的完整性。

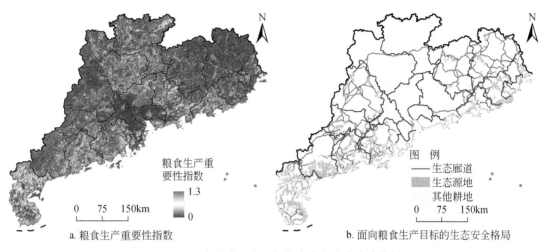

图 4-9　面向粮食生产目标的广东省生态安全格局

4.2.4.6　面向自然灾害防范目标的生态安全格局

自然灾害防范重要性指数基于土壤保持服务、洪水调节服务和沿海灾害缓解服务得到，低值位于珠江三角洲地区、湛江市、汕头市（图 4-10）。基于自然灾害防范重要性指数，共识别了生态源地 118 个，总面积为 17 829.80km²，占广东省总面积的 10.07%；共提取了生态廊道 193 条，总长度为 5009.61km。生态源地和生态廊道集中在粤北生态发展区。湛江市、汕头市的生态用地破碎，水土流失问题突出，同时地处沿海，面临较高的沿海灾害风险。珠江三角洲地区的不透水面比例高，抵御洪涝灾害和风暴潮的能力较差，需要加强风险评估及灾害预警。

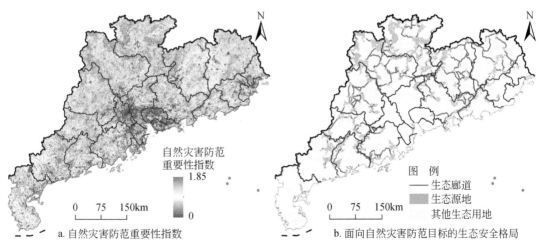

图 4-10　面向自然灾害防范目标的广东省生态安全格局

4.2.4.7　综合生态安全格局

整合生态系统服务重要性指数和多功能生态源地的分布，共识别了 99 个综合生态源地，总面积为 49 536.10km²，占广东省总面积的 27.97%；共提取了 143 条生态廊道，总长度 2268.07km（图 4-11）。其中，湛江市没有生态源地，珠江三角洲与汕头市生态源地面积较小，生态风险高；韶关市、清远市、肇庆市、河源市的生态源地面积较大，分别为 8634km²、7134km²、5687km²、5112km²。河源市与梅州市交界处的生态廊道密集且长度较长；"江门市—珠海市—中山市"一带、广州市、惠州市的生态廊道较长，分布较离散，生态连通作用不可替代；珠江三角洲和茂名市的生态廊道细长，电流值较大。生态廊道中的狭窄部分电流密度大，是重要的夹点，移除或破坏会对生态功能造成较大影响，共识别出 32 处，主要分布在中山市、珠海市、江门市、惠州市，要加强保护以避免对生态廊道连通功能的破坏。障碍点是生态廊道中阻力值大的区域，共识别出 44 处，主要分布在广州市、中山市、珠海市、江门市、惠州市，需要开展生态修复，提升生态廊道的连通性，维护区域生态安全。

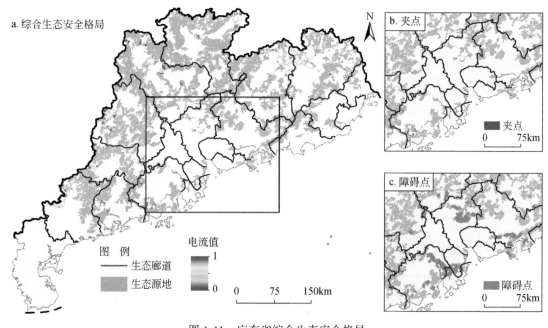

图 4-11　广东省综合生态安全格局

4.2.5　讨论与结论

4.2.5.1　多重生态保护目标的权衡与协同

多种生态系统服务间存在着复杂的权衡与协同关系（Chen et al., 2021）。针对不同生态保护目标采取的治理措施之间也可能存在冲突。因此，简单叠加多种生态系统服务识别的生态源地可能无法兼顾多重保护目标。通过叠加面向不同目标的多功能源地，可以促进生态系统服务的协同，明确生态源地的多重效用，实现生态效益的最大化。

不同目标下的生态源地在空间分布和生态系统服务重要性方面都存在一定的差异（图 4-12）。综合生态源地主要分布在粤北生态发展区，能较为均衡地保障多种生态系统服务的供给，但粮食生产服务的供给能力较差。生物多样性保育和自然灾害防范源地与综合生态源地的服务供给水平较为一致，但生物多样性保育源地的土壤保持服务较差。水资源利用源地与其他类型生态源地的重合度低，其水源涵养能力显著较高。粮食生产源地主要位于湛江市和汕头市，其粮食生产服务和洪水调节服务的供给水平远高于其他类型生态源地。粮食生产与水质净化、土壤保持服务间均存在显著的权衡关系（Chen et al., 2021；Li et al., 2020b），导致粮食生产源地与其他类型生态源地的生态系统服务供给水平高度不一致。面向生态保护修复，综合生态安全格局的构建可以兼顾生物多样性保育和自然灾害防范两个目标，但要关注生态源地水源涵养能力的提升，强化水体周边水源涵养区的建设与保育。同时，对粮食生产源地的保护需要考虑粮食生产服务与其他生态系统服务间的权衡关系。湛江市耕地的破碎化分布破坏了生境的连通性，也降低了防范自然灾害的能力，需要通过耕地综合整治，对高质量耕地进行合理的空间布局。

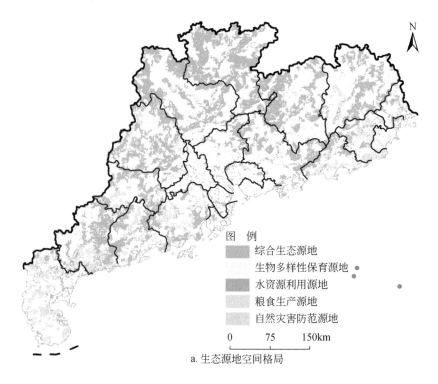

a. 生态源地空间格局

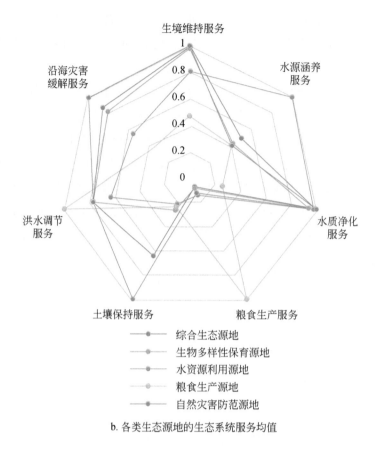

b. 各类生态源地的生态系统服务均值

图 4-12 面向多重生态保护目标的广东省生态源地对比

4.2.5.2 结论

本节提出了整合多重生态保护目标的生态安全格局构建框架，并分析了不同类型生态源地间可能存在的权衡与协同关系。结果表明，广东省面向生物多样性保育目标的生态安全格局呈"双屏障带"式分布，生态源地主要分布在粤北生态发展区；面向水资源利用的水安全格局呈"五江一带"式分布，重点保护区主要位于河湖水体及周边绿地；面向粮食生产目标的生态源地主要分布在广东省东西两翼；面向自然灾害防范目标的生态源地在珠江三角洲、湛江市和汕头市有少量分布，主要分布在粤北生态发展区；综合生态安全格局兼顾了生物多样性保育和自然灾害防范的目标，生态源地主要位于珠江三角洲外围和粤北生态发展区。整合多重生态保护目标，广东省生态保护修复策略的制定需要重点关注粤北生态发展区的生境质量提升，河湖水体及河岸带、库滨带的水生态安全，湛江市和汕头市的耕地保护和国土综合整治，沿海地区的自然灾害防范，同时开展珠江三角洲的夹点保护与障碍点修复，以提升生态廊道的连通性。

4.3 多情景模拟生态安全格局

4.3.1 问题的提出

当前生态安全格局的研究注重对生态源地、生态廊道、战略点等景观要素的识别，忽略了修复障碍点或城市开发建设对区域生态安全格局的影响。其中，障碍点作为最能显著提升生态源地间连通性的区域，应成为生态修复的重要对象。

为疏解北京市的非首都功能，优化京津冀空间格局，2017 年 4 月中共中央、国务院印发通知，决定设立雄安新区。然而，障碍点修复和雄安新区设立对京津冀地区生态安全格局的影响还有待探讨。情景模拟可以通过设立不同的生态保护和城市建设情景，探究生态保护的最佳模式，可为区域生态保护修复提供决策支持。

本节以京津冀城市群为研究区，首先评估粮食生产、$PM_{2.5}$ 植被削减、水源涵养、生境维持、固碳、土壤保持和休闲游憩共七项生态系统服务；再量化生态斑块连通性，综合生态系统服务与斑块连通性评价结果识别生态源地；然后，利用最小累积阻力模型和电路模型判定生态廊道空间范围及重要战略点，构建区域生态安全格局；基于现状生态安全格局，模拟生态修复和雄安新区建设的影响，探讨生态安全格局优化策略。

4.3.2 数据

本节所用基础数据集主要包括：①土地利用及路网数据，包括中国科学院地理科学与资源研究所解译的土地利用数据和 Open Street Map 的交通路网公开数据；②MODIS 栅格数据产品，来自 USGS 平台，主要包括归一化植被指数产品与叶面积指数产品；③气象站点数据，来自中国气象数据网，主要选取北京市、天津市、河北省及其周边的 88 个气象站点监测数据，包括 20 时~20 时降水数据及日平均风速数据；④粮食产量数据，通过县级行政单元统计年鉴获取；⑤数字高程模型数据来源于地理空间数据云平台；⑥手机信令数据，来自移动运营商；⑦ 夜间灯光数据，来源于 National Centers for Environmental Information 平台；⑧京津冀自然保护区数据，来源于世界保护区数据库；⑨《河北雄安新区规划纲要》，来源于新华社报道，通过对图片矢量化得到规划的空间范围。

4.3.3 方法

4.3.3.1 生态源地识别

本节从景观功能和格局两个视角，识别维系生态系统服务持续供给的区域。结合景观功能和格局评价结果，即生态系统服务评价和斑块连通性评价结果进行归一化计算并等权重叠加，得到生态保护优先程度，选取前30%面积的区域作为生态源地。

粮食生产关系经济发展和社会稳定。针对提供较多粮食生产服务的优质耕地，可以进行优先保护。根据粮食产量和NDVI之间的显著线性关系（李军玲等，2012），依据NDVI值将2015年京津冀各县域粮食产量按比例分配给各耕地栅格。

PM$_{2.5}$植被削减是城市内绿色植物吸附、粘滞空气中的悬浮颗粒物的能力（张小曳等，2013；刘萌萌，2014），通过污染物浓度和污染物沉降到植被表面的速率评估PM$_{2.5}$植被削减服务，其中污染物沉降到植物叶表面的速率与风速、重悬浮率有关，方法详见3.3.3.1节

水源涵养是自然生态系统借助植被冠层、枯落物、根系以及土壤滞留、截留、蓄渗降水的能力。蓄存的水既为生态系统内各生态组分提供水源，又为系统外部持续补给水源，可以延长径流时间，或者在枯水期补充河流的水量，在洪水时减缓流量，同时拦蓄降雨、增加壤中流、地下径流，以及通过蒸发蒸腾使水分返回大气中，促进水分循环（刘娅等，2015；Rodell et al.，2018）。基于InVEST模型的Water Yield模块先估算区域的产水量，进而考虑土壤厚度、渗透性、地形指数、流速系数等因素，估算多年平均水源涵养量（傅斌等，2013；包玉斌等，2016），方法详见3.2.3.1节。

生境维持是生态系统为地球上的生命有机体生长、觅食、繁殖及其他重要环节提供场所的能力，通过保护生境可以间接地保护生物多样性。利用InVEST模型的Habitat Quality模块评估生境维持服务的重要性，方法详见2.1.3.1节。

固碳是生态系统捕获、收集碳并封存至安全碳库的过程（黄麟等，2016）。生态系统中的森林、草地、沼泽等自然植被通过光合作用把二氧化碳固定在树木、其他的生物质、土壤等安全碳库，以调节地球的气候条件（Lal，2004）。采用InVEST模型的Carbon模块，考虑地上生物量、地下生物量、土壤和死亡有机物质的碳储量来估算固碳量：

$$C_{\text{total}} = C_{\text{above}} + C_{\text{below}} + C_{\text{soil}} + C_{\text{dead}} \tag{4-2}$$

式中，C_{total}为总碳储量（t/km^2）；C_{above}为地上碳库储量（t/km^2）；C_{below}为地下碳库储量（t/km^2）；C_{soil}为土壤碳库储量（t/km^2）；C_{dead}为死亡有机物质碳库储量（t/km^2）。

土壤保持是生态系统防止土壤流失的侵蚀调控能力及对泥沙的储积保持能力。土壤资源作为维持地表生态系统的重要组成要素之一，当发生不合理的人类活动，土壤侵蚀会破

坏原有的土壤结构，导致土壤退化、降低生产力，会对社会经济和生态环境产生众多不利影响（李智广等，2008；查良松等，2015）。利用修正的通用土壤流失方程分析京津冀土壤保持重要性，方法详见 2.1.3.1 节。

休闲游憩服务是自然生态空间为居民提供自然游憩需求的能力，如通过城市周围森林、农田、自然保护区等生态资源，提供露营、野炊、农业观光、采摘等休闲活动（李功等，2015）。基于游憩者对生态用地的休闲偏好，将特定时段居民出行活动强度作为需求程度，评价休闲游憩服务重要性。选取周末下午 12 时～14 时的手机信令数据，利用核密度估计得到人群活动分布的人口密度图，结合土地利用数据提取透水表面对应的人口密度图，用人口密度表征休闲游憩服务的重要性：

$$f(x) = \sum_{i=1}^{n} \left(\frac{k}{\pi \, r^2} \times \frac{d_{ix}}{r} \right) \tag{4-3}$$

式中，$f(x)$ 为点位 x 的人口密度；r 为搜索半径；k 为点 i 到位置 x 的距离 d_{ix} 的权重。

斑块连通性是斑块中生态流动的效率，如动物迁徙或植物传播运动的平均效率（岳天祥和叶庆华，2002）。斑块之间的连通性并非是二进制的 0/1 结果，而是存在连通可能性的高低，因此采用可能连通性指数进行评价，方法详见 2.1.3.3 节：

4.3.3.2　生态阻力面构建

生态阻力面指生态过程在景观中流动（如物种相对于像元移动）的难度，反映了生态过程和生态功能流动与传递中受到的水平阻力，表征了景观异质性对生态流的影响（Adriaensen et al.，2003；Beier et al.，2008；Spear et al.，2010）。生态阻力面基于土地利用类型和夜间灯光强度构建并修正，方法详见 2.1.3.4 节。设定耕地、林地、草地、水体、城市、乡村、未利用地和其他用地的基本阻力值分别为 30、1、10、50、500、400、300 和 450。

4.3.3.3　生态廊道和战略点识别

电路模型基于图论计算景观连通性，将生态源地看作是电路的节点，将其他非生态源地的区域视作电路支路中不同阻力的电阻（若局地土地利用类型有利于某种生态过程，赋予较低的电阻值；若土地利用类型阻碍该生态过程，则赋予较高的电阻值）。通过非生态源地区域的电流值识别景观中的生态廊道及关键节点（McRae and Beier，2007；McRae et al.，2008），方法详见 3.2.3.3 节。

战略点是对生态源地间相互联系具有重要意义的节点，也是易受外界干扰的生态脆弱点。通过控制和修复这些节点，能够有效维护或控制生态系统的生态过程，对生态系统演替、干扰、恢复等具有关键意义。战略点包括夹点和障碍点。夹点指生态廊道中狭窄的区域，是影响整个景观连通性的"瓶颈区"。障碍点是最能显著提升生态源地间连通性的区域，是恢复优先区。基于电路模型识别夹点与障碍点。

4.3.3.4 生态安全格局情景模拟

（1）障碍点修复

通过修复障碍点对生态安全格局进行优化，具体途径是降低障碍点的生态阻力值至1，即等于林地的生态阻力值，根据新的生态阻力面，基于电路模型重新计算景观中的电流和电阻值，得到修复障碍点后的生态安全格局。

（2）雄安新区设立

雄安新区的设立对于优化京津冀地区空间格局具有深远的历史意义（匡文慧等，2011；杨天荣等，2017；彭建等，2018a）。通过人工矢量化起步区和外围组团区的范围，对雄安新区起步区和外围组团区的土地开发进行模拟。具体来说，土地的开发建设将会直接改变土地利用类型，对起步区和外围组团区范围内的生态阻力值赋值为100（参考北京市中心区的平均生态阻力值），基于电路模型再次计算景观中的电流和电阻值，重新构建雄安新区建设情景下的生态安全格局，通过对比开发前后生态安全格局的空间差异，可以得到雄安新区建设的生态影响。

4.3.4 结果

4.3.4.1 生态系统服务重要性与斑块连通性

京津冀地区生态系统服务和斑块连通性评价结果如图4-13所示。粮食生产服务高值区集中于河北南部太行山的山前冲积扇平原区，低值区集中在北部山区和东部环渤海滩涂沿岸（图4-13a）。$PM_{2.5}$植被削减服务重要性较低的区域主要位于太行山东麓植被较少的区域；重要性较高的区域主要分布在南部的石家庄市、邢台市、邯郸市和太行山山前平原区，以及北京市西北部植被茂密的林区（图4-13b）。水源涵养服务重要性的高值区集中在河流湖泊汇集的区域，如海河水系的潮白河、永定河、大清河、子牙河、运河、白洋淀等湖泊水库集水区；低值区分布较广，主要在高海拔无植被区域及城市中心不透水面（图4-13c）。生境维持服务在西北部明显高于东南部，有植被覆盖的区域生境维持能力明显高于无植被覆盖区域（图4-13d）。固碳服务重要性北高南低，城市中心不透水面的总碳储量几乎为0，而植被茂密的林区和河流、湖泊、水库的固碳能力最强（图4-13e）。土壤保持服务重要性格局与地形因子高度相关，高值区主要分布在北部的燕山和太行山地区，河北中部平原的土壤保持重要性较低（图4-13f）。休闲游憩服务重要性在城市边缘区域较高，城市中心及城郊区域外围均是休闲服务重要性的低值区，呈现明显的圈层效应（图4-13g）。斑块连通性整体上南高北低，南部连片的耕地连通性等级最高，对应区域面积为

72 962km^2，约占京津冀生态用地面积的46.1%（图4-13h）。

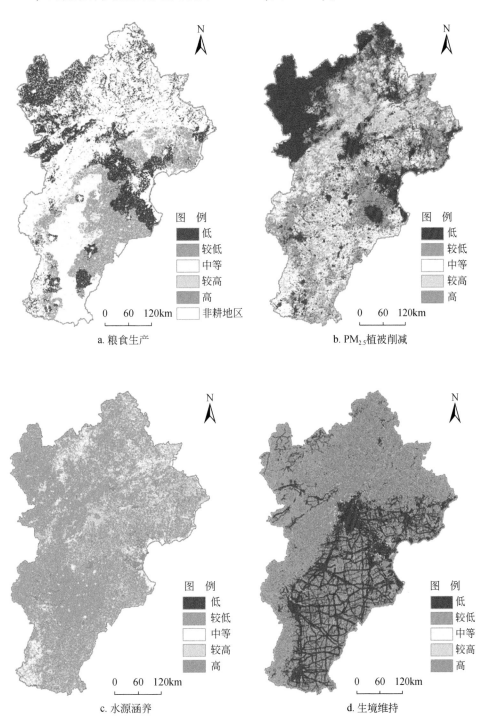

a. 粮食生产

图　例
低
较低
中等
较高
高
非耕地区

0　60　120km

b. PM$_{2.5}$植被削减

图　例
低
较低
中等
较高
高

0　60　120km

c. 水源涵养

图　例
低
较低
中等
较高
高

0　60　120km

d. 生境维持

图　例
低
较低
中等
较高
高

0　60　120km

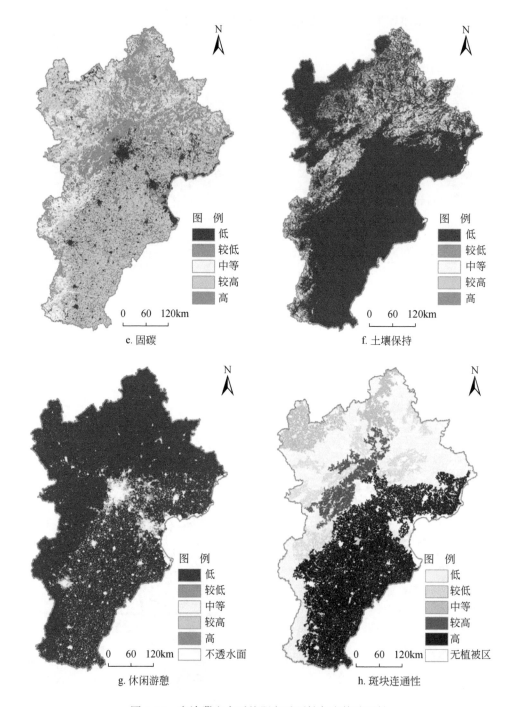

图 4-13　京津冀生态系统服务重要性与斑块连通性

4.3.4.2　生态安全格局

整合生态系统服务重要性指数和多功能生态源地的分布，共识别了 48 个生态源地，总面积为 52 602km²，约占京津冀区域总面积的 24.1%。从整体分布来看，生态源地多分布在燕山、太行山的山间林地，南部平原优质耕地区，东部滨海水域地区（图4-14a）。从土地利用类型来看，生态源地主要由林地（68.3%）、耕地（16.4%）、草地（9.3%）、水体（5.8%）组成。将生态源地与 12 个京津冀区域内的自然保护区叠加，有 9 个（75%）保护区落入生态源地内部，未被纳入的 3 个保护区分别是天津古海岸与湿地国家级自然保护区、河北衡水湖国家级自然保护区、河北昌黎黄金海岸国家级自然保护区。这主要是由于土地利用数据不够精确，这些保护区解译得到的湿地和湖泊面积不足 60km²，因此未被识别为生态源地。

京津冀地区生态廊道呈疏密不一的网状分布，共识别了 112 条生态廊道，平均长度为 36 109m（图4-14a）。生态廊道的土地利用类型主要包括耕地、草地、水体、林地，分别约占生态廊道总面积的 85.6%、5.9%、3.5%、1.6%。生态廊道主要分布在太行山脉东西两侧，其中太行山脉西侧生态廊道的平均加权阻力距离为 109 248km，平均电流密度为 72 A；而燕山—太行山东侧的生态廊道密度小，网眼较大，平均电流密度为 55A，与京津冀地区现实的城市发展规模一致，充分说明城市化发展给生态过程带了干扰和阻力。

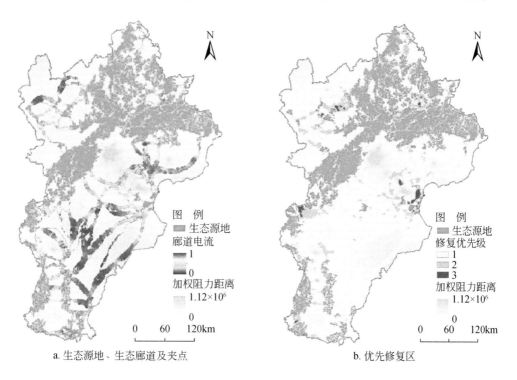

图 4-14　京津冀生态安全格局

a. 生态源地、生态廊道及夹点　　　b. 优先修复区

如图 4-14a 所示，京津冀地区夹点位于狭窄生态廊道内部电流值高的区域，主要分布在河湖水系与道路网交汇的区域，如天津市的黄港水库南侧和黑龙港河，保定市的定家庄村、葛家台村、王快水库南侧的胭脂河，张家口市的桑干河大峡谷，承德市的滦河，石家

庄市的岗南水库与周围路网交叉处等区域，共计 146 处夹点。障碍点共 34 个，主要分布在天津市的官港水库和黄港水库之间子牙河、南运河和独流减河交汇处、北大港水库与沙井子水库之间、保定市的阜平县大沙河河段、张家口市的西沟河和张承高速间植被覆盖率较低的山区；承德避暑山庄周围滦河支系与道路交汇的区域（图 4-14b）。修复优先级为 1 和 2 的区域大多分布在生态廊道内或生态廊道周边，说明生态源地间由于存在较大的阻力而改变了生态廊道的方向。障碍点主要由耕地（36.9%）、草地（31.0%）和林地（9.1%）三种土地利用类型组成。

4.3.4.3 生态安全格局情景模拟

（1）生态安全格局优化：障碍点修复情景模拟

障碍点修复会改变生态源地间的生态联系，使生态廊道缩短、曲度变小，生态源地间的连通性提高，说明通过修复小面积关键区域能够降低生态廊道的保护投入成本，有效保障景观连通性和生态安全。首先，障碍点修复后生态源地间加权累积阻力较修复前减小，平均减小比例为 32.6%（表 4-3）。其次，障碍点修复后大部分生态廊道的最小累积阻力路径减短，平均减短比例为 13.6%；生态源地间的有效阻力降低，平均降低比例为 73.5%；说明生态源地间的连通性得到了显著提升。此外，对比障碍点修复前后，障碍点周围的生态廊道走向有所变化（图 4-15），生态源地间"兜圈""迂回"的生态廊道变得更加直接、紧密联系，说明生态廊道的保护成本降低。夹点数量变少也说明生态源地间的连通性提升。上述结果表明实施小面积的生态修复能够显著提升景观连通性，保障生态安全，并降低生态廊道的保护成本。

表 4-3　障碍点修复前后最小累积路径对应的相关指标的变化

起点源地编号	终点源地编号	加权累积阻力			最小累积阻力路径长度			有效电阻		
		修复前/km	修复后/km	变化/%	修复前/km	修复后/km	变化/%	修复前/Ω	修复后/Ω	变化/%
1	2	71 861	50 312	−30	17 485	16 485	−5.7	33 928	18 738	−44.8
2	3	91 629	88 329	−3.6	28 213	28 213	0	72 943	35 916	−50.8
6	7	58 719	47 770	−18.6	16 313	16 899	3.6	43 581	11 291	−74.1
7	8	151 708	123 183	−18.8	48 870	35 798	−26.7	94 168	27 695	−70.6
10	13	140 786	106 811	−24.1	31 627	34 627	9.5	48 959	30 706	−37.3
11	13	86 366	78 707	−8.9	20 727	20 727	0	47 372	26 798	−43.4
11	14	81 824	41 181	−49.7	16 727	15 899	−5.0	74 583	15 170	−79.7
14	15	185 229	182 632	−1.4	71 798	73 698	2.6	91 916	21 805	−76.3
19	25	31 101	16 362	−47.4	4 828	4 242	−12.1	31 101	7 596	−75.6
22	23	253 715	28 142	−88.9	17 899	14 071	−21.4	227 496	2 444	−98.9

起点源地编号	终点源地编号	加权累积阻力			最小累积阻力路径长度			有效电阻		
		修复前/km	修复后/km	变化/%	修复前/km	修复后/km	变化/%	修复前/Ω	修复后/Ω	变化/%
22	24	378 309	225 272	−40.5	96 083	52 455	−45.4	296 256	75 117	−74.6
22	29	388 970	359 212	−7.7	173 137	155 539	−10.2	137 370	48 567	−64.6
25	27	204 651	181 143	−11.5	64 698	66 355	2.6	141 739	19 026	−86.6
25	31	216 101	166 930	−22.8	64 698	68 597	6.0	130 827	17 981	−86.3
25	32	155 152	153 871	−0.8	59 526	60 526	1.7	99 451	19 436	−80.5
26	27	98 659	52 940	−46.3	18 727	18 727	0	80 060	18 832	−76.5
26	32	114 356	57 917	−49.4	31 384	21 798	−30.5	46 240	15 261	−67.0
27	32	51 789	6 136	−88.2	8 828	2 000	−77.3	31 760	1 895	−94.0
28	30	38 930	5 657	−85.5	12 656	2 828	−77.7	27 393	801	−97.1
32	34	215 563	178 847	−17.0	68 112	68 112	0	124 572	39 852	−68.0
33	34	66 026	64 857	−1.8	15 899	15 899	0	43 302	7 231	−83.3
43	45	61 822	28 622	−53.7	10 485	9 071	−13.5	54 151	7 483	−86.2
平均		—	—	−32.6	—	—	−13.6	—	—	−73.5

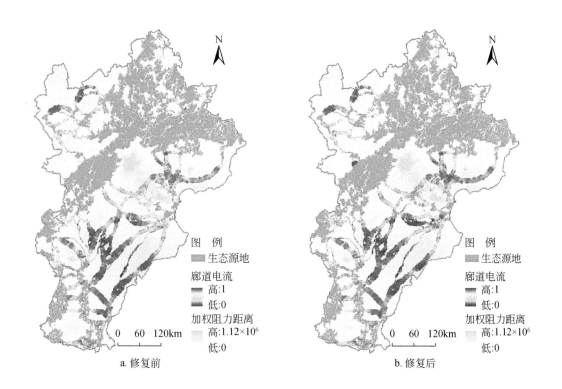

a. 修复前 b. 修复后

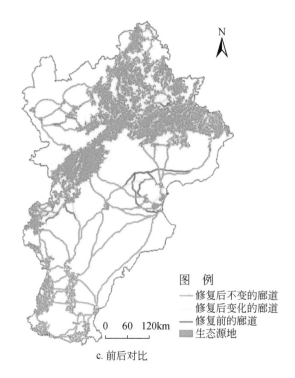

图 例
—— 修复后不变的廊道
—— 修复后变化的廊道
—— 修复前的廊道
⬛ 生态源地

0　60　120km

c. 前后对比

图 4-15　修复障碍点前后京津冀生态安全格局变化

（2）生态安全格局预案：雄安新区设立情景模拟

总的来说，雄安新区起步区建设后将增加生态阻力。起步区位于该区域原有生态廊道的范围内，阻碍了原有生态廊道内的生态流动。雄安新区建设将改变生态廊道走向、增大廊道长度、缩减廊道宽度、增加廊道数量、降低廊道连通性。为了维持现状连通性水平，需要调整生态规划策略，扩大生态廊道的保护范围，增加雄安新区周边的生态保护投入，加强雄安新区与保定市、天津市的生态联系。具体来说，雄安新区的建设将会影响两条最小累积阻力路径，即 22 号和 29 号、25 号和 29 号两组生态源地间的生态廊道（表 4-4）。其中，22 号生态源地是天津滨海新区的黄港水库源地，25 号生态源地是燕山—太行山斑块，29 号生态源地是白洋淀。22 号与 29 号生态源地间的生态廊道长度减小，加权累积距离增加，有效电阻值变小，连通性提高。25 号与 29 号生态源地间的生态廊道长度增加，但加权累积距离增大，有效电阻增大，说明生态源地间的连通性明显下降。由此可见，雄安新区的建设可能会给白洋淀与保定市之间的生态连通带来较大生态阻力。

表 4-4　雄安新区起步区开发前后最小累积阻力路径相关指标的变化

起点源地编号	终点源地编号	加权累积阻力			最小累积阻力路径长度/km			有效电阻		
		开发前/km	开发后/km	变化/%	开发前/km	开发后/km	变化/%	开发前/Ω	开发后/Ω	变化/%
22	29	388 970	393 214	1.1	173 137	171 722	−0.8	38 996	18 738	−52.0
25	29	125 280	142 431	13.7	67 254	68 769	2.3	8 508	35 916	322.2
平均		—	—	7.4	—	—	0.7	—	—	135.1

4.3.5　讨论与结论

4.3.5.1　生态源地面积阈值

景观中斑块面积的大小对生物多样性和生态过程都会产生影响。设置生态源地面积占景观总面积的比例从小到大依次为 5%、10%、15%、20%、25%、30%、35%、40%、45%，发现生态源地面积占比达到 25% 后，就出现横贯研究区东西两端的特大生态源地。当生态源地面积占比达到 35% 后，出现纵贯南北两端的特大生态源地，连通的斑块使得生态安全格局逐步稳定（图 4-16）。因此，建议生态源地的面积占比以不小于 25% 为宜。

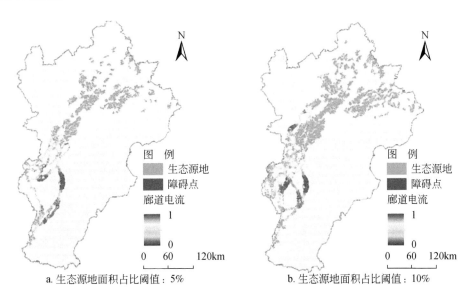

a. 生态源地面积占比阈值：5%　　　　　　　　b. 生态源地面积占比阈值：10%

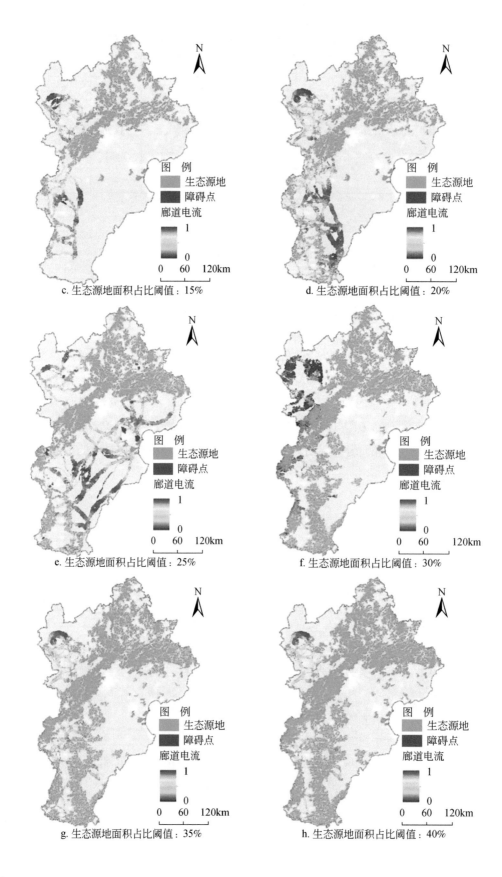

c. 生态源地面积占比阈值：15%

d. 生态源地面积占比阈值：20%

e. 生态源地面积占比阈值：25%

f. 生态源地面积占比阈值：30%

g. 生态源地面积占比阈值：35%

h. 生态源地面积占比阈值：40%

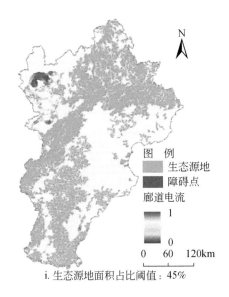

i.生态源地面积占比阈值：45%

图 4-16　不同生态源地面积占比阈值下的京津冀生态安全格局

4.3.5.2　生态廊道宽度阈值

生态廊道对生态流的维持具有至关重要的作用，其生态功能的发挥与其空间范围密切相关。生态廊道的宽度是依据加权阻力距离阈值确定。为了探讨生态廊道宽度与生态廊道内夹点的关系，设置生态廊道的宽度阈值为 1000～9000km，步长为 1000km，输入模型运算，对应的生态廊道面积占区域总面积的比例分别为 4.0%、6.4%、8.6%、10.6%、12.9%、15.1%、17.1%、19.1% 和 20.9%，对应的生态安全格局（生态源地和生态廊道）占区域总面积的 28.1%、30.5%、32.7%、34.7%、37.0%、39.2%、41.2%、43.2% 和 45.0%。随着生态廊道宽度阈值的增加，生态廊道在景观中的空间位置没有明显变化，但夹点的栅格电流值（电流密度）逐渐减小，因为增加廊道宽度就增加了电路连通路径，使得电流分流（图 4-17）。然而，对比 9 个分幅图可以发现，夹点的位置未发生明显变化，表明景观中关键区域的保护对于景观整体生态安全的保障至关重要。

4.3.5.3　结　论

本节以京津冀地区为例，根据景观生态学原理，应用电路模型等技术手段，基于区域生态本底特征，考虑生态系统服务重要性与连通性识别京津冀地区生态源地，基于土地利用类型和夜间灯光强度构建生态阻力面，应用电路模型识别生态廊道及战略点；共识别了 48 个生态源地，总面积为 52 602km^2，140 条生态廊道，180 个战略点（包括 146 处夹点和 34 处障碍点）。同时，通过模拟障碍点修复和雄安新区建设两种情景进行生态安全格局优化。对比障碍点修复前后差异，发现通过修复小面积的障碍点，生态廊道连接方式变得更直接，生态源地联系更紧密，说明通过小面积生态修复对生态安全格局进行优化，可以在

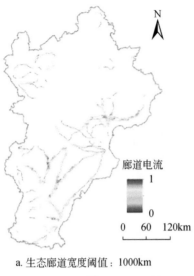

a. 生态廊道宽度阈值：1000km

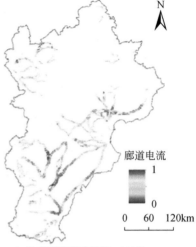

b. 生态廊道宽度阈值：2000km

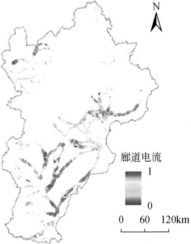

c. 生态廊道宽度阈值：3000km

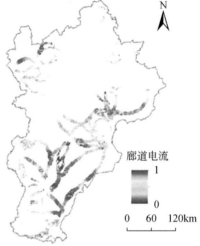

d. 生态廊道宽度阈值：4000km

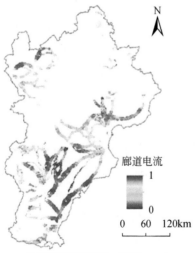

e. 生态廊道宽度阈值：5000km

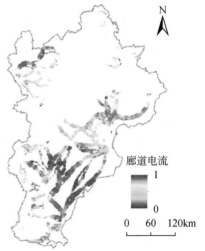

f. 生态廊道宽度阈值：6000km

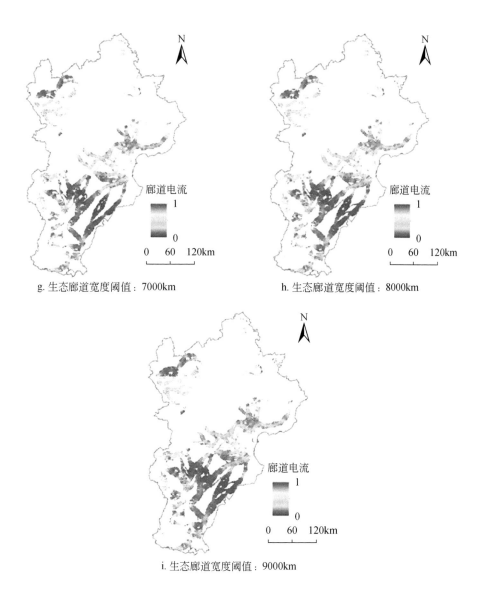

g. 生态廊道宽度阈值：7000km　　　　h. 生态廊道宽度阈值：8000km

i. 生态廊道宽度阈值：9000km

图 4-17　不同宽度阈值下的京津冀生态廊道

保障生态安全的同时降低生态廊道维护成本。对比雄安新区建设前后差异，发现雄安新区的起步区落在生态廊道范围内，开发建设将会给生态系统带来较大的扰动，为了维持原有的连通性和生态安全，需要加强与保定市、天津市的生态联系，加大雄安新区周边生态投入，扩大雄安新区周边生态保护范围。

4.4 生态修复优先区识别*

4.4.1 问题的提出

城市化导致了一系列生态问题，我国城市面临着自然生态空间面积下降、资源环境承载力持续下降、生态退化加剧等严峻问题。国土空间生态保护与修复成为维持区域生态安全的重要手段。为此，我国先后部署并实施了一系列国土空间生态修复工程，以应对日益严峻的生态退化问题，如 1979 年"三北"防护林工程、1997 年黄河上中游水土流失区重点防治工程、2002 年京津风沙源治理工程等（高世昌，2018）。这些工程都取得了一定成效，然而以工程为导向的生态修复常以单一生态要素为抓手，容易破坏生态系统整体性，出现局部生态（单要素治理）最优而整体生态（全要素修复）收益偏低甚至下降的情形。

对山水林田湖草沙进行一体化保护和系统性治理是强化生态保护修复整体性与系统性的重要途径，但国土空间生态修复工程实施存在涉及利益主体多、诉求复杂、矛盾协调难等问题，需要自上而下的统筹协调（高世昌等，2018）。生态安全格局理论是将相对完整的生态区域当作一个系统整体，以人类福祉提升为目标，通过生态系统服务综合评估确定重要生态源地（李晖等，2011），以生态系统格局—过程耦合原理和与之对应的"源地—廊道—战略点"空间组织原则，强化有利生态格局与过程、控制有害生态格局与过程（马克明等，2004），在现状生态系统格局的基础上通过生态修复模拟等方法，寻求生态安全保障与优化的空间策略。因此，生态安全格局理论与方法能够很好地应用于山水林田湖草沙系统治理，为生态保护修复工程的有序开展提供科学指导。

目前，大规模的生态系统修复已经逐渐成为保护生物多样性以及稳定全球气候的重要策略。然而，受限于资金、政策、人力、物力等因素，人类能够有效保护与修复的生态区域是有限的。因此，生态修复优先区作为区域生态保护修复的重要区域，是科学有序推进山水林田湖草沙生态保护修复工作的重要基础。本节以山水林田湖草沙生态保护修复工程试点区之一的四川省华蓥山区为例，构建生态安全格局，识别生态修复优先区，为华蓥山区的生态保护与修复提供策略与建议；同时为类似区域的生态保护与修复提供参考。

---

* 本节内容主要基于：苏冲，董建权，马志刚，等. 2019. 基于生态安全格局的山水林田湖草生态保护修复优先区识别——以四川省华蓥山区为例. 生态学报，39（23）：8948-8956. 本节中的插图和表格是根据上述文献中对应的图表修改、重绘而成。

4.4.2 数据

本节使用的数据包括：①来源于全球地表覆盖产品 FROM-GLC10 的土地利用数据，空间分辨率为 10m；②来源于日本经济产业省和美国国家航空航天局联合研制的 ASTER GDEM V2 产品的数字高程模型（DEM）数据，空间分辨率为 30m；③来源于美国地质调查局的 MODIS 影像 MOD13Q1 归一化植被指数产品数据；④来源于美国国家航空航天局的 MODIS 影像 MOD16 蒸散发产品数据；⑤来源于中国气象数据网的气温和降水数据；⑥来源于联合国粮食与农业组织和维也纳国际应用系统分析研究所构建的世界土壤数据库（HWSDv 1.1）的土壤属性数据；⑦来源于地方调查的地质灾害点数据；⑧来源于《四川省统计年鉴》的粮食产量分区统计数据。

4.4.3 方法

4.4.3.1 生态源地识别

生态源地不仅是乡土物种的栖息地，也是生态要素流动和生态系统提供产品与服务的源点。本节采用综合指标体系法，选取粮食生产、产水、固碳、土壤保持、生境维持五种关键生态系统服务进行生态重要性评估。考虑到景观多功能性与单一生态系统服务的不可替代性，将以上五种生态系统服务评估结果经标准化后等权重叠加，选取综合生态重要性的前 25%，以及各单项生态系统服务重要性的前 10%，进行图层叠加，剔除面积小于 1km² 的破碎斑块，得到生态源地。具体而言，粮食生产服务的评估方法详见 4.2.3.2 节；产水服务基于 InVEST 模型的 Water Yield 模块评估；生境维持、土壤保持服务的评估方法详见 2.1.3.1 节；固碳服务的评估方法详见 4.3.3.1 节。

4.4.3.2 生态阻力面设置

"斑块—廊道"的结构可以保障生态要素、过程与功能在空间上的流动与传递（刘慧敏等，2016；2017），景观类型会影响其对生态流的阻碍程度。已有研究大多基于土地利用类型对阻力面进行赋值（李卫锋等，2003；彭建等，2017）。华蓥山区大规模采矿活动破坏了当地的地质结构，引发了较为严重的地质灾害问题，显著影响物种迁徙等生态过程的流向与流量，可以采用地质灾害敏感性对同一土地利用类型的阻力系数进行修正：

$$R_i = \frac{\mathrm{HS}_i}{\mathrm{HS}_a} \times R_a \tag{4-4}$$

式中，R_i为基于地质灾害敏感性修正的栅格i的生态阻力系数；HS_i为栅格i的地质灾害敏感性，以栅格i周围5km半径范围内地质灾害点的个数表征；HS_a为栅格i对应的土地利用类型a的平均地质灾害敏感性；R_a为栅格i对应的土地利用类型a的基本阻力系数。

4.4.3.3 生态廊道提取

作为保障生态源地之间能量和物质流动的通道，生态廊道是促进生态流、生态过程连通，实现区域生态系统功能完整性的关键生态用地（苏泳娴等，2013）。生态廊道的作用在于提升景观连通性，提供生态源地间以生物迁徙、传粉等为代表的物质、能量和信息流动的渠道，能够避免孤立斑块内部形成孤立种群近亲繁殖，降低物种灭绝风险，对于维护生物多样性和提升生态系统整体稳定性具有重要意义。生态廊道采用最小累积阻力模型和电路模型进行识别，方法详见2.1.3.4和3.2.3.3节。

4.4.3.4 战略点识别

作为生态源地间的"跳板"，战略点是对于生态源地的相互联系具有关键作用的节点，也是易受外界干扰的生态脆弱点，通过保护和修复这些节点，能够有效维护或提升生态系统功能，对生态系统演替、干扰、恢复等过程具有重要意义。夹点承载着较高的景观连通功能，是生态廊道中电流密度较大的区域，其形成往往是由于周边地区的阻力值较大，生态廊道在该区域被压缩在了相对狭窄的范围内。因此，夹点在承担重要连通功能的同时，往往面临较高的生态退化风险。基于逐栅格的累积电流值，依据自然断点法划分电流高值区为夹点（Breckheimer et al，2014）。障碍点是修复后能够降低生态阻力、显著提升生态源地间景观连通性的地区，作为实施生态修复对区域生态安全提升最明显的区域，应列为生态修复优先区。基于生态修复对景观连通性提升的影响模拟来识别障碍点，具体做法是通过设定一定半径的移动搜索窗口，基于生态修复设定窗口范围内新的阻力值，采用生态修复后的生态阻力面，重新计算最小累积成本距离。对比生态修复后的成本距离降低比例来判断特定节点生态修复的连通性提升效果。该比例越大，说明对该节点进行生态修复所能达到的预期效果越好，越应作为生态修复优先区。

$$LCD' = CWD1_{MIN} + CWD2_{MIN} + (L \times R') \tag{4-5}$$

式中，LCD'为障碍点移除后通过特定栅格的最佳路径的最小成本距离；$CWD1_{MIN}$和$CWD2_{MIN}$分别为搜索窗口到生态源地1和生态源地2的最小累积阻力值；L为搜索窗口的最长轴长度；R'是替代（或切穿）障碍物的特征阻力值。一般使用圆形移动窗口，计算LCD'相较于初始值的变化比例作为识别障碍点的定量指标（Peng et al.，2018a）。基于ArcGIS 10.5的Linkage Mapper 2.0工具箱进行障碍点的识别。

4.4.4　结果

4.4.4.1　生态系统服务重要性

不同类型生态系统服务的重要性格局，体现了不同斑块的生态价值差异（图4-18）。如图4-18a所示，粮食生产服务高值区主要分布于华蓥山区边缘地带，包括广安区北部及邻水县东南部，相比于中部平行山区，这里的地势更为平坦，距离城市较远，受到城市开发建设活动的影响更小。产水服务低值区主要分布在东南部和西北部的林地范围，主要是

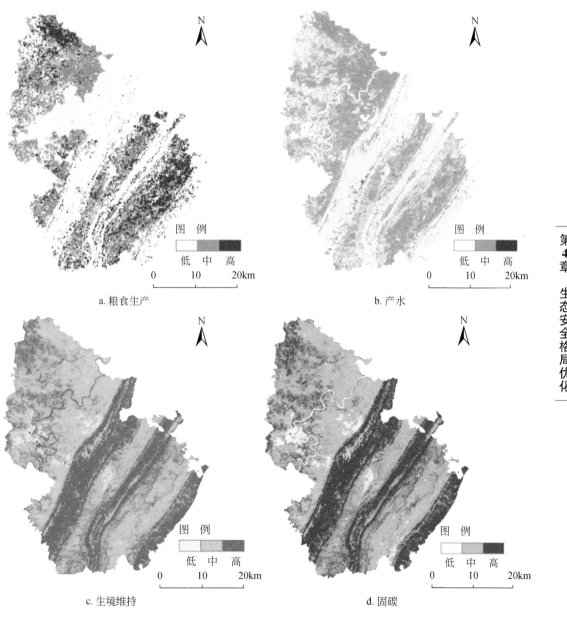

a. 粮食生产　　　　　　　　　　　b. 产水

c. 生境维持　　　　　　　　　　　d. 固碳

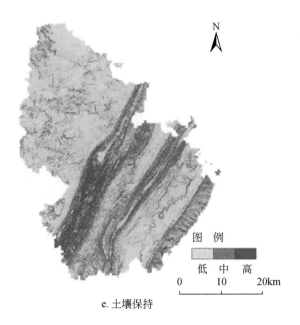

e. 土壤保持

图 4-18　华蓥山区生态系统服务重要性空间格局

由于森林生态系统对降水具有很强的存蓄能力。生境维持服务高值区分布在东南部平行山区、渠江流域及广安区北部山区，低值区则分布在人类活动集聚区。固碳服务高值区集中在广安区北部及邻水县东南山区的林地。土壤保持服务高值区集中在东南部平行山区。

4.4.4.2　生态源地空间格局

基于生态系统服务重要性综合评估结果，共提取生态源地斑块 58 个，总面积 1392.63km² （图 4-19），占华蓥山区总面积的 35.60%。生态源地分县（市、区）对比情况如表 4-5 所示，其中广安区生态源地斑块数量最多（31 个），但生态源地总面积较小，约占广安区面积的 12.40%。其原因在于广安区作为广安市主城区，人类活动密集，对生态空间的侵占与干扰程度更大，形成了破碎化的生态源地分布格局。华蓥市与邻水县生态源地的面积占比相对较大，分别为 37.95% 和 47.03%，生态源地平均斑块面积也更大，分别为 44.14km²、42.81km²，这主要是由于境内山地资源丰富，海拔高、坡度大，人类活动影响较弱，生态系统受干扰程度更低。

表 4-5　生态源地面积分区（市、县）统计

生态源地	广安区	前锋区	华蓥市	邻水县
数量/个	31	2	4	21
面积/km²	172.29	144.76	176.56	899.02
面积占比/%	12.40	28.59	37.95	47.03

注：面积占比为该区（市、县）生态源地占该区（市、县）面积的比例

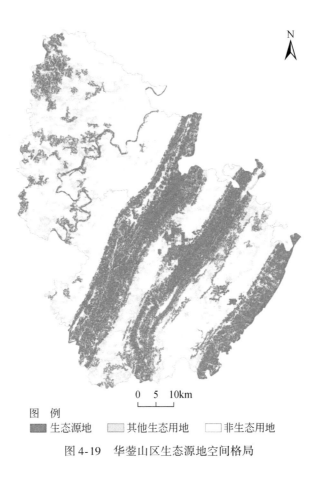

图 4-19 华蓥山区生态源地空间格局

图　例
■ 生态源地 ▨ 其他生态用地 □ 非生态用地

4.4.4.3 生态廊道空间格局

华蓥山区生态阻力面如图 4-20a 所示，高阻力值地区分布在华蓥山的东西两侧，主要原因是华蓥山东侧和西侧分别为华蓥市及邻水县的人类活动集中区，同时又是地质灾害敏感性最高的区域，受到人类活动与自然灾害的双重威胁。

基于生态源地与阻力面，利用最小累积阻力模型识别出生态廊道的基本走向（图 4-20b），进一步通过电路模型识别生态廊道的空间范围（图 4-21）。总体而言，共识别了 84 条生态廊道，总面积约 248km²。华蓥山区生态廊道集中于北部，呈现出短而窄的特点，这是由于广安区生态源地较为破碎，生态阻力大。华蓥山区中部地区渠江与华蓥山生态源地间则缺乏生态廊道连接，主要是因为人类活动频繁、地质灾害多发，生态阻力大，导致横跨全境的华蓥山只有两端延伸出两条生态廊道，其中西南端的生态廊道相对较窄，电流值较高，面临两侧较高的自然压力和人为干扰，生态退化风险大。华蓥山区东北端的生态廊道较宽，面临的生态压力相对较低。此外，与华蓥山西麓有所区别，华蓥山东麓与铜锣山间形成了一条宽阔的带状生态源地，将两个山区连接成为一个整体，同时发挥生态源地和生态廊道的作用。

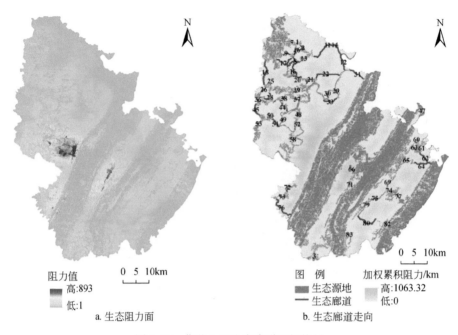

阻力值
■ 高:893
　 低:1

图　例
■ 生态源地
— 生态廊道

加权累积阻力/km
■ 高:1063.32
　 低:0

a. 生态阻力面　　　　　　　　　　　　　　b. 生态廊道走向

图 4-20　华蓥山区生态廊道空间格局

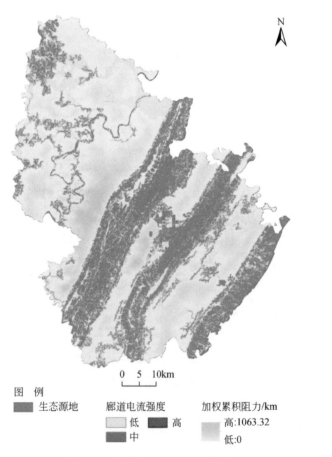

图　例
■ 生态源地

廊道电流强度
　 低　　■ 高
■ 中

加权累积阻力/km
　 高:1063.32
　 低:0

图 4-21　华蓥山区生态安全格局

4.4.4.4 生态保护修复优先区

夹点作为高累积电流区是区域生态保护的优先区，共识别出存在大量夹点的生态廊道10条。除73、76号生态廊道外，其他分布有夹点的生态廊道大多分布在广安区（图4-22a），说明人类活动密集区需要更多关注对生态廊道的保护。结合土地利用类型可以发现，夹点所在区域以林地所占比例最大（70.81%），耕地也占较大比例（20.50%）。然而，生态廊道中林地所占比例仅为13.11%，耕地占比则高达77.90%。因此，不仅耕地的生态功能在区域生态保护中不容忽视，林地等高植被覆盖区在生态廊道中的重要节点作用也需高度关注。

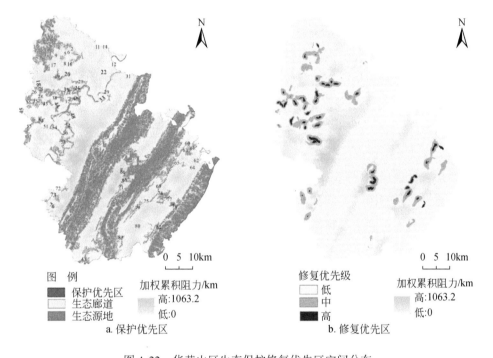

图 4-22　华蓥山区生态保护修复优先区空间分布

障碍点是实施生态修复的优先区，总面积为93.86km^2（图4-22b），主要分为两个片区：①广安区。由于景观破碎、生态廊道数量多、生态阻力较大，广安区障碍点数量多、面积较大，且多分布在人类活动密集区域。②邻水县。其障碍点面积也较大，除人类活动因素外，还受地质灾害影响。对这些障碍点进行生态修复，需要考虑胁迫因素的差异。从土地利用类型来看，障碍点多为耕地（72.44%），生态修复过程中可以考虑对低质量耕地实施退耕还林。也有一部分障碍点为林地（18.55%），其成为高阻力值的障碍点的原因主要是地处地质灾害高敏感性地区，障碍点的修复需要同时考虑矿山地质环境修复与植被恢复。

4.4.5　讨论与结论

4.4.5.1　讨论

目前，区域生态保护的方法与路径已较为成熟，如主体功能区规划、生态保护红线划定、三生空间识别、生态功能区划等工作都从不同的视角、尺度与方法提供了较为成熟可行的保护策略。但仅仅通过静态的、被动的保护难以解决日益加剧的生态退化问题，因此生态修复的作用尤为关键。本节提出的基于生态安全格局的生态保护与修复优先区识别方法，虽然能够有效识别出生态保护与修复的优先区域，但在诸多方面仍有待进一步提升。例如，生态廊道的构建需要精细到以本地关键物种为保护对象；生态源地提取的斑块规模阈值需要进一步探讨。此外，对于生态修复更为重要的是，不仅需要识别生态修复的空间范围，更需要明确生态修复的核心目标、主要措施、关键环节和成本收益，尤其是如何通过生态修复提升山水林田湖草沙的整体性与系统性，及其与城市、乡村等人类聚落的协同耦合，从而整合形成人与自然生命共同体（彭建等，2019）。

4.4.5.2　结论

当前生态安全格局的研究以构建为主，而较少探讨基于生态安全格局的保护与修复优先区识别。本节以华蓥山区为例，基于生态系统服务重要性识别生态源地，基于最小累积阻力模型与电路模型识别生态廊道、夹点及障碍点，提出生态安全格局构建与生态修复模拟的思路，为山水林田湖草沙生态保护修复工作提供了可行的定量方法。保护优先区重点在夹点区域，主要分布在景观破碎化较为严重的广安区境内与华蓥山西南端。修复优先区重点在障碍点区域，主要包括两部分：一部分为广安区境内受到人类活动干扰的破碎化生态空间，主要的生态修复策略为植被恢复与退耕还林；另一部分为华蓥山、铜锣山和明月山的地质灾害频发区，主要生态修复策略是矿山地质修复、植被恢复。本节的方法为基于生态安全格局构建的生态保护和修复优先区识别及策略制定提供了参考。

4.5　生态系统保护与修复分区[*]

4.5.1　问题的提出

作为一项基于整体视角的规划措施，生态安全格局强调通过关键要素的保护，实现

---

[*] 本节内容主要基于：Jiang H, Peng J, Zhao Y N, et al. 2022. Zoning for ecosystem restoration based on ecological network in mountainous region. Ecological Indicators，142：109138. 本节中的插图和表格是根据上述文献中对应的图表修改、重绘而成。

整体生态效益（Luo et al.，2021）。生态安全格局要素在不同区域具有不同的空间分布和特征，在整体视角下容易被忽略。生态保护与修复需要将整体保护与分区修复相结合。一方面要形成整体上的一体化保护格局，另一方面要关注不同生态单元的特点和修复任务。因此，基于生态安全格局的分区可以推动流域尺度生态系统修复具体任务的布局。

基于各类生态系统评价指标的生态分区是生态保护和修复的重要环节（Xu et al.，2020）。根据不同分区的特点，决策者可以采取相应的生态管理措施（Xu and Peng，2022）。生态分区的指标包括气候、水、植被、动物等自然要素，生态功能，生态系统服务，生态重要性和韧性，以及社会—生态综合评价体系等（Paula and Oscar，2012；Chi et al.，2020）。然而，目前尚无研究基于生态安全格局进行生态系统修复分区。生态分区的基本单元包括行政单元和自然地理单元（Yang et al.，2015；Sun et al.，2020）。流域作为自然地理学研究的基本生态单元，是完整的生态系统，也是空间管理、生态保护和修复的基本单元（Regan et al.，2019；Zhu et al.，2020）。流域尺度的生态分区有助于整合生态过程布局生态系统修复项目。

本节以云南省生态安全格局构建方法（Peng et al.，2018b）为基础，基于生态系统服务重要性和自然保护区的空间分布，识别生态源地；构建综合指标体系评价生境适宜性和生态阻力，提取生态廊道和战略点；根据生态安全格局要素的空间分布和特征进行生态分区，并提出相应的生态保护和修复策略。具体的研究目标为：①构建云南省生态安全格局；②在流域尺度上，基于生态安全格局和 K-means 聚类算法进行生态分区；③对比不同分区的自然与社会条件，提出相应的保护和修复策略。

4.5.2　数据

本节使用的数据均为 2020 年的数据，包括：①土地利用类型数据，来源于中国科学院资源环境科学与数据中心，空间分辨率为 30m；②数字高程模型数据，来源于中国科学院资源环境科学与数据中心，空间分辨率为 30m 和 1km；③降水数据和蒸散发数据，来源于中国气象数据网，使用样条函数方法进行插值；④MODIS 归一化植被指数（NDVI）数据，来源于美国地质调查局，空间分辨率为 250m；⑤自然保护区数据，来源于中国科学院资源环境科学与数据中心；⑥八级流域数据，来源于 HydroSHEDS 数据集；⑦夜间灯光数据，来源于 Earth Observation Group，空间分辨率为 500m；⑧人口密度数据，来源于 WorldPop 数据集，空间分辨率为 1km。

4.5.3 方法

4.5.3.1 生态安全格局构建

生态安全格局是由生态源地、生态廊道、战略点组成的网络，有助于保护区域生态安全。生态源地是维持生态系统完整性、保护重要物种和关键生态过程、提供重要生态系统服务的重要生态斑块（Yu，1996）。云南省物种丰富，具有重要的生物多样性保护地位（Ye et al.，2017），高植被覆盖度使云南省能提供较高的固碳服务（Zomer et al.，2015），同时，喀斯特地貌和干热河谷地区水土流失风险高（Dai et al.，2021）。因此，分别基于InVEST模型的Habitat Quality模块评估生境维持服务，基于Carbon模块评估固碳服务，基于水量平衡方程评估水源涵养服务，基于修正的通用土壤流失方程评估土壤保持服务，并以四种生态系统服务的归一化均值表示综合重要性（Peng et al.，2018b；Jiang et al.，2021）。自然保护区是针对代表性的自然生态系统和珍稀濒危物种的集中分布区进行特殊保护和管理的区域，对于减少生境丧失和保护物种种群具有重要意义（Shrestha et al.，2021）。云南省自然保护区面积大，类型多，在自然保护地体系中具有十分重要的作用。根据自然断点法将综合生态系统服务重要性分为五级，取前两级的高值区，结合重要的自然保护区，并去除面积小于10km²的斑块，得到生态源地。

生态廊道是生态安全格局中的带状区域，在连接物质、能量和信息流方面发挥着重要作用，并为物种迁徙提供了重要通道（Dong et al.，2020）。生态廊道可以有效解决生态源地的碎片化问题，增强生态源地间的连通性，可以保证生态功能的稳定性。生态阻力面是生态廊道提取的基础，反映了景观对物质、能量流动和物种迁徙的阻碍作用（Fu et al.，2020）。景观的生境适宜性越高，对生态流的阻碍越弱。生态阻力由生境适宜性的倒数表示（Luo et al.，2020）。本节构建了一个综合指标体系来评价生境适宜性，具体如表4-6所示。采用最小累积阻力模型和电路模型确定生态廊道的走向和范围，并识别夹点和障碍点两种战略点（Peng et al.，2018b），具体方法详见2.1.3.4和3.2.3.3节。

表4-6 生境适宜性评价指标体系

生境适宜性	土地利用类型	NDVI	与水体距离/m	与建设用地距离/m
1	建设用地	0~0.1	≥2000	<500
5	未利用地	0.1~0.2	1500~2000	500~1000
30	水体	0.2~0.3	1000~1500	1000~1500
50	耕地、园地	0.3~0.4	500~1000	1500~2000
100	草地	≥0.4或<0	<500	≥2000
300	林地	—	—	—

生境适宜性	土地利用类型	NDVI	与水体距离/m	与建设用地距离/m
500	湿地	—	—	—
权重	0.4	0.2	0.2	0.2

4.5.3.2　基于 K-means 聚类算法的生态分区

流域是生态保护和修复的基本自然单元，K-means 聚类算法是一种根据样本的相似性将其划分为不同聚类的方法，可以直接反映类别之间的差异（Gou et al.，2021）。K-means 聚类算法的步骤为（He et al.，2019）：①随机初始化聚类中心；②计算每个样本到聚类中心的欧氏距离；③将每个样本分配到最近的聚类中；④重置聚类中心；⑤计算目标函数，并重复步骤②~步骤⑤，直到目标函数收敛。

选择 6 个指标进行生态分区，包括生态源地面积占比、生态源地连通性、生态廊道面积占比、生态廊道电流值、夹点面积占比、障碍点面积占比。景观连通性是区域空间连接的一种度量，即斑块之间的生态连续性，具体表现为对生态流的支撑能力（Peng et al.，2018a）。利用可能连通性指数评估生态源地的景观连通性。利用可能连通性指数变化比例衡量每个生态源地对景观连通性的重要性。两个指标的计算方法详见 2.1.3.3 节。

生态廊道的电流值反映了物种通过的概率，表明了生态廊道在生态安全格局中的重要性，以及不同生态廊道部分的稳定性。低电流意味着物种通过的可能性低，或者多个生态廊道可以相互替代。生态廊道的空间格局以生态廊道面积占比和平均电流值表示。生态廊道在周围阻力高的地方形成高电流值的夹点，被压缩在较窄的范围内，成为生态廊道中的瓶颈区域。障碍点是生态廊道中阻碍生态流动和物种迁徙的区域。障碍点的修复可以显著改善生态源地间的连通性（Peng et al.，2018b）。采用夹点面积占比和障碍点面积占比表示战略点的空间分布。

生态分区的结果可以反映自然本底和社会条件的差异（Chi et al.，2020）。海拔是影响生态系统组成、结构和功能的重要因素之一，也影响自然生态系统面对气候变化和其他威胁的脆弱性（Gupta et al.，2020）。植被是许多重要生态系统服务的主要提供者，也是生态系统状态的指标（de la Barrera et al.，2016；Kleyer，2021）。NDVI 是监测植被覆盖和生长状态的重要指标（Band et al.，1993）。夜间灯光强度通常用于表征城市化和经济发展水平（Ma et al.，2012；Keola et al.，2015）。人类是社会和经济活动的主体，对环境和生物多样性的影响甚至超过了气候变化（Main et al.，2020）。因此，比较不同生态分区的自然和社会条件，包括海拔、NDVI、夜间灯光强度和人口密度，可以为政策制定提供参考。

第 4 章　生态安全格局优化

4.5.4　结果

4.5.4.1　生态安全格局

云南省各城市生态源地、生态廊道、夹点和障碍点的分布和面积如图 4-23 和表 4-7 所示，共识别了生态源地 107 个，面积为 136 496.56km²，占云南省总面积的 35.62%，其中生态用地占生态源地面积的 78.58%。面积大、连通性高的生态源地集中在云南西部的横断山脉。面积最大、连通性最高的生态源地位于云南省西南部，包括西双版纳傣族自治州、高黎贡山、三江并流、白马雪山、南贡河、瑞丽江—大盈江风景区等，是许多受保护物种的良好栖息地。云南省东部的生态源地面积小、分布分散且连通性低。在云南省所有城市中，普洱市的生态源地面积最大，其次是西双版纳傣族自治州，昭通市、丽江市、玉溪市和昆明市的生态源地面积很小。

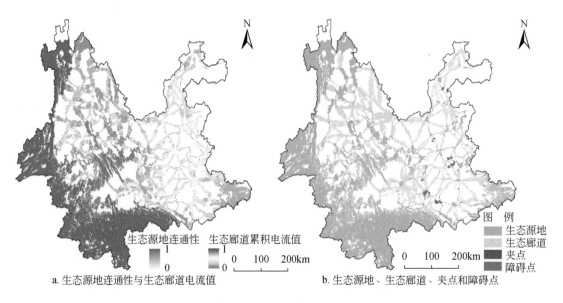

a. 生态源地连通性与生态廊道电流值　　　　b. 生态源地、生态廊道、夹点和障碍点

图 4-23　云南省生态安全格局

表 4-7　云南省分市生态安全格局要素面积　　　　　　（单位：km²）

城市	生态源地	生态廊道	夹点	障碍点
迪庆藏族自治州	11 293.74	2 195.63	1.21	66.46
昭通市	529.61	4 563.80	28.41	80.60
怒江傈僳族自治州	8 579.06	1 218.30	0	0
丽江市	1 748.59	6 965.65	3.24	0
曲靖市	3 342.94	5 902.29	124.80	272.60

城市	生态源地	生态廊道	夹点	障碍点
大理白族自治州	4 684.01	8 011.65	16.48	27.96
昆明市	1 932.16	5 282.66	73.03	111.76
楚雄彝族自治州	6 063.22	6 767.18	3.01	0
保山市	10 223.86	885.40	2.43	0
德宏傣族景颇族自治州	10 214.63	3.07	0	0
临沧市	13 673.57	655.14	10	0
玉溪市	1 731.19	5 525.51	22.76	54.13
普洱市	27 742.47	1 149.50	0.08	0
红河哈尼族彝族自治州	9 317.51	7 221.62	119.55	769.40
文山壮族苗族自治州	8 078.73	5 147.97	20.54	39.92
西双版纳傣族自治州	17 341.27	0	0	0

与云南省西部地区相比，东部地区的生态廊道更密集，电流值更大，共提取生态廊道 276 条，平均长度为 41.40km，其中丽江市、楚雄彝族自治州、昆明市、昭通市和红河哈尼族彝族自治州的生态廊道较长，昆明市和红河哈尼族彝族自治州的生态廊道累积阻力值最大。云南省生态廊道总面积为 61 495.37km²，占云省市总面积的 16.05%。其中，林地和耕地是生态廊道的主要土地利用类型，分别占生态廊道总面积的 78.46% 和 12.09%。云南省东部地区人类活动的高威胁导致生态阻力值高，生态廊道被压缩在狭窄的范围内。相比之下，云南省西部和东南部的生态廊道电流值较低、空间范围较大、稳定性较高。大理白族自治州和红河哈尼族彝族自治州生态廊道面积最大，分别占生态廊道总面积的 13.03% 和 11.74%。

夹点和障碍点主要分布在东部地区。其中，夹点面积为 425.54km²，占云南省总面积的 0.11%，主要分布在曲靖市、昆明市、昭通市和玉溪市。夹点的主要土地利用类型是林地（63.02%）和耕地（21.90%）。这里的生态廊道周围受到人类活动的强烈干扰，生态系统退化的风险较高。障碍点共识别出 23 个，总面积为 1422.83km²，占云南省总面积的 0.37%，主要土地利用类型为耕地（41.41%）、林地（19.15%）和建设用地（15.09%）。障碍点集中在东部地区，其中红河哈尼族彝族自治州的障碍点面积占研究区障碍点总面积的 54.08%。

4.5.4.2　生态分区

根据 6 个分区指标，将云南省 589 个流域划分为 5 个生态分区。表 4-8 显示了各生态分区的流域数目和分区指标的平均值。生态分区的空间格局如图 4-24 所示。具体而言，源地保护区包括 153 个流域，占云南省总面积的 31.69%，主要分布在西南部。该分区拥有大面积的生态用地，人类活动强度低，自然生境保存完好，是区域生态安全的重要保障；生态源地面积大，连通性高，因此该区域的生态源地面积占比和生态源地连通性在 5 个生态分区中最大，而其他指标较低。源地提升区包括 103 个流域，占云南省总面积的 23.60%，主要分布在中部和东南部地区。该分区生态源地面积较大，但连通性低；该分区内的自然保护区较多，但面积较小，且分布分散，人类活动对生态源地构成了巨大威胁，生态源地的质量和连通性需要提升。廊道建设区包括 143 个流域，占云南省总面积的 16.71%，主要分布在云南省北部和中部。该分区有大面积的生态廊道，可以稳定地发挥重要的连通作用。战略点修复区包括 15 个流域，占云南省总面积的 1.96%，主要分布在红河哈尼族彝族自治州和曲靖市。该分区的生态廊道较窄，战略点的数目和面积均显著高于其他分区。非生态安全格局区包括 175 个流域，占云南省总面积的 26.04%，主要分布在东部地区。

表 4-8   云南省生态分区的流域数和分区指标均值

生态分区	源地保护区	源地提升区	廊道建设区	战略点修复区	非生态安全格局区
流域数目/个	153	103	143	15	175
生态源地面积占比	0.733	0.510	0.044	0.051	0.060
生态源地连通性	0.985	0.088	0.015	0.001	0.012
生态廊道面积占比	0.018	0.039	0.484	0.276	0.098
生态廊道电流值	0.016	0.053	0.116	0.346	0.096
夹点面积占比	0.003	0.005	0.031	0.671	0.026
障碍点面积占比	0	0.003	0.002	0.331	0.004

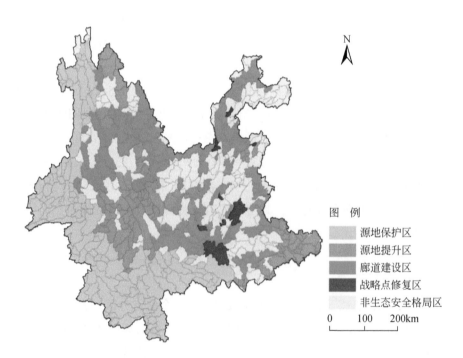

图 4-24   云南省生态分区空间格局

4.5.4.3 社会—生态因子分区对比

不同生态分区的自然和社会条件明显不同（图4-25）。其中，源地保护区的海拔是所有分区中最低的。高连通性生态源地主要分布在云南省西南部、西北部的三江并流国家公园、白马雪山国家级自然保护区和高黎贡山国家级自然保护区。云南省西南部纬度较低，植被类型以热带雨林为主，具有良好的生境，是主要的碳汇区；其他生态分区的海拔整体较高，差异不大。源地保护区具有最高的 NDVI，有最高的植被覆盖率和最好的植被生长状况。相对的，战略点修复区的 NDVI 显著低于其他分区，植被覆盖度低。然而，这一分区是生态安全格局的关键区域，需要进行生态修复以提高生态安全格局的整体连通性。

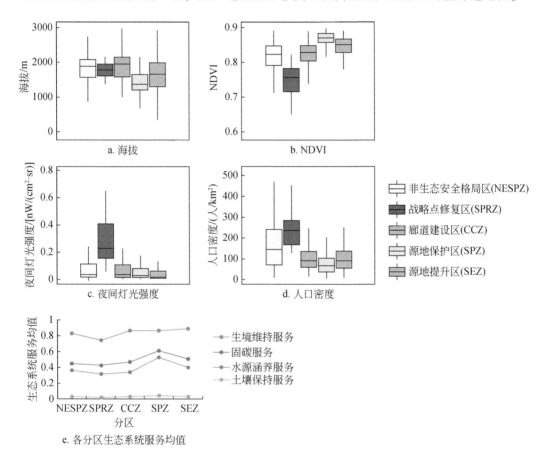

图 4-25　云南省不同生态系统保护与修复分区的自然、社会条件及生态系统服务对比

战略点修复区的夜间灯光强度远高于其他分区，主要分布在昆明市、玉溪市、曲靖市、红河哈尼族彝族自治州。这四个市（州）的地区生产总值是云南省最高的。高强度的生产活动是以生态系统退化为代价的。但同时，这些市（州）拥有更多的生态修复资金，可以通过合理的修复规划和项目实施来实现生态条件的改善。战略点修复区的人口密度最

大，对生态安全格局构成的威胁最大。非生态安全格局区的人口密度也较大，主要分布在昆明市、曲靖市、昭通市、楚雄彝族自治州、文山壮族苗族自治州等地。总体来看，人口稠密地区对自然资源和生态系统服务的需求也更大，同时对自然生态系统构成潜在威胁。

如图 4-25e 所示，从生态系统服务来看，源地提升区、源地保护区和廊道建设区的生境维持服务相对较高。源地保护区的固碳、水源涵养和土壤保持 3 种生态系统服务显著高于其他分区，表明了源地保护区对生态系统服务可持续性的重要性。战略点修复区的所有生态系统服务均低于其他分区，说明该区域是生态修复的重点区域。

4.5.5　讨论与结论

4.5.5.1　基于生态安全格局的生态系统保护与修复分区的优势

生态系统保护与修复分区是生态修复过程中实施差异化保护与修复策略的关键步骤（Xu et al.，2020）。基于自然地理要素、生态系统服务、生态风险等自然指标的生态分区有助于明确区域本底和空间分异（Xu et al.，2021）。综合社会—生态指标的分区有利于提出经济建设与生态保护相结合的发展战略（Afriyanie et al.，2020）。生态安全格局由关键的点、线、面要素组成，常用于生态规划，是实现生物多样性保护和自然生态系统保护的景观途径（Huang et al.，2021）。生态保护和生态修复的投入有限，难以实现全局保护，因此寻求以最少的投入实现最大化生态效益的方法是必要的（Goldstrin et al.，2008）。与其他生态分区方法相比，基于生态安全格局的分区有助于明确不同区域的保护目标和修复重点，从而兼顾整体保护和差异化修复。基于对不同区域社会经济条件和生态系统特征的分析，根据生态安全格局要素建设和生态修复的需求，可以针对不同区域提出生态系统保护和修复的策略与建议。通过这种方式，可以将整体保护与分区策略结合起来，实现生态修复的效益最大化。

4.5.5.2　不同生态分区的保护与修复策略

云南省的地理空间分异较大，在森林覆盖率、森林质量和生物多样性方面，西部地区优于东部地区，这也反映在生态安全格局与生态分区的结果中。这种显著的差异进一步说明了基于生态分区的区域生态修复策略的必要性。根据分区的结果，结合社会与生态条件的对比，可以针对各分区提出生态保护和修复策略。其中，非生态安全格局区需要重点关注局地的生态保护，应加大力度保护现有自然保护区，加强绿色基础设施建设，保护高原湖泊。

源地保护区是云南省生态条件最好的地区，主要分布在云南省西部山区、热带雨林等生物多样性保护优先区域，是珍稀野生动植物的重要栖息地。尽管植被覆盖度高，生态系统状况良好，但种植经济作物造成森林砍伐的现象仍然存在，对自然植被和野生动物种群产生严重威胁（Allendorf et al., 2014）。良好的水热条件使生态系统在受到干扰或破坏后能够迅速恢复。该区域应侧重生态保护，积极完善自然保护地体系，防止生态破坏，确保国家西南生态屏障的生态系统稳定性和丰富的生物多样性。

源地提升区包括香格里拉、澜沧江、无量山、哀牢山和喀斯特季风阔叶林等生物多样性保护优先区。与源地保护区相比，该区域的生态源地较为分散，更容易受到破坏（With and Payne, 2021）。为了改善这一分区的生态源地连通性，有必要在缺少充分保护的地区设立自然保护区（Kullberg et al., 2019）。该区域主要由两部分组成：西部地区生态条件良好，靠近源地保护区；东部地区则具有典型的喀斯特地貌，高度的景观异质性，以及丰富、独特但脆弱的生物多样性（Yang et al., 2004）。喀斯特地貌土壤稀薄，难以恢复自然植被和巩固人工造林成果（Zhang et al., 2019）；然而，喀斯特地区的生态修复项目取得了良好的成效（Tong et al., 2018）。因此，应通过布局试点工程，逐步扩大治理范围，严格防止人类活动对脆弱生态系统造成不可逆转的破坏。

廊道建设区主要包括滇北、玉溪市、红河哈尼族彝族自治州等干热河谷地区。干热河谷地区存在水土流失、森林退化、自然灾害频发等生态问题，破坏后恢复原生植被非常困难。因此，应保护或增设绿地和水体，建设生态廊道，实现生态源地的互联互通。考虑到生态廊道的密度，有必要划分生态廊道建设优先级，明确替代关系，设计合理数量的生态廊道的路线和景观类型。在较窄区域应拓宽生态廊道，比如应防止生态廊道在穿越城市或道路时被切断。可以在与道路的交叉点设置桥梁，以确保生态廊道的连通（Wu et al., 2021）。

战略点修复区主要分布在城市建成区和玉溪市杞麓湖，是生态安全格局最脆弱的区域，也是保护和修复的重点区域。战略点的修复可以消除生态廊道中的阻碍，并通过较小的投入实现最大的收益（Strassburg et al., 2019）。与此同时，该分区密集的人口对自然资源和生态系统服务的需求大，威胁到生态系统的稳定性（Zhang et al., 2021）。通过城市道路和河流两岸的绿化，在战略点处增加绿色空间，可以提升当地的生态系统质量。在高原湖泊周围设计绿道可以避免人类活动造成的污染和破坏。此外，要加大生态修复的投入，合理布局建设用地和生态用地，平衡经济建设和生态保护。

4.5.5.3 结论

从整体保护的视角来看，生态安全格局是生物多样性和生态系统保护的重要可持续景观格局。然而，生态安全格局要素的空间差异在已有研究中往往被忽略。根据生态安全格局要素的特点和空间分布进行生态分区，有利于在整体保护的基础上布局生态修复项目。本节以云南省为研究区，构建生态安全格局，根据6项生态安全格局要素指标进行生态分区，比较了不同分区的自然和社会条件，并提出相应的生态系统保护与修复建议。结果表明，云南省生态安全格局存在明显的空间差异。总面积 136 496.56km² 的生态源地主要集中在西部山区，共有 276 条生态廊道，平均长度为 41.40km。基于生态安全格局得到了 5 个生态分区。其中，源地保护区包括 153 个流域，生态源地面积大，连通性高，植被覆盖度高，人类活动强度低；源地提升区包括 103 个流域，生态源地小且分散，有必要完善自然保护地体系，并在必要的区域增加自然保护区；廊道建设区包括 143 个流域，生态廊道密集，需要进行优先性排序和有选择的建设，脆弱的自然生态增加了生态修复的难度，应充分保护现有的生态空间；战略点修复区包括 15 个流域，是生态安全格局中最脆弱的区域，包括大面积的建设用地，应在道路和河流两岸进行绿化，围绕高原湖泊设计绿道；非生态安全格局区包括 175 个流域，缺乏生态安全格局的保护，需要强化本地生态建设。基于生态安全格局的生态分区框架为基于流域的生态保护和修复提供了分区指引。在整体保护的基础上，在流域尺度安排具体的生态修复项目和生态安全格局建设任务，可以促进人与自然的和谐共生。

参 考 文 献

包玉斌，李婷，柳辉，等．2016．基于 InVEST 模型的陕北黄土高原水源涵养功能时空变化．地理研究，35（4）：664-676.

陈德权，兰泽英，李玮麒．2019．基于最小累积阻力模型的广东省陆域生态安全格局构建．生态与农村环境学报，35（7）：826-835.

陈士银，宾津佑，蔡世煜．2021．基于 ESDA-GIS 的广东省耕地生态承压能力时空特征研究．水土保持研究，28（4）：358-365，374.

傅斌，徐佩，王玉宽，等．2013．都江堰市水源涵养功能空间格局．生态学报，33（3）：789-797.

高世昌，苗利梅，肖文．2018．国土空间生态修复工程的技术创新问题．中国土地，（8）：32-34.

高世昌．2018．国土空间生态修复的理论与方法．中国土地，（12）：40-43.

郭羽羽，李思悦，刘睿，等．2021．黄河流域多时空尺度土地利用与水质的关系．湖泊科学，33（3）：737-748.

黄麟，刘纪远，邵全琴，等．2016．1990—2030 年中国主要陆地生态系统碳固定服务时空变化．生态学报，36（13）：3891-3902.

黄麟，祝萍，曹巍．2021．中国退耕还林还草对生态系统服务权衡与协同的影响．生态学报，41（3）：1178-1188.

匡文慧，刘纪远，陆灯盛．2011．京津唐城市群不透水地表增长格局以及水环境效应．地理学报，66（11）：1486-1496.

李晖，易娜，姚文璟，等．2011．基于景观安全格局的香格里拉县生态用地规划．生态学报，31（20）：5928-5936.

李军玲，郭其乐，彭记永．2012．基于 MODIS 数据的河南省冬小麦产量遥感估算模型．生态环境学报，21（10）：1665-1669.

李玏，刘家明，宋涛，等．2015．北京市绿带游憩空间分布特征及其成因．地理研究，34（8）：

1507-1521.

李卫锋, 王仰麟, 蒋依依, 等. 2003. 城市地域生态调控的空间途径——以深圳市为例. 生态学报, 23 (9): 1823-1831.

李智广, 曹炜, 刘秉正, 等. 2008. 中国水土流失现状与动态变化. 中国水土保持, 12: 7-10, 72.

刘慧敏, 范玉龙, 丁圣彦. 2016. 生态系统服务流研究进展. 应用生态学报, 27 (7): 2161-2171.

刘慧敏, 刘绿怡, 丁圣彦. 2017. 人类活动对生态系统服务流的影响. 生态学报, 37 (10): 3232-3242.

刘萌萌. 2014. 林带对阻滞吸附 $PM_{2.5}$ 等颗粒物的影响研究. 北京: 北京林业大学硕士学位论文.

刘娅, 朱文博, 韩雅, 等. 2015. 基于SOFM神经网络的京津冀地区水源涵养功能分区. 环境科学研究, 28 (3): 369-376.

刘怡娜, 孔令桥, 肖燚, 等. 2019. 长江流域景观格局与生态系统水质净化服务的关系. 生态学报, 39 (3): 844-852.

马克明, 傅伯杰, 黎晓亚, 等. 2004. 区域生态安全格局: 概念与理论基础. 生态学报, 24 (4): 761-768.

彭建, 郭小楠, 胡熠娜, 等. 2017. 基于地质灾害敏感性的山地生态安全格局构建——以云南省玉溪市为例. 应用生态学报, 28 (2): 627-635.

彭建, 贾靖雷, 胡熠娜, 等. 2018b. 基于地表湿润指数的农牧交错带地区生态安全格局构建——以内蒙古自治区杭锦旗为例. 应用生态学报, 29 (6): 1990-1998.

彭建, 李慧蕾, 刘焱序, 等. 2018a. 雄安新区生态安全格局识别与优化策略. 地理学报, 73 (4): 701-710.

彭建, 吕丹娜, 张甜, 等. 2019. 山水林田湖草生态保护修复的系统性认知. 生态学报, 39 (23): 8755-8762.

彭建, 赵会娟, 刘焱序, 等. 2016. 区域水安全格局构建: 研究进展及概念框架. 生态学报, 36 (11): 3137-3145.

苏泳娴, 张虹鸥, 陈修治, 等. 2013. 佛山市高明区生态安全格局和建设用地扩展预案. 生态学报, 33 (5): 1524-1534.

孙小银, 郭洪伟, 廉丽姝, 等. 2017. 南四湖流域产水量空间格局与驱动因素分析. 自然资源学报, 2017, 32 (4): 669-679.

王保盛, 陈华香, 董政, 等. 2020. 2030年闽三角城市群土地利用变化对生态系统水源涵养服务的影响. 生态学报, 40 (2): 484-498.

吴健生, 张理卿, 彭建, 等. 2013. 深圳市景观生态安全格局源地综合识别. 生态学报, 33 (13): 4125-4133.

杨天荣, 匡文慧, 刘卫东, 等. 2017. 基于生态安全格局的关中城市群生态空间结构优化布局. 地理研究, 36 (3): 441-452.

叶鑫, 邹长新, 刘国华, 等. 2018. 生态安全格局研究的主要内容与进展. 生态学报, 38 (10): 3382-3392.

岳天祥, 叶庆华. 2002. 景观连通性模型及其应用. 地理学报, 57 (1): 67-75.

查良松, 邓国徽, 谷家川. 2015. 1992—2013年巢湖流域土壤侵蚀动态变化. 地理学报, 70 (11):

1708-1719.

张小曳, 孙俊英, 王亚强, 等. 2013. 我国雾–霾成因及其治理的思考. 科学通报, 58 (13): 1178-1187.

赵雪雁, 杜昱璇, 李花, 等. 2021. 黄河中游城镇化与生态系统服务耦合关系的时空变化. 自然资源学报, 36 (1): 131-147.

Adriaensen F, Chardon J P, Blust G D, et al. 2003. The application of 'least-cost' modelling as a functional landscape model. Landscape and Urban Planning, 64 (4): 233-247.

Afriyanie D, Julian M M, Riqqi A, et al. 2020. Re-framing urban green spaces planning for flood protection through socio-ecological resilience in Bandung City, Indonesia. Cities, 101: 102710.

Allendorf T D, Brandt J S, Yang J M. 2014. Local perceptions of Tibetan village sacred forests in northwest Yunnan. Biological Conservation, 169: 303-310.

Balvanera P, Pfisterer A B, Buchmann N, et al. 2006. Quantifying the evidence for biodiversity effects on ecosystem functioning and services. Ecology Letters, 9 (10): 1146-1156.

Band L E, Patterson P, Nemani R, et al. 1993. Forest ecosystem processes at the watershed scale: Incorporating hillslope hydrology. Agricultural and Forest Meteorology, 63 (1-2): 93-126.

Beier P, Majka D R, Spencer W D. 2008. Forks in the road: Choices in procedures for designing wildland linkages. Conservation Biology, 22 (4): 836-851.

Breckheimer I, Haddad N M, Morris W F, et al. 2014. Defining and evaluating the umbrella species concept for conserving and restoring landscape connectivity. Conservation Biology, 28 (6): 1584-1593.

Chen L, Pei S, Liu X N, et al. 2021. Mapping and analysing tradeoffs, synergies and losses among multiple ecosystem services across a transitional area in Beijing, China. Ecological Indicators, 123: 107329.

Chi Y, Zhang Z W, Wang J, et al. 2020. Island protected area zoning based on ecological importance and tenacity. Ecological Indicators, 112: 106139.

Dai G H, Sun H, Wang B, et al. 2021. Assessment of karst rocky desertification from the local to regional scale based on unmanned aerial vehicle images: A case-study of Shilin County, Yunnan Province, China. Land Degradation & Development, 32 (18): 5253-5266.

de la Barrera F, Rubio P, Banzhaf E. 2016. The value of vegetation cover for ecosystem services in the suburban context. Urban Forestry & Urban Greening, 16: 110-122.

Dickson B G, Albano C M, Anantharaman R, et al. 2019. Circuit-theory applications to connectivity science and conservation. Conservation Biology, 33 (2): 239-249.

Dong J Q, Peng J, Liu Y X, et al. 2020. Integrating spatial continuous wavelet transform and kernel density estimation to identify ecological corridors in megacities. Landscape and Urban Planning, 199: 103815.

Elvidge C D, Zhizhin M, Ghosh T, et al. 2021. Annual time series of global VIIRS nighttime lights derived from monthly averages: 2012 to 2019. Remote Sensing, 13 (5): 922.

Emanuel K. 2005. Increasing destructiveness of tropical cyclones over the past 30 years. Nature, 436: 686-688.

Fan F F, Liu Y X, Chen J X, et al. 2021. Scenario-based ecological security patterns to indicate landscape sustainability: A case study on the Qinghai-Tibet Plateau. Landscape Ecology, 36: 2175-2188.

Fu Y J, Shi X Y, He J, et al. 2020. Identification and optimization strategy of county ecological security pattern: A case study in the Loess Plateau, China. Ecological Indicators, 112: 106030.

Goldstrin J H, Pejchar L, Daily G C. 2008. Using return-on-investment to guide restoration: A case study from Hawaii. Conservation Letters, 1 (5): 236-243.

Gou M M, Li L, Ouyang S, et al. 2021. Identifying and analyzing ecosystem service bundles and their socioecological drivers in the Three Gorges Reservoir Area. Journal of Cleaner Production, 307: 127208.

Gupta A K, Negi M, Nandy S, et al. 2020. Mapping socio-environmental vulnerability to climate change in different altitude zones in the Indian Himalayas. Ecological Indicators, 109: 105787.

Hanjra M A, Qureshi M E. 2010. Global water crisis and future food security in an era of climate change. Food Policy, 35 (5): 365-377.

Harrison R L. 1992. Toward a theory of inter-refuge corridor design. Conservation Biology, 6 (2): 293-295.

He J H, Pan Z Z, Liu D F, et al. 2019. Exploring the regional differences of ecosystem health and its driving factors in China. Science of the Total Environment, 673: 553-564.

Hirabayashi Y, Mahendran R, Koirala S, et al. 2013. Global flood risk under climate change. Nature Climate Change, 3: 816-821.

Huang X X, Wang H J, Shan L Y, et al. 2021. Constructing and optimizing urban ecological network in the context of rapid urbanization for improving landscape connectivity. Ecological Indicators, 132: 108319.

Jia X Q, Fu B J, Feng X M, et al. 2014. The tradeoff and synergy between ecosystem services in the Grain-for-Green areas in Northern Shaanxi, China. Ecological Indicators, 43: 103-113.

Jiang H, Peng J, Dong J Q, et al. 2021. Linking ecological background and demand to identify ecological security patterns across the Guangdong-Hong Kong-Macao Greater Bay Area in China. Landscape Ecology, 36: 2135-2150.

Keola S, Andersson M, Hall O. 2015. Monitoring economic development from space: Using nighttime light and land cover data to measure economic growth. World Development, 66: 322-334.

Kleyer M. 2021. Enhancing landscape planning: Vegetation-mediated ecosystem services predicted by plant traits. Landscape and Urban Planning, 215: 104220.

Koen E L, Bowman J, Sadowski C, et al. 2014. Landscape connectivity for wildlife: Development and validation of multispecies linkage maps. Methods in Ecology and Evolution, 5 (7): 626-633.

Kullberg P, Minin E D, Moilanen A. 2019. Using key biodiversity areas to guide effective expansion of the global protected area network. Global Ecology and Conservation, 20: e00768.

Lal R. 2004. Soil carbon sequestration impacts on global climate change and food security. Science, 304 (5677): 1623-1627.

Lam N S, Quattrochi D A. 1992. On the issues of scale, resolution, and fractal analysis in the mapping sciences. The Professional Geographer, 44 (1): 88-98.

Li J L, Xu J G, Chu J L. 2019. The construction of a regional ecological security pattern based on circuit theory. Sustainability, 11 (22): 6343.

Li S C, Xiao W, Zhao Y L, et al. 2020a. Incorporating ecological risk index in the multi-process MCRE model to optimize the ecological security pattern in a semi-arid area with intensive coal mining: A case study in northern China. Journal of Cleaner Production, 247: 119143.

Li Z H, Deng X Z, Jin G, et al. 2020b. Tradeoffs between agricultural production and ecosystem services: A case study in Zhangye, Northwest China. Science of the Total Environment, 707: 136032.

Liu W, Zhan J Y, Zhao F, et al. 2019. Impacts of urbanization-induced land-use changes on ecosystem services: A case study of the Pearl River Delta Metropolitan Region, China. Ecological Indicators, 98: 228-238.

Luo Y, Lv Y H, Fu B J, et al. 2019. Half century change of interactions among ecosystem services driven by ecological restoration: Quantification and policy implications at a watershed scale in the Chinese Loess Plateau. Science of the Total Environment, 651: 2546-2557.

Luo Y H, Wu J S, Wang X Y, et al. 2020. Can policy maintain habitat connectivity under landscape fragmentation? A case study of Shenzhen, China. Science of the Total Environment, 715: 136829.

Luo Y H, Wu J S, Wang X Y, et al. 2021. Understanding ecological groups under landscape fragmentation based on network theory. Landscape and Urban Planning, 210: 104066.

Ma T, Zhou C H, Pei T, et al. 2012. Quantitative estimation of urbanization dynamics using time series of DMSP/OLS nighttime light data: A comparative case study from China's cities. Remote Sensing of Environment, 124: 99-107.

Main M T, Davis R A, Blake D, et al. 2020. Human impact overrides bioclimatic drivers of red fox home range size globally. Diversity and Distributions, 26 (9): 1083-1092.

Marsik M, Staub C G, Kleindl W J, et al. 2018. Regional-scale management maps for forested areas of the Southeastern United States and the US Pacific Northwest. Scientific Data, 5: 180165.

McRae B H, Beier P. 2007. Circuit theory predicts gene flow in plant and animal populations. Proceedings of the National Academy of Sciences of the United States of America, 104 (50): 19885-19890.

McRae B H, Dickson B G, Keitt T H, et al. 2008. Using circuit theory to model connectivity in ecology, evolution, and conservation. Ecology, 89 (10): 2712-2724.

Opdam P, Luque S, Jones K B. 2009. Changing landscapes to accommodate for climate change impacts: A call for landscape ecology. Landscape Ecology, 24: 715-721.

Paula B M, Oscar M N. 2012. Land-use planning based on ecosystem service assessment: A case study in the Southeast Pampas of Argentina. Agriculture, Ecosystems & Environment, 154: 34-43.

Peng J, Liu Y X, Liu Z C, et al. 2017. Mapping spatial non-stationarity of human-natural factors associated with agricultural landscape multifunctionality in Beijing-Tianjin-Hebei region, China. Agriculture, Ecosystems & Environment, 246: 221-233.

Peng J, Pan Y J, Liu Y X, et al. 2018a. Linking ecological degradation risk to identify ecological security patterns in a rapidly urbanizing landscape. Habitat International, 71: 110-124.

Peng J, Tian L, Zhang Z M, et al. 2020. Distinguishing the impacts of land use and climate change on ecosystem services in a karst landscape in China. Ecosystem Services, 46: 101199.

Peng J, Yang Y, Liu Y X, et al. 2018b. Linking ecosystem services and circuit theory to identify ecological security patterns. Science of the Total Environment, 644: 781-790.

Peng J, Zhao S Q, Dong J Q, et al. 2019. Applying ant colony algorithm to identify ecological security patterns in megacities. Environmental Modelling & Software, 117: 214-222.

Pierik M E, Dell' Acqua M, Confalonieri R, et al. 2016. Designing ecological corridors in a fragmented landscape: A fuzzy approach to circuit connectivity analysis. Ecological Indicators, 67: 807-820.

Qiao X N, Gu Y Y, Zou C X, et al. 2019. Temporal variation and spatial scale dependency of the trade-offs and synergies among multiple ecosystem services in the Taihu Lake Basin of China. Science of the Total Environment, 651: 218-229.

Qiu J X, Turner M G. 2013. Spatial interactions among ecosystem services in an urbanizing agricultural watershed. Proceedings of the National Academy of Sciences, 110 (29): 12149-12154.

Regan R S, Juracek K E, Hay L E, et al. 2019. The US Geological Survey National Hydrologic Model infrastructure: Rationale, description, and application of a watershed-scale model for the conterminous United States. Environmental Modelling & Software, 111: 192-203.

Rodell M, Famiglietti J S, Wiese D N, et al. 2018. Emerging trends in global freshwater availability. Nature, 557: 651-659.

Rojas R V, Achouri M, Maroulis J, et al. 2016. Healthy soils: A prerequisite for sustainable food security. Environmental Earth Sciences, 75: 180.

Santos J S, Leite C C C, Viana J C C, et al. 2018. Delimitation of ecological corridors in the Brazilian Atlantic Forest. Ecological Indicators, 88: 414-424.

Sharp R, Douglass J, Wolny S, et al. 2020. InVEST 3.9.0. User's Guide. The Natural Capital Project, Stanford University, University of Minnesota, The Nature Conservancy, World Wildlife Fund.

Shrestha N, Xu X T, Meng J H, et al. 2021. Vulnerabilities of protected lands in the face of climate and human footprint changes. Nature Communications, 12: 1632.

Spear S F, Balkenhol N, Fortin M, et al. 2010. Use of resistance surfaces for landscape genetic studies: Considerations for parameterization and analysis. Molecular Ecology, 19 (17): 3576-3591.

Strassburg B B N, Beyer H L, Crouzeilies R, et al. 2019. Strategic approaches to restoring ecosystems can triple conservation gains and halve costs. Nature Ecology & Evolution, 3: 62-70.

Su Y X, Chen X Z, Liao J S, et al. 2016. Modeling the optimal ecological security pattern for guiding the urban constructed land expansions. Urban Forestry & Urban Greening, 19: 35-46.

Sun Y, Hao R F, Qiao J M, et al. 2020. Function zoning and spatial management of small watersheds based on ecosystem disservice bundles. Journal of Cleaner Production, 255: 120285.

Taylor P D, Fahrig L, Henein K, et al. 1993. Connectivity is a vital element of landscape structure. Oikos, 68 (3): 571-573.

Terrado M, Sabater S, Chaplin-Kramer B, et al. 2016. Model development for the assessment of terrestrial and aquatic habitat quality in conservation planning. Science of the Total Environment, 540: 63-70.

Tong X W, Brandt M, Yue Y M, et al. 2018. Increased vegetation growth and carbon stock in China karst via ecological engineering. Nature Sustainability, 1: 44-50.

Toth F L. 2003. Ecosystems and Human Well-being: A Framework for Assessment. Washington, DC: Island

Press.

Vergnes A, Kerbiriou C, Clergeau P. 2013. Ecological corridors also operate in an urban matrix: A test case with garden shrews. Urban Ecosystems, 16: 511-525.

Wang Y, Pan J H. 2019. Building ecological security patterns based on ecosystem services value reconstruction in an arid inland basin: A case study in Ganzhou District, NW China. Journal of Cleaner Production, 241: 118337.

With K A, Payne A R. 2021. An experimental test of the habitat amount hypothesis reveals little effect of habitat area but transient or indirect effects of fragmentation on local species richness. Landscape Ecology, 36: 2505-2517.

Wu J C, Delang C O, Li Y J, et al. 2021. Application of a combined model simulation to determine ecological corridors for western black-crested gibbons in the Hengduan Mountains, China. Ecological Indicators, 128: 107826.

Wu J G. 2004. Effects of changing scale on landscape pattern analysis: Scaling relations. Landscape Ecology, 19: 125-138.

Xu C, Yang G S, Wan R R, et al. 2021. Toward ecological function zoning and comparison to the Ecological Redline Policy: A case study in the Poyang Lake Region, China. Environmental Science and Pollution Research, 28: 40178-40191.

Xu K P, Wang J N, Wang J J, et al. 2020. Environmental function zoning for spatially differentiated environmental policies in China. Journal of Environmental Management, 255: 109485.

Xu Z H, Peng J. 2022. Ecosystem services-based decision-making: A bridge from science to practice. Environmental Science & Policy, 135: 6-15.

Yang G F, Ge Y, Xue H, et al. 2015. Using ecosystem service bundles to detect trade-offs and synergies across urban-rural complexes. Landscape and Urban Planning, 136: 110-121.

Yang Y M, Tian K, Hao J M, et al. 2004. Biodiversity and biodiversity conservation in Yunnan, China. Biodiversity & Conservation, 13: 813-826.

Ye J X, Wu M S, Deng Z J, et al. 2017. Modeling the spatial patterns of human wildfire ignition in Yunnan province, China. Applied Geography. 89: 150-162.

Yu K J. 1996. Security patterns and surface model in landscape ecological planning. Landscape and Urban Planning, 36 (1): 1-17.

Zhang L, Hickel K, Dawes W R, et al. 2004. A rational function approach for estimating mean annual evapotranspiration. Water Resources Research, 40 (2): W02502.

Zhang L Q, Peng J, Liu Y X, et al. 2017. Coupling ecosystem services supply and human ecological demand to identify landscape ecological security pattern: A case study in Beijing-Tianjin-Hebei region, China. Urban Ecosystems, 20: 701-714.

Zhang Y H, Xu X L, Li Z W, et al. 2019. Effects of vegetation restoration on soil quality in degraded karst landscapes of southwest China. Science of the Total Environment, 650: 2657-2665.

Zhang Z M, Peng J, Xu Z H, et al. 2021. Ecosystem services supply and demand response to urbanization: A case study of the Pearl River Delta, China. Ecosystem Services, 49: 101274.

Zhao M Y, Peng J, Liu Y X, et al. 2018. Mapping watershed-level ecosystem service bundles in the Pearl River Delta, China. Ecological Economics, 152: 106-117.

Zhu L J, Qin C Z, Zhu A X. 2020. Spatial optimization of watershed best management practice scenarios based on boundary-adaptive configuration units. Progress in Physical Geography: Earth and Environment, 45 (2): 207-227.

Zomer R J, Xu J C, Wang M C, et al. 2015. Projected impact of climate change on the effectiveness of the existing protected area network for biodiversity conservation within Yunnan Province, China. Biological Conservation, 184: 335-345.

生态安全格局研究展望

自生态安全格局这一概念被提出以来，国内外相关研究蓬勃发展。系统梳理当前研究的进展，明晰不足之处，提出未来重点关注方向，对于持续推进生态安全格局研究，更好地服务国家与区域生态保护和可持续发展至关重要。对已有文献开展文献计量分析，是准确刻画当前生态安全格局相关研究进展的直观方法。其中，趋势和引文数量反映研究数量与影响力的发展过程；国别分析有助于展现生态安全格局这一概念在学术界的受认可程度，以及这一规划手段在不同国家的应用现状与潜力；关键词频率一方面反映相关研究关注的核心问题，另一方面反映核心问题的关联关系。生态安全格局的研究经历了长足发展，但仍存在一些不足和有待深入研究的方向。首先，尽管已有研究在生态安全格局构建与优化中尝试了不同的阈值设定，但尚未形成统一的方法体系。其次，为应对未来人类活动和气候变化主导下的潜在生态风险，需要基于情景模拟的方法对生态安全格局进行时空校验。此外，由于生态系统的完整性和生态问题的复杂性，生态安全格局的构建应关注多尺度多层级的关联互馈。在社会系统与生态系统高度耦合的背景下，生态安全格局的构建应耦合社会—生态要素与过程。最后，为了保持生态安全格局的长期有效，需要在构建时提升其动态适应性。

5.1　生态安全格局研究进展

本节对相关文献进行计量分析。分别通过中国知网（CNKI）数据库和 Web of Science（WOS）数据库检索生态安全格局相关的中文和英文文献，两者分别是公认的最全面、最具代表性和前沿性的中文文献数据库和外文文献数据库。对于中文文献检索，首先在中国知网数据库中以"生态安全格局"为主题进行检索，得到 671 篇文章；选择学术期刊和学位论文两类，共筛选出 592 篇中文文献。对于英文文献检索，首先选择"Web of Science"核心合集，以"ecological security pattern"为主题进行检索，得到 172 篇文献；选择论文、综述论文和在线发表三类文献类型，共筛选出 148 篇文献。中英文文献均于 2022 年 6 月 10 日检索，使用 VOSviewer 软件分别对国别和关键词等文献属性进行文献计量可视化。

5.1.1 国内生态安全格局研究进展

5.1.1.1 趋势分析

论文发表的趋势是一个定量指标，用以衡量学术活动和学界对特定领域的兴趣程度（Li et al.，2020a）。图 5-1 反映了国内生态安全格局相关文献每年的发表数量。总体来说，发表数量呈稳步上升趋势，可大致分为三个阶段：第一阶段为起步阶段（1999～2008年）。1999 年，俞孔坚在《生态学报》发表《生物保护的景观生态安全格局》一文，标志着生态安全格局研究在国内的起步。这一时期的生态安全格局研究仍然处于基础理论研究阶段，并未引起广泛重视，仅有 11 篇相关论文发表。第二阶段为发展阶段（2009～2015年）。2008 年，McRae 等在 *Ecology* 发表的 *Using circuit theory to model connectivity in ecology，evolution，and conservation* 一文中提出将电路模型运用到连通性评价中，随后开发并更新了生态廊道提取工具 Linkage Mapper 工具箱，包含最小累积阻力模型和电路模型等方法，被广泛应用于生态廊道提取和战略点识别，极大地推动了生态安全格局的构建研究。2009年，美国斯坦福大学、大自然保护协会与世界自然基金会联合开发了 InVEST 模型，被广泛用于生态系统服务评估和生态源地识别。国外相关研究的进展对国内起到极大促进作用。2009 年，俞孔坚在《生态学报》发表《北京市生态安全格局及城市增长预景》和《国土尺度生态安全格局》两篇文献，引发了国内学界对区域生态安全格局的广泛研究，这一阶段共有 137 篇文献发表。第三阶段为快速增长阶段（2016 年至今）。2016 年，大量文献对生态安全格局理论框架和技术方法开展了集中讨论，这一阶段共计发表了 444 篇论文，约占总量的 75%，表明生态安全格局研究正处于快速发展阶段。

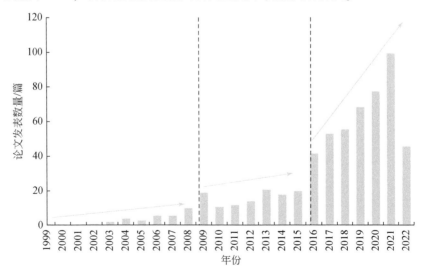

图 5-1 国内生态安全格局中文文献逐年发表数量

第5章 生态安全格局研究展望

5.1.1.2 引文分析

引文分析是一种通过计算论文被引用次数来衡量论文相对影响力的方法（Li et al., 2021）。表5-1列举了国内生态安全格局领域被引频次最高的20篇论文。俞孔坚于1999年发表的《生物保护的景观生态安全格局》是唯一被引频次超过1000次的文献，提出了典型的生物保护安全格局是由源地、缓冲区、源地间联结、辐射道和战略点所组成。马克明等（2004）重点关注生态安全格局的概念和学科理论基础，侧重"格局—过程"视角。俞孔坚等（2009a）通过对北京市水文、地质灾害、生物多样性保护、文化遗产和游憩过程的系统分析，判别出维护上述过程安全的综合生态安全格局。关文彬等（2003）从景观层面探讨了生态恢复与重建作为生态安全格局构建关键途径的必要性。彭建等（2017）总结了区域生态安全格局研究进展并提出了研究展望。被引频次最高的20篇文献主要发表在《生态学报》《地理研究》等期刊，发表机构包括北京大学、中国科学院、北京林业大学等，研究主题集中在区域生态安全格局构建的理论与个案研究。除少量研究基于"格局—过程"框架构建生态安全格局外，"生态源地识别—生态阻力面构建—生态廊道提取"是生态安全格局的基本构建范式。

表5-1 生态安全格局主题被引频次最高的20篇中文文献

序号	文献	期刊	机构	被引频次
1	俞孔坚（1999）	生态学报	北京大学	1692
2	马克明等（2004）	生态学报	中国科学院	742
3	俞孔坚等（2009a）	生态学报	北京大学	590
4	关文彬等（2003）	生态学报	北京林业大学	369
5	彭建等（2017）	地理研究	北京大学	346
6	吴健生等（2013）	生态学报	北京大学	300
7	黎晓亚等（2004）	生态学报	北京林业大学	295
8	陈昕等（2017）	地理研究	北京大学	239
9	俞孔坚等（2009b）	生态学报	北京大学	209
10	刘洋等（2010）	生态学报	北京大学	203
11	谢花林（2008）	生态学报	江西财经大学	198
12	杨姗姗等（2016）	生态学杂志	生态环境部南京环境科学研究所	188
13	郭明等（2006）	生态学报	中国科学院	179
14	彭建等（2018）	地理学报	北京大学	169
15	潘竟虎和刘晓（2016）	生态学杂志	西北师范大学	169
16	周锐等（2014）	城市规划学刊	复旦大学	167
17	苏泳娴等（2013）	生态学报	广东省科学院广州地理研究所	165

序号	文献	期刊	机构	被引频次
18	蒙吉军等（2016）	长江流域资源与环境	北京大学	157
19	杨天荣等（2017）	地理研究	中国科学院	149
20	方淑波等（2005）	应用生态学报	南京大学	138

5.1.1.3　关键词分析

关键词分析可以反映论文的核心内容和研究前沿随时间的演变（Wang et al.，2021）。频次分析表明，与该主题最相关的二十个关键词分别为"生态安全格局"（342次）、"MCR模型"（123次）、"生态安全"（65次）、"生态廊道"（62次）、"生态源地"（39次）、"景观生态安全格局"（39次）、"生态系统服务"（36次）、"土地利用"（25次）、"生态敏感性"（24次）、"安全格局"（22次）、"电路理论"（21次）、"生态网络"（21次）、"区域生态安全格局"（20次）、"景观格局"（19次）、"生态保护红线"（17次）、"InVEST模型"（11次）、"生态系统服务价值"（11次）、"景观安全格局"（11次）、"生态安全评价"（11次）和"生境质量"（10次）（图5-2）。从不同时期生态安全格局研究主题的演变趋势来看，相关研究早期关注"安全格局""生态规划""空间分析"等，随后转向关注"生态安全""生物多样性""土地利用"等主题，近期则重点关注"生态安全格局""生态廊道""生态源地""生态系统服务""生态敏感性""城市增长边界""国土空间生态修复""电路模型"等主题。

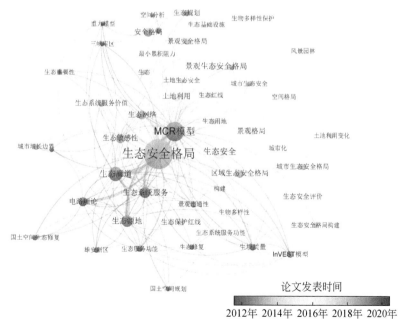

图5-2　生态安全格局中文论文共现关键词

注：圆圈大小表示文献数量，颜色表示文献发表时间，线的宽度表示联系强度

5.1.2 国际生态安全格局研究进展

5.1.2.1 趋势分析

生态安全格局英文论文发表情况如图 5-3 所示，可以大致分为起步阶段与快速发展阶段。在起步阶段（1996~2017 年），Yu（1996）在 *Landscape and Urban Planning* 发表的 *Security patterns and surface model in landscape ecological planning* 一文标志着"生态安全格局"这一概念的诞生，但由于理论和技术支撑尚不完善而较少受到重视。随着相关模型（McRae et al.，2008）的应用及 Linkage Mapper 工具的开发，以及 InVEST 模型的开发与推广，生态安全格局研究的数量开始增加。在快速发展阶段（2017 年至今），2017 年和 2018 年彭建等发表的多篇生态安全格局文献引起了学界的重点关注，相关研究快速增长。和国内研究相比，尽管首篇生态安全格局的英文文章发表时间（1996 年）早于中文文章（1999 年），但是生态安全格局在国际上的进展整体慢于国内。

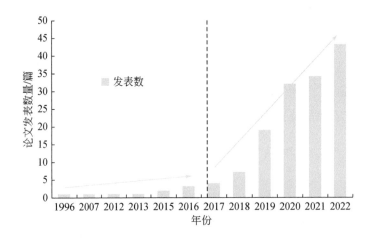

图 5-3　生态安全格局英文文献多年发表数量情况

5.1.2.2 国别分析

了解不同国家发表的文献数量，可以确定每个国家对生态安全格局领域做出的贡献（Liu et al.，2022）。在 Web of Science 数据库所检索的 148 篇文献来自 13 个国家，发表文献数最多的是中国（82.58%），其次是美国（6.74%）和英国（2.81%）。各国在生态安全格局研究领域的国际合作情况如图 5-4 所示，总体来看，尽管居于主体地位的中国已与美国、英国、日本、埃及、俄罗斯和南非等国展开合作研究，但生态安全格局研究的国际合作网络尚不完善。根据合作网络，这些国家可以分为 8 个集群。其中，第一个集群（绿色）以中国为首，包括英国和澳大利亚；第二个集群（红色）包括日本、埃及、俄罗斯和南非。从引用关系来看，中国和美国发表的论文互相引用次数最多，其次是中国和英国。

图 5-4　生态安全格局研究国家合作网络

注：圆圈大小表示文献数量，颜色表示集群，线的宽度表示引用频次

5.1.2.3　引文分析

表 5-2 列举了生态安全格局领域被引频次最高的 20 篇英文文献及其发表期刊、年份和被引频次。这些文献均为国内学者发表，时间上主要集中在 2016 年之后。被引频次在 100 次以上的文献有三篇，分别为 Yu 1996 年在 *Landscape and Urban Planning* 上发表的 *Security patterns and surface model in landscape ecological planning* 一文，被引 139 次；Peng 等 2018 年在 *Habitat International* 上发表的 *Linking ecological degradation risk to identify ecological security patterns in a rapidly urbanizing landscape* 一文，被引 132 次；Peng 等 2018 年在 *Science of the Total Environment* 上发表的 *Linking ecosystem services and circuit theory to identify ecological security patterns* 一文，被引 131 次。这些文献侧重于生态安全格局理论及其构建方法的研究。

表 5-2　生态安全格局领域被引频次最高的前 20 篇英文文献

序号	文献	期刊	机构	被引频次
1	Yu（1996）	Landscape and Urban Planning	北京大学	139
2	Peng et al.（2018b）	Habitat International	北京大学	132
3	Peng et al.（2018a）	Science of the Total Environment	北京大学	131
4	Zhang et al.（2017）	Urban Ecosystems	北京大学	95
5	Peng et al.（2017）	Habitat International	北京大学	83
6	Su et al.（2016）	Urban Forestry & Urban Greening	中国科学院	81

序号	文献	期刊	机构	被引频次
7	Peng et al. （2019）	Environmental Modelling & Software	北京大学	57
8	Wang and Pan （2019）	Journal of Cleaner Production	西北师范大学	53
9	Li et al. （2020b）	Journal of Cleaner Production	浙江大学	50
10	Fu et al. （2020）	Ecological indicators	中国地质大学	47
11	Wang et al. （2020）	Science of the Total Environment	中国地质大学	44
12	Li et al. （2020c）	Ecological Indicators	中山大学	38
13	Mao et al. （2013）	Environmental Earth Sciences	北京大学	33
14	Xu et al. （2021）	Journal of Cleaner Production	中国地质大学	28
15	Li et al. （2019）	Ecological Indicators	中山大学	28
16	Lin et al. （2016）	Sustainability	香港大学	27
17	Huang et al. （2007）	Environmental Monitoring and Assessment	中国科学院	27
18	Zhao and Xu （2015）	Russian Journal of Ecology	云南大学	26
19	Dai et al. （2012）	Stochastic Environmental Research and Risk Assessment	复旦大学	26
20	Kang et al. （2021）	Global Ecology and Conservation	山东师范大学	25

5.1.2.4　关键词分析

图 5-5 为生态安全格局领域的英文文献共现关键词网络。从共现关键词关系来看，"Ecological Security Pattern"与"Ecological Source""Ecological Corridor""MCR Model""Circuit Theory""Ecosystem Service""Ecological Network"几个关键词对出现次数较多且联系紧密。从不同时期生态安全格局研究主题的演变趋势来看，早期关注"Ecological Security""Landscape Planning""GIS""China""Ecological Restoration"等，然后逐渐转化为"Eecological Security Pattern""MCR Model""Ecological Network""Urban Expansion""Scenario Planning""Invest Model""MSPA""Landscape Sustainability""Geographical Detector""Ecological Risk""Urban Agglomeration""Urban Growth Boundary""Ecological Importance""Gravity Model"等。关注重点整体上由"Ecological Security"转向"Ecological Security Pattern"。

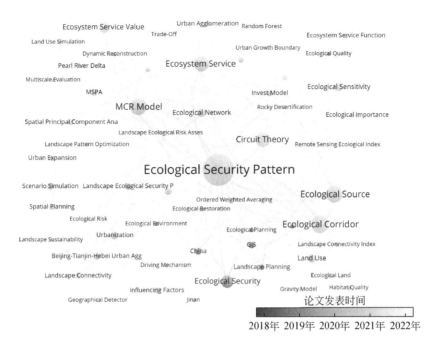

图 5-5　生态安全格局英文论文共现关键词网络

5.2　生态安全格局研究前沿 *

5.2.1　规模与结构阈值设定

　　区域生态安全格局强调在自然、生物及人文等过程中存在一系列不同层次的阈值，以此为依据确定维护生态过程的关键组分及其构成，并进行空间上的格局优化与类型组合，以保障生态过程的可持续性（Groffman et al.，2006）。确定生态要素的规模与结构阈值并进一步确定生态安全格局，对于识别关键景观、基于低生态投入获取高生态效益具有重要意义。然而，生态安全标准是一种人为评价标准，在很大程度上取决于相关社会群体的人类福祉期望。由于人类期望值的差异，面向同一生态系统的生态安全评价结果也不同。同时，由于人类的主观期望是动态变化的，安全由此成为一个时间维度上的相对概念，绝对的安全标准是不存在的。因此，在相关研究中，不仅要关注重要指标与生态过程的阈值，还要探讨生态安全格局构建中规模与结构阈值的时间动态与空间分异，加强对时空动态演

　　* 本节内容主要基于彭建，赵会娟，刘焱序，等．2017．区域生态安全格局构建研究进展与展望．地理研究，36（3）：407-419．结合当前研究前沿，部分内容略有改动。

变规律的认知与把握。

具体就生态源地面积而言，生态用地保护目标是影响当地政府和保护者在保护生态斑块时能否以最小的财力投入实现最大化收益的直接因素。世界自然保护联盟提出到 2030 年应有效保护地球上至少 30% 的陆地、海洋和淡水生态系统。因此，诸多研究中提取区域总面积约 30% 的生态用地作为生态源地。然而，由于区域差异性较大，生态安全格局构建具有极强的针对性与特异性，30% 的目标并不适用于所有的区域。只有深入理解景观格局、过程与功能间的相互作用机制，才能进一步确定生态过程的一系列安全层次及相应阈值。这一关键阈值的准确设定在未来的研究中仍需深入关注。

就生态廊道范围而言，作为具有一定宽度的线状景观类型，生态廊道一般被认为越宽越稳定。然而，受土地资源和成本的约束，生态廊道宽度的确定既要考虑生态效益的充分实现，又要兼顾经济发展的需求，因此设置合理的生态廊道宽度阈值就显得尤为重要（Peng et al., 2017）。然而，目前对于宽度阈值的设定及指标选取与评价方法尚未形成共识（朱强等，2005；Hobbs，1992），仍需开展进一步的探讨。

此外，表征生态安全的各项规模与结构阈值在同一区域的不同年份也可能存在差异，需综合考虑研究区的现实情况与年际差异，提出可实施的生态安全目标。值得注意的是，生态安全标准需要实时监测与评估并及时修正。随着社会经济的发展，生态与经济的矛盾也在不断加剧，生态安全的标准也需随之调整。因此，基于时间与空间两大维度动态考量生态过程与生态安全的标准、基于动态生态过程建模考虑生态安全格局优化是未来研究的热点和难点。

5.2.2　情景模拟与时空校验

生态安全格局通过保护关键的景观要素和空间连接维持景观格局的可持续性。在景观规划的实践中，一方面，生态安全格局往往基于现状景观格局、生态本底和生态保护目标进行构建，而是否是最优格局仍有待探索，且无法反映气候变化、人类活动等因素对未来景观格局的影响。另一方面，基于现状景观格局构建的生态安全格局能否对区域生态和景观起到保护作用，保护效果如何，是长期以来未被解决的问题。

生态安全格局常基于现状景观格局进行构建，无法反映气候变化和景观变化的影响，不利于反映景观的长期可持续性（Peng et al., 2019）。将未来情景模拟与生态安全格局构建相结合，有助于长期评估和管理景观可持续性（Fan et al., 2021）。情景模拟通过设置一定的发展目标或约束条件，预测未来的景观格局、气候条件、植被生长状况等。联合国政府间气候变化专门委员会发布的代表性浓度路径（Representative concentration pathways, RCPs）与共享经济路径（Shared socioeconomic pathways, SSPs）是未来可能的温室气体浓度情景。此外，还可以根据政策、规划等设置不同的发展情景，结合 Markov 模型、CA

（Cellular Automata）模型、CLUE（Conversion of Land Use and its Effects）模型、FLUS（Future Land Use Simulation）模型等土地利用模型，可以预测未来景观格局，进而构建生态安全格局（Fu et al.，2018；Yang et al.，2020）。通过对不同情景下构建的生态安全格局进行对比，选出最优的格局，可以为未来的景观管理提供参考（Li et al.，2020c）。

生态安全格局作为景观规划的途径，往往缺少实证案例和监测数据，难以通过可控实验形成对照，进行实证评估。但有效性评价仍然是生态安全格局构建的关键环节，应得到关注。目前，已有研究大多将已构建的生态安全格局与现有的用地方式及区域发展需求进行对比，定性评价现有格局的优劣。也有部分研究利用景观格局指数、网络连通性、鲁棒性等指标对生态安全格局进行评价（李阳菊等，2010；Luo et al.，2020），但大多是对生态安全格局的结构进行评价，而缺少对有效性的实证研究。将基于现状景观格局构建的生态安全格局作为空间发展的约束条件，可以模拟未来的土地利用、景观格局、城市扩张等，或评价生态保护、农业生产、城市增长等目标实现的可能性和程度，从而评价生态安全格局的区域生态保护效果（俞孔坚等，2009a；Wang et al.，2020；Liu et al.，2020）。情景模拟和时空校验可用于对生态安全格局的保护效果进行分析。通过构建不同尺度、强度的生态安全格局，并将其作为情景设置的约束条件，预测未来的景观格局，使用生态安全水平、景观格局指数、时空变化分析等方法，在生态安全格局不同保护强度下，评估与初始状态下的景观格局差异或与自然发展状态下的景观变化进行对比，分析生态安全格局的生态保护效果，实现生态安全格局的有效性验证（Kang et al.，2021）。

5.2.3　多尺度多层级关联互馈

生态安全格局是针对区域生态安全问题和生态保护目标所识别的景观格局，其目的在于解决区域生态问题。然而，区域生态问题一般不限于研究区内部，在单一尺度下构建生态安全格局往往难以完全解决区域生态安全问题。因此，生态安全格局的构建应从多尺度视角出发，体现多层级生态安全格局的关联互馈。

生态安全格局可以为生态环境保护提供理论依据和决策支持，常以行政区为分析单元或研究对象，便于获取数据，有针对性地解决不同行政区的生态安全问题，并制定针对性政策，也有助于获得地方财政的支持。因此，目前已有的生态安全格局构建多以行政区界限为分析边界。然而，生态安全问题的产生和发展并不完全受行政边界制约。在行政区的范围内构建生态安全格局会忽视生态源地与行政边界外的自然生境斑块在结构和功能上的联系。自然地理本底的空间连续性、生态系统服务与环境污染的空间流动性，都决定了特定行政区生态安全格局的构建需要考虑更大的自然地域范围内相关要素的影响（Wuepper et al.，2020；Kleemann et al.，2020）。同时，区域生态安全问题存在于一个多要素的复杂耦合系统中，具有跨尺度、多层次的特点（Malinga et al.，2015）。因此，生态安全格局的构建也不应局限于一定的空间尺度。在宏观尺度把握区域生态定位和承担的主要功能，有助于在区域尺度构建生态安全格局。进一步地，在城市内部或景观等小尺度和生态功能区内构建生态安全格局，应结合大尺度的生态安全格局构建结果，协同保护区域间与区域内部的生态安全（Dong et al., 2021）。

随着中国城市群的不断发展，其对区域经济发展和生态保护的支撑作用越来越显著。城市群作为未来城市化的主体形态，成为生态安全格局构建的重要尺度（Jiang et al., 2021）。与生态功能区、国家、大洲等范围一样，城市群尺度的生态安全格局构建也需要突破行政边界的制约。同时，城市群包括多个生态本底有所差异的行政区域，可能难以满足各个行政区域的本地生态保护需求，尤其是生态本底较差的城市（Dickson et al., 2019）。而在城市尺度构建生态安全格局则可以更好地满足本地的保护需求。因此，构建多尺度关联互馈的生态安全格局有助于解决跨行政单元的生态安全问题。

5.2.4 耦合社会—生态要素与过程

景观格局与生态过程的耦合是景观生态学研究的核心内容，而区域生态安全格局构建的实质是依循格局与过程的互馈，通过保护特定斑块、廊道的景观结构，来实现特定或综合生态过程、功能的保育。然而，生态安全格局在构建时大多没有针对具体的生态过程或功能，导致其生态学意义不明确。同时，在区域综合生态安全格局的构建过程中，单一生态过程机理解析及多过程耦合方法的不同，会对区域生态安全格局构建的最终结果产生直接影响。区域生态安全问题和生态过程往往较为复杂，不同过程之间常常存在协同或权衡的复杂关系，在制定生态保护方案时应予以重点关注（Cabral et al., 2017）。现有研究常同时考虑研究区内多种生态安全问题，面向多重生态保护目标构建单一层次生态安全格局，难以体现不同生态保护目标之间的复杂关系和相互影响。已有基于重要生态过程的生态安全格局构建研究多采用权重法进行不同生态过程的耦合，将生态用地斑块在不同生态过程准则下的重要性得分按照不同的权重来综合叠置（Peng et al., 2018b; Gao et al., 2021）。即在区域生态安全格局的构建中，假定不同生态过程之间相互兼容，彼此之间不存在协同或权衡关系。但事实上，不同生态过程间存在密切的相互作用，与整体生态功能的耦合关联迥异。因此，有必要深入解析不同生态过程的耦合关联，构建面向山水林田湖草沙生命共同体一体化管理的区域生态安全格局（Gao et al., 2022）。同时，在深入解析多种生态过程耦合机制的同时，采用多源数据融合和多学科、跨学科整合的方式，寻找更契合生态安全格局构建的耦合途径。将不同生态过程和生态要素当作一个生命共同体，强调生命共同体各要素的相互作用和影响。关注不同群体的利益诉求，开展长期的统一计划、行动和管理，做到整体保护、系统修复、综合治理，切实构建区域生态安全的空间保障。

社会过程与生态过程高度耦合，相互影响，形成复杂的社会—生态系统。孤立地分析生态系统结构与功能的动态变化无法体现社会过程与生态过程的耦合关系，会造成错误归因与分析偏差。生态安全格局作为保障区域生态安全，面向可持续性提升的一种景观格局，需要耦合社会—生态要素与过程，开展不同尺度的监测调查、模型模拟、情景分析和优化调控（赵文武等，2018）。从社会系统对生态系统的压力层面，耦合社会—生态要素与过程的方法能够提升生态安全格局的可持续性。从利益相关者的角度出发，将生态系统提供的惠益转化为社会、经济和政策的激励措施，可以提升生态安全格局的适应性（Fu et al.，2023）。明晰社会过程与生态过程的复杂作用机制，确定合理的空间保护格局，有助于实现人与自然和谐共生的现代化。

5.2.5 提升动态适应性

生态系统是一种动态系统，其状态会随时间变化，也会响应外部干扰（Hauhs and Lange，1996）。了解生态系统的动态特征，并将其纳入生态系统管理有助于提升生态系统的动态适应性（Mayer and Rietkerk，2004）。一方面，生态安全格局常采用基于特定时间节点的景观格局构建，无法体现生态系统的过往特征和未来变化，无法保障良好的适应性和长期的生态安全。部分研究选择多个时间节点分别构建生态安全格局，并分析其变化特征，但仍缺少对生态系统动态适应性的研究（Cao et al.，2022）。另一方面，制定未来的生态保护政策和相关规划时很可能会与现状生态安全格局存在一定的差异，需要对基础生态安全格局进行动态适应性调整，这是生态安全格局研究需要解决的重要问题。目前的研究尚未体现生态系统变化的连续性，缺少对动态适应性生态安全格局构建框架的探索。基于自然的解决方案（Nature-based solutions，NbS）是保护、可持续利用和修复自然的或被改变的生态系统的行动，能够有效和适应性地应对当今社会面临的挑战，同时增进人类福祉和保护生物多样性（Lafortezza and Sanesi，2019；Kolokotsa et al.，2020）。NbS要求动态的适应性管理，可以作为实现动态适应性生态安全格局构建的指导思想，通过系统的、迭代的决策过程，在生态安全格局构建的基础上开展长期监测，并适时开展阶段性评估，对照目标不断地反馈和调整设计方案，进而实现可持续生态安全格局的适应性管理。

参 考 文 献

陈昕，彭建，刘焱序，等．2017．基于"重要性—敏感性—连通性"框架的云浮市生态安全格局构建．地理研究，36（3）：471-484．

方淑波，肖笃宁，安树青．2005．基于土地利用分析的兰州市城市区域生态安全格局研究．应用生态学报，16（12）：2284-2290．

关文彬，谢春华，马克明，等．2003．景观生态恢复与重建是区域生态安全格局构建的关键途径．生态学报，23（1）：64-73．

郭明, 肖笃宁, 李新. 2006. 黑河流域酒泉绿洲景观生态安全格局分析. 生态学报, 26 (2): 457-466.

黎晓亚, 马克明, 傅伯杰, 等. 2004. 区域生态安全格局: 设计原则与方法. 生态学报, 24 (5): 1055-1062.

李阳菊, 马立辉, 赖杨阳, 等. 2010. 重庆合川区城乡绿地系统景观生态安全格局分析. 西南农业大学学报: 社会科学版, 8 (3): 1-4.

刘洋, 蒙吉军, 朱利凯. 2010. 区域生态安全格局研究进展. 生态学报, 30 (24): 6980-6989.

马克明, 傅伯杰, 黎晓亚, 等. 2004. 区域生态安全格局: 概念与理论基础. 生态学报, 24 (4): 761-768.

蒙吉军, 王雅, 王晓东, 等. 2016. 基于最小累积阻力模型的贵阳市景观生态安全格局构建. 长江流域资源与环境, 25 (7): 1052-1061.

潘竟虎, 刘晓. 2016. 疏勒河流域景观生态风险评价与生态安全格局优化构建. 生态学杂志, 35 (3): 791-799.

彭建, 李慧蕾, 刘焱序, 等. 2018. 雄安新区生态安全格局识别与优化策略. 地理学报, 73 (4): 701-710.

彭建, 赵会娟, 刘焱序, 等. 2017. 区域生态安全格局构建研究进展与展望. 地理研究, 36 (3): 407-419.

苏泳娴, 张虹鸥, 陈修治, 等. 2013. 佛山市高明区生态安全格局和建设用地扩展预案. 生态学报, 33 (5): 1524-1534.

吴健生, 张理卿, 彭建, 等. 2013. 深圳市景观生态安全格局源地综合识别. 生态学报, 33 (13): 4125-4133.

谢花林. 2008. 土地利用生态安全格局研究进展. 生态学报, 28 (12): 6305-6311.

杨姗姗, 邹长新, 沈渭寿, 等. 2016. 基于生态红线划分的生态安全格局构建——以江西省为例. 生态学杂志, 35 (1): 250-258.

杨天荣, 匡文慧, 刘卫东, 等. 2017. 基于生态安全格局的关中城市群生态空间结构优化布局. 地理研究, 36 (3): 441-452.

俞孔坚. 1999. 生物保护的景观生态安全格局. 生态学报, 19 (1): 8-15.

俞孔坚, 李海龙, 李迪华, 等. 2009b. 国土尺度生态安全格局. 生态学报, 29 (10): 5163-5175.

俞孔坚, 王思思, 李迪华, 等. 2009a. 北京市生态安全格局及城市增长预景. 生态学报, 29 (3): 1189-1204.

周锐, 王新军, 苏海龙, 等. 2014. 基于生态安全格局的城市增长边界划定——以平顶山新区为例. 城市规划学刊, (4): 57-63.

朱强, 俞孔坚, 李迪华. 2005. 景观规划中的生态廊道宽度. 生态学报, 25 (9): 2406-2412.

赵文武, 刘月, 冯强, 等. 2018. 人地系统耦合框架下的生态系统服务. 地理科学进展, 37 (1): 139-151.

Cabral R B, Halpern B S, Costello C, et al. 2017. Unexpected management choices when accounting foruncertainty in ecosystem service tradeoff analyses. Conservation Letters, 10 (4): 422-430.

Cao X F, Liu Z S, Li S J, et al. 2022. Integrating the ecological security pattern and the PLUS Model to assess the effects of regional ecological restoration: A case study of Hefei City, Anhui Province. International Journal of Environmental Research and Public Health, 19 (11): 6640.

Dai X Y, Li Z, Lin S Y, et al. 2012. Assessment and zoning of eco-environmental sensitivity for a typical developing province in China. Stochastic Environmental Research & Risk Assessment, 26: 1095-1107.

Dickson B G, Albano C M, Anantharaman R, et al. 2019. Circuit-theory applications to connectivity science and conservation. Conservation Biology, 33 (2): 239-249.

Dong J Q, Peng J, Xu Z H, et al. 2021. Integrating regional and interregional approaches to identify ecological security patterns. Landscape Ecology, 36: 2151-2164.

Fan F F, Liu Y X, Chen J X, et al. 2021. Scenario-based ecological security patterns to indicate landscape sustainability: A case study on the Qinghai-Tibet Plateau. Landscape Ecology, 36: 2175-2188.

Fu B J, Liu Y X, Meadows M E. 2023. Ecological restoration for sustainable development in China. National Science Review, 10 (7): nwad033.

Fu X, Wang X H, Yang Y J. 2018. Deriving suitability factors for CA-Markov land use simulation model based on local historical data. Journal of Environmental Management, 206: 10-19.

Fu Y J, Shi X Y, He J, et al. 2020. Identification and optimization strategy of county ecological security pattern: A case study in the Loess Plateau, China. Ecological Indicators, 112: 106030.

Gao M W, Hu Y C, Bai Y P. 2022. Construction of ecological security pattern in national land space from the perspective of the community of life in mountain, water, forest, field, lake and grass: A case study in Guangxi Hechi, China. Ecological Indicators, 139: 108867.

Gao J B, Du F J, Zuo L Y, et al. 2021. Integrating ecosystem services and rocky desertification into identification of karst ecological security pattern. Landscape Ecology, 36: 2113-2133.

Groffman P M, Baron J S, Blett T, et al. 2006. Ecological thresholds: The key to successful environmental management or an important concept with no practical application? Ecosystems, 9: 1-13.

Hauhs M, Lange H. 1996. Ecosystem dynamics viewed from an endoperspective. Science of the Total Environment, 183 (1-2): 125-136.

Hobbs R J. 1992. The role of corridors in conservation: Solution or bandwagon? Trends in Ecology and Evolution, 7 (11): 389-392.

Huang J F, Wang R H, Zhang H Z. 2007. Analysis of patterns and ecological security trend of modern oasis landscapes in Xinjiang, China. Environmental Monitoring and Assessment, 134: 411-419.

Jiang H, Peng J, Dong J Q, et al. 2021. Linking ecological background and demand to identify ecological security patterns across the Guangdong-Hong Kong-Macao Greater Bay Area in China. Landscape Ecology, 36: 2135-2150.

Kang J M, Zhang X, Zhu X W, et al. 2021. Ecological security pattern: A new idea for balancing regional development and ecological protection. A case study of the Jiaodong Peninsula, China. Global Ecology and Conservation, 26: e01472.

Kleemann J, Schröter M, Bagstad K J, et al. 2020. Quantifying interregional flows of multiple ecosystem services: A case study for Germany. Global Environmental Change, 61: 102051.

Kolokotsa D, Lilli A A, Lilli M A, et al. 2020. On the impact of nature-based solutions on citizens' health & well being. Energy and Buildings, 229: 110527.

Lafortezza R, Sanesi G. 2019. Nature- based solutions: Settling the issue of sustainable urbanization. Environmental Research, 172: 394-398.

Li J, Goerlandt F, and Reniers G. 2020a. Mapping process safety: A retrospective scientometric analysis of three process safety related journals (1999 – 2018). Journal of Loss Prevention in the Process Industries. 65: 104141.

Li J, Goerlandt F, Reniers G. 2021. An overview of scientometric mapping for the safety science community: Methods, tools, and framework. Safety Science, 134: 105093.

Li S C, Xiao W, Zhao Y L, et al. 2020b. Incorporating ecological risk index in the multi-process MCRE model to optimize the ecological security pattern in a semi- arid area with intensive coal mining: A case study in northern China. Journal of Cleaner Production, 247: 119143.

Li Z T, Li M, Xia B C. 2020c. Spatio-temporal dynamics of ecological security pattern of the Pearl River Delta urban agglomeration based on LUCC simulation. Ecological Indicators, 114: 106319.

Li Z T, Yuan M J, Hu M M, et al. 2019. Evaluation of ecological security and influencing factors analysis based on robustness analysis and the BP-DEMALTE model: A case study of the Pearl River Delta urban agglomeration. Ecological Indicators, 101: 595-602.

Lin Q, Mao J Y, Wu J S, et al. 2016. Ecological security pattern analysis based on InVEST and Least-Cost Path model: A case study of Dongguan water village. Sustainability, 8 (2): 172.

Liu C L, Li W L, Xu J, et al. 2022. Global trends and characteristics of ecological security research in the early 21stcentury: A literature review and bibliometric analysis. Ecological Indicators, 137: 108734.

Liu X Y, Wei M, Zeng J. 2020. Simulating urban growth scenarios based on ecological security pattern: A case study in Quanzhou, China. International Journal of Environmental Research and Public Health, 17 (19): 7282.

Luo Y H, Wu J S, Wang X Y, et al. 2020. Can policy maintain habitat connectivity under landscape fragmentation? A case study of Shenzhen, China. Science of the Total Environment, 715: 136829.

Malinga R, Gordon L J, Jewitt G, et al. 2015. Mapping ecosystem services across scales and continents- A review. Ecosystem Services, 13: 57-63.

Mao X Y, Meng J J, Xiang Y Y. 2013. Cellular automata-based model for developing land use ecological security patterns in semi-arid areas: A case study of Ordos, Inner Mongolia, China. Environmental Earth Sciences, 70: 269-279.

Mayer A L, Rietkerk M. 2004. The dynamic regime concept for ecosystem management and restoration. BioScience, 54 (11): 1013-1020.

McRae B H, Dickson B G, Keitt T H, et al. 2008. Using circuit theory to model connectivity in ecology, evolution, and conservation. Ecology, 89 (10): 2712-2724.

Nelson E, Mendoza G, Regetz J, et al. 2009. Modeling multiple ecosystem services, biodiversity conservation, commodity production, and tradeoffs at landscape scales. Frontiers in Ecology and the Environment. 7 (1):

4-11.

Peng J, Pan Y J, Liu Y X, et al. 2018b. Linking ecological degradation risk to identify ecological security patterns in a rapidly urbanizing landscape. Habitat International, 71: 110-124.

Peng J, Yang Y, Liu Y X, et al. 2018a. Linking ecosystem services and circuit theory to identify ecological security patterns. Science of the Total Environment, 644: 781-790.

Peng J, Zhao M Y, Guo X N, et al. 2017. Spatial-temporal dynamics and associated driving forces of urban ecological land: A case study in Shenzhen City, China. Habitat International, 60: 81-90.

Peng J, Zhao S Q, Dong J Q, et al. 2019. Applying ant colony algorithm to identify ecological security patterns in megacities. Environmental Modelling & Software, 117: 214-222.

Su Y X, Chen X Z, Liao J S, et al. 2016. Modeling the optimal ecological security pattern for guiding the urban constructed land expansions. Urban Forestry & Urban Greening, 19: 35-46.

Wang B J, Zhang Q, Cui F Q. 2021. Scientific research on ecosystem services and human well-being: A bibliometric analysis. Ecological Indicators, 125: 107449.

Wang Y and Pan J H. 2019. Building ecological security patterns based on ecosystem services value reconstruction inan arid inland basin: A case study in Ganzhou District, NW China. Journal of Cleaner Production, 241: 118337.

Wang C X, Yu C Y, Chen T Q, et al. 2020. Can the establishment of ecological security patterns improve ecological protection? An example of Nanchang, China. Science of theTotal Environment, 740: 140051.

Wuepper D, Borrelli P, Finger R. 2020. Countries and the global rate of soil erosion. Nature Sustainability, 3: 51-55.

Xu W X, Wang J M, Zhang M. 2021. Construction of landscape ecological network based on landscape ecological risk assessment in a large-scale opencast coal mine area. Journal of Cleaner Production, 286: 125523.

Yang Y Y, Bao W K, Liu Y S. 2020. Scenario simulation of land system change in the Beijing-Tianjin-Hebei region. Land Use Policy, 96: 104677.

Yu K J. 1996. Security patterns and surface model in landscape ecological planning. Landscape and Urban Planning, 36 (1): 1-17.

Zhang L Q, Peng J, Liu Y X, et al. 2017. Coupling ecosystem services supply and human ecological demand to identify landscape ecological security pattern: A case study in Beijing-Tianjin-Hebei region, China. Urban Eco-systems, 20: 701-714.

Zhao X Q, Xu X H. 2015. Research on landscape ecological security pattern in a Eucalyptus introduced region based on biodiversity conservation. Russian Journal of Ecology, 46: 59-70.